高职高专“十三五”规划教材

2013年北京高等教育精品教材

AVR单片机项目教程

——基于C语言

（第3版）

吴新杰　编著

北京航空航天大学出版社

内容简介

本书以C语言为编程语言，主要介绍AVR单片机的工作原理和应用知识，内容包括单片机结构、电气特性、典型外围电路等。本书体现了作者多年的高职高专教学经验和教学改革成果，采用项目教学法，知识与技能并重，以学习的认知规律为主导思想，充分考虑读者的感受，能够在教学过程中体现学生的教育主体地位，教师作为指导者帮助学生完成学习。本书的项目设置不仅能够覆盖所需教学内容，更具有实际工程背景，融入了作者多年的产品研发经验。

本书起点较低，具有较多图片，便于读者自学。读者通过自制线路板既可提高技能水平又可降低学习成本。本书设置开放性的练习任务，可拓展学习思路、培养创新意识，还可作为课后练习或期末考核题目，便于改进考核办法。

本书可作为高等职业技术学院相关专业的教学用书，也是单片机爱好者的自学参考书。

图书在版编目(CIP)数据

AVR单片机项目教程 : 基于C语言 / 吴新杰编著. -- 3版. -- 北京 : 北京航空航天大学出版社，2017.8

ISBN 978-7-5124-2467-8

Ⅰ. ①A… Ⅱ. ①吴… Ⅲ. ①单片微型计算机—C语言—程序设计—教材 Ⅳ. ①TP368.1②TP312.8

中国版本图书馆CIP数据核字(2017)第162291号

AVR单片机项目教程——基于C语言(第3版)

吴新杰 编著

责任编辑 董立娟

*

北京航空航天大学出版社出版发行

北京市海淀区学院路37号(邮编100191) http://www.buaapress.com.cn

发行部电话:(010)82317024 传真:(010)82328026

读者信箱:emsbook@buaacm.com.cn 邮购电话:(010)82316936

涿州市新华印刷有限公司印装 各地书店经销

*

开本:710×1 000 1/16 印张:18 字数:384千字

2017年8月第3版 2017年8月第1次印刷 印数:3 000册

ISBN 978-7-5124-2467-8 定价:39.00元

若本书有倒页、脱页、缺页等印装质量问题，请与本社发行部联系调换。联系电话:(010)82317024

第3版前言

本书在第2版基础上进行了修订，增加了第10章（实战七 驱动液晶显示屏），并修订了旧版的很多错误之处，但仍保持了原有内容体系和风格，希望能继续得到广大读者朋友的关心和喜爱。

第3版的主要工作仍由北京经济管理职业学院吴新杰独立完成，在这里对单位领导、同事和广大读者的热心支持和帮助表示由衷的感谢。

本书备有电子教案，请联系作者索取：wuxinjie@biem.edu.cn。

吴新杰
2017年5月

第 2 版前言

本书第 1 版获得了广大读者的喜爱，他们提出了很多宝贵的意见和建议，在此基础上进行了再版的增补和修改，但仍保持了原有内容、体系和风格。

目前，USB 接口已成为个人计算机的主流外设接口，很多笔记本电脑(甚至包括一些台式机在内)已取消了并口，这使得用笔记本电脑学习单片机很不方便，因此，这次再版增加了"USB 下载器的制作"一节。另外，本书对第 1 版已经发现的错误进行了修改，不过，由于作者水平有限，本书中一定还有不少缺点和可改进之处，敬请读者朋友指正。

再版工作仍由北京经济管理职业学院吴新杰独立完成，在这里对单位领导、同事和广大读者的热心支持和帮助表示衷心的感谢！

吴新杰

2013 年 7 月 29 日

第1版前言

AVR单片机是ATMEL公司推出的高速8位单片机，运行速度高达1 MIPS。AVR单片机的片上资源非常丰富，具有极高的性价比，应用领域广泛。功能强大的AVR单片机不需要上电复位电路、不需要外接A/D转换电路、不需要外接EEPROM，甚至可以省略晶振电路，这些外围电路的极大简化使得初学者更容易上手，而且与PIC等其他广泛应用的单片机系列也更为接近，更容易触类旁通，也能够快速开发实际产品。

本书使用C语言编程，但是并不把学习C语言课程作为首要条件。采用本书教学甚至可以取消专门的C语言课程，也就是说本书将C语言和单片机两门课程合二为一。因为C语言的教学通常都是由计算机系的教师进行教学，教学难点在于很多在单片机中不常用的部分，学生花了很大精力却对于技能的提高没有多少直接的帮助。高职的学时有限，更重要的是提高技能，复杂的C语言知识可以在之后需要的时候再进行有针对性的学习。

本书采用项目教学法，低起点，只要求学习者具备电子技术基本知识、能够焊接电路即可。本书通过一个一个由浅入深的项目，使学生在巩固原有知识、技能的基础上，每次接受一点新知识，同时为下一个项目打好基础。各个项目间具有递进关系，符合学习过程的认知规律，避免难度的跳跃给学生带来挫折感。本书所选项目都具有实际工程背景，在研发工作中，很多电路和子函数都可以直接借用，通过这些项目的学习，可以给未来的设计开发工作打下良好的基础。

AVR单片机功能较强，价格很低，本书详细介绍下载线的制作方法，不需要单独购买；而且很多项目稍加改进就是下一个项目，节约了时间和降低了成本；绝大多数项目不需要专业仪器仪表，这使得学习本书的成本极低。学习本书不需要购买专用开发板，只需要自行购买一些万能板和元器件，除能运行Windows XP的计算机外，全部耗材所需成本不超过100元。在学习中自己动手焊接电路板，并进行安装和调试，可以极为有效地提高技能水平。

本书的项目分为基础项目和综合项目。第2章和第3章为基础项目，主要围绕着单片机的各个功能模块进行，每个基础项目通常会有两个例子，第一个例子简单验证该模块的功能；第二个例子完成一个小的单片机系统，实现一定的实际功能。第4～9章为综合项目，通常比较复杂，都是具有实际意义的题目，都是在日后的工作中可能遇到的情况。

每个项目后面都设置开放性的练习任务，从而拓展学生思路，培养学生的创新意识，提高学生学习的主动性，也可以作为期末考核题目。通过完成项目报告，可以训练学生编写技术文件的能力。

书中所有项目的软硬件均由作者实际制作调试并通过，书中图表比较多，有电路图、实物照片、元器件清单、程序流程图等，便于自学。选择书中项目的时候参考了大学生技能竞赛的选题，对学生参加技能比赛有所帮助。

本书在编写过程中得到了北京经济管理职业学院电子工程系领导的无私帮助，在此表示感谢。本书的顺利出版也得到了北京航空航天大学出版社的大力支持，在此一并表示感谢。

本书的主要内容由作者独自完成，由于作者学识、精力有限，书中难免存在不足之处，欢迎广大读者指正，作者邮箱：wxinjie@gmail.com。

吴新杰

2010年11月

目　录

第1章

概　述

计算机从诞生到现在已经有七十多年了，第一代计算机是电子管计算机，开始于1946年，结构上以CPU为中心，使用机器语言，速度慢、存储量小，主要用于数值计算。第二代计算机是晶体管计算机，开始于1958年，结构上以存储器为中心，使用高级语言应用范围扩大到数据处理和工业控制。第三代计算机是中小规模集成电路计算机，开始于1964年，结构上仍以存储器为中心，增加了多种外部设备，软件得到一定发展，计算机处理图像、文字和资料功能加强。第四代计算机采用大规模或超大规模集成电路，开始于1971年，应用更加广泛，开始出现了微型计算机。

现在，计算机向着微型化和巨型化、多媒体化和网络化方向发展，个人计算机和单片机就是计算机微型化的成果。

1.1　单片机的发展

1.1.1　单片机简介

单片机是一种集成电路芯片，采用超大规模技术将具有数据处理能力的微处理器(CPU)、存储器(含程序存储器ROM和数据存储器RAM)、输入/输出接口电路(I/O接口)集成在同一块芯片上，构成一个体积小巧、功能完善的计算机硬件系统，在单片机程序的控制下能准确、迅速、高效地完成程序设计者事先规定的任务。所以说，一个单片机芯片就具有了完整计算机的全部功能。

由此来看，单片机有着一般微处理器(CPU)芯片所不具备的功能，它可单独地完成现代工业控制所要求的智能化控制功能，这是单片机最大的特点。另外，单片机是一种在线式实时控制计算机。在线式就是现场控制，需要有较强的抗干扰能力、较低的成本，这也是和离线式计算机的(比如家用PC)的主要区别。

单片机控制系统能够取代以前利用复杂电子线路或数字电路构成的控制系统，可以以软件控制来实现，并能够实现智能化。单片机广泛应用于仪器仪表、家用电

器、医用设备、航空航天、专用设备的智能化管理及过程控制等领域,大致可分如下几个方面:

1) 在智能仪器仪表上的应用

单片机具有体积小、功耗低、控制能力强和拓展方便等优点,广泛应用于各种仪器仪表中,通过结合不同类型的传感器,可实现诸如电压、电流、频率、湿度、温度、压力、流量、速度、角度、距离等物理量的测量。采用单片机控制使得仪器仪表数字化、微型化、智能化,且功能比采用电子或数字电路更加强大。

2) 在工业控制中的应用

用单片机可以构成形式多样的控制系统、数据采集系统。例如,工厂流水线的智能化管理、电梯智能化控制、防盗报警系统、消防控制系统、与计算机联网构成分布式控制系统等。

3) 在计算机网络和通信领域中的应用

单片机一般都具有多种通信接口,可以很方便地与计算机进行数据通信,有些专为计算机网络和通信而设计的单片机,嵌入在手机、电话机、小型程控交换机、楼宇门禁系统等各种有线通信和无线通信中。

4) 在家用电器中的应用

目前家用电器大多采用了单片机控制,比如微波炉、洗衣机、电冰箱、空调机和电视机等。

5) 在医用设备领域中的应用

单片机在各种医用设备中应用广泛,例如,医用呼吸机、各种检测分析仪、心电监护仪、超声诊断设备及病床呼叫系统等。

此外,单片机在工商、金融、科研、教育等领域都有着十分广泛的用途,其应用意义远不限于它的应用范畴或由此带来的经济效益,更重要的是它已从根本上改变了传统的控制方法和设计思想,是控制技术的一次革命,是一座重要的里程碑。

1.1.2 单片机技术的发展历史

单片机诞生于20世纪70年代,当时微电子技术正处于发展阶段,集成电路属于中规模发展时期,各种新材料新工艺尚未成熟,单片机仍处在初级的发展阶段,元件集成规模还比较小,功能比较简单,一般均把CPU、RAM(有的还包括了一些简单的I/O口)集成到芯片上;它还须配上外围的其他处理电路才能构成完整的计算系统,比如Zilog公司的Z80微处理器。随后INTEL公司推出了MCS-48单片机,具有体积小、功能全、价格低等优点,因此得了广泛的应用,为单片机的发展奠定了基础,成为单片机发展史上重要的里程碑。

20世纪80年代,单片机已发展到了高性能阶段,比如INTEL公司的MCS-51系列开始得到广泛应用。世界各大公司均竞相研制出品种多、功能强的单片机,约有几十个系列、300多个品种,此时的单片机均属于真正的单片化,大多集成了CPU、

RAM、ROM、数目繁多的I/O接口、多种中断系统,甚至还有一些带 A/D 转换器的单片机,功能越来越强大,RAM 和 ROM 的容量也越来越大,寻址空间甚至可达 64 KB,可以说,单片机发展到了一个新的平台。

20 世纪 90 年代,随着消费电子产品大发展,单片机技术得到了巨大的提高。早期的单片机都是 8 位或 4 位的,这时开始出现 16 位单片机并且很快出现了 32 位单片机。随着 INTEL i960 系列特别是后来的 ARM 系列的广泛应用,32 位单片机迅速取代 16 位单片机的高端地位,并且进入主流市场。而传统的 8 位单片机的性能也得到了飞速提高,处理能力比起 20 世纪 80 年代提高了数百倍。

目前,高端的 32 位单片机主频已经超过 1 GHz,性能直追 20 世纪 90 年代中期的 PC 机,而普通的型号出厂价格低于 1 美元,高端的型号也只有 10 美元。当代单片机系统已经不再只在裸机环境下开发和使用,大量专用的嵌入式操作系统广泛应用在全系列的单片机上。而在作为掌上电脑和手机核心处理的高端单片机甚至可以直接使用专用的 Windows 和 Linux 操作系统。

1.2 学习单片机的准备

学习单片机技术之前,一定要先做好准备工作,也就是“工欲善其事,必先利其器”。准备工作分为硬件和软件两个方面。

(1) 硬件准备

一台计算机:安装 Windows XP 系统。

直流稳压电源:至少有+5 V 直流电压输出,最好有两路输出或正负 5 V 双电源输出。

万能板:也可以使用面包板,但容易发生接触不良的现象,又不容易查找故障原因,自己制作 PCB 板周期较长,外加工价格较高,使用万能板是较好的选择。

电烙铁:20 W 内热式即可,烙铁头形状无所谓,以个人使用顺手为准。

焊锡丝:细一些的好用,直径 0.5 mm 的即可。

若干元器件:在每章节的项目中都给出了元器件列表,购买表中的元器件就可以自己动手完成相应的硬件电路,在学习软件的同时加强硬件的动手能力。

编程器或下载线:若想自制下载线,则可以按照第 2 章项目一的内容自制下载线,也可以根据第 2 章项目三制作 USB 下载线,或购买编程器,只是价格较高,购买时要注意购买能支持 ATmega8 单片机的编程器。

万用表:最好具备,模拟或数字的均可。

示波器:可以用来观察电压信号的波形,没有也可以,不是必需的设备。

(2) 软件准备

计算机中除了常用的电路仿真和文档编辑软件外,最重要的是安装编译软件和下载软件。编译软件可以对 C 语言源程序进行输入、编辑、修改、编译、调试和仿真等功能,最后生成机器代码语言;而下载软件可以将机器代码语言通过下载线或编程器烧写到单片机中,单片机开发离不开这两种软件。

编译软件:ICCAVR,本书主要采用 ICCAVR 的 V6.31 版本,第 10 章采用 V7.22 版本,新版本能够兼容老版本,且支持的单片机型号更多一些。该软件有免费试用期。

下载软件:本书以 PonyProg2000 为例,该软件为免费软件。

1.3 计算机数据表示

计算机用于处理各种信息,首先要把信息转换为数据形式,才能进行处理。计算机中的数据为了用电路处理,都是两种状态,这两种状态对应于字符 0 和 1。数据分为数值和逻辑值两种情况,当数据是数值的时候,它们有大小的区别,也就是二进制数;当数据是逻辑值的时候,它们没有大小的区别,代表两种对立的事物,即真假、通断或有电状态和无电状态。

1. 常用的进位计数制

数制也称计数制,是指用一组固定的符号和统一的规则来表示数值的方法。按进位的方法进行计数,称为进位计数制。在日常生活中,人们最常用的是十进位计数制,即按照“逢十进一”的原则进行计数;在计算机中采用的是二进位计数制,即按照“逢二进一”的原则进行计数。

在进位计数制中有数位、基数和权 3 个要素。数位是指数码在一个数中所处的位置;基数是指在某种进位计数制中,每个数位上所能使用的数码的个数;权是指在某种进位计数制中,每个数位上的数码所代表数值的大小,等于在这个数位上的数码乘上一个固定的数值,这个固定的数值就是这种进位计数制中该数位上的权。数码所处的位置不同,代表数的大小也不同。比如数 1011,在不同进位数制中所表示数的大小不同。

进位计数制很多,这里主要介绍与计算机技术有关的 4 种常用进位计数制。

1) 十进制

十进位计数制简称十进制,具有下列特点:

① 有 10 个不同的数字符号 0、1、2、3、4、5、6、7、8、9。

② 每一个数字符号根据它在这个数中所处的位置(数位),按“逢十进一”来决定其实际数值,即各数位的位权是以 10 为底的幂次方。例如,数$(123)_{10}$,可展开为:

$$(123)_{10}=1\times10^2+2\times10^1+3\times10^0$$

2) 二进制

在计算机中使用的是二进制数,其实二进制与十进制是类似的,只不过是“逢二进一”。例如,二进制数 1101,可展开为:

$$(1101)_2=1\times2^3+1\times2^2+0\times2^1+1\times2^0=(13)_{10}$$

将上式与十进制的例子作比较便会发现，二进制数的基数为“2”，而不是“10”。相应的权也发生了变化，不是10^3、10^2、10^1、10^0，而是2^3、2^2、2^1、2^0，这就是“基变则权变”。

3）十六进制

由于二进制数太长，不便阅读和记忆，人们常在计算机编程中使用十六进制数来帮助阅读和记忆。十六进制数的特点是“逢十六进一”。因此基数为“16”，权则变为“16”的次方。十六进制数用0～9，10个数码加上A、B、C、D、E、F这6个字母码来表示，A～F分别对应于10～15这6个数。

将十六进制数$(3AB)_{16}$转换十进制数：

$$(3AB)_{16}=3\times16^2+10\times16^1+11\times16^0=(939)_{10}$$

2. 二进制的算术运算

二进制的算术运算和十进制类似，也有进位和借位，只是“逢二进一”和“借一为二”，简单的加法如下：

0+0=0　0+1=1　1+0=1　1+1=10

1011+110=10001

3. 数制间的转换

数制间的转换是指将一个数由一种数制转换为另一种数制。通常人们习惯用十进制数，而计算机需要使用二进制，二进制不便于转换为十进制，为了便于阅读和记忆，人们在编程序的时候常使用十六进制。

将十进制转换为二进制需要采用“除二取余”法。将二进制转换为十进制需要采用“按权展开再求和”的方法，比较麻烦，如果用计算机编程，可以使用Windows自带的计算器进行转换则非常方便，选择“开始菜单→所有程序→附件→计算器”，再从计算器的下拉菜单里选中“科学型”，如图1.1所示。

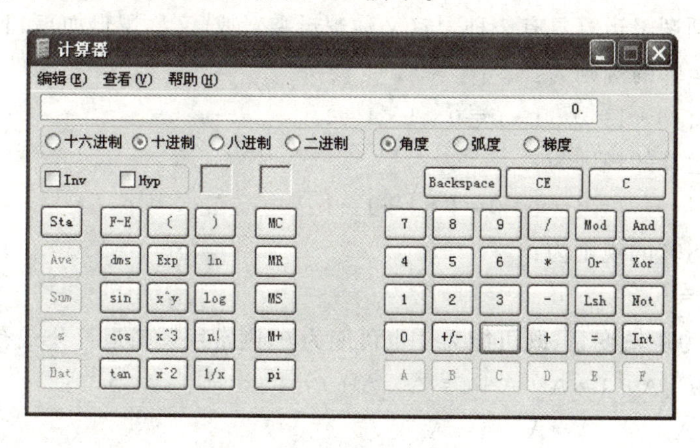

图1.1　科学型计算器

二进制数转换为十六进制数比较方便,采用“将4位分为一组”的方法就很容易转换,就是将二进制数从最低位开始,按照4位一分组的方法分开;如果高位最后不足4位,就在最高位添加0,比如:

$(10111011001101)_2=(0010\ 1110\ 1100\ 1101)_2$

然后将每组数都单独转换为对应的十六进制字符:

$(0010)_2=(2)_{10}=(2)_{16}$　　$(1110)_2=(14)_{10}=(E)_{16}$

$(1100)_2=(12)_{10}=(C)_{16}$　　$(1101)_2=(13)_{10}=(D)_{16}$

将它们简单按原位置级联起来:

$(0011\ 1110\ 1100\ 1101)_2=(2ECD)_{16}$

4. 数据的常用表示方法

为了便于书写,特别是方便编程时的书写,规定在数字后面加一个字母以示区别,二进制后面加B,十六进制后面加H,十进制后面加D,通常D可以省略不写。这样,123是指十进制数一百二十三,123H是指十六进制的123,也就是十进制的291。

需要指出的是,在本书选用的编译软件ICCAVR中是不支持二进制数据的,在该软件程序中只能采用十进制或十六进制。

5. 逻辑数据的表示

计算机中的0和1也用于表示逻辑代数中的真(true)和假(false),为了区别电脑中的数据是数值还是逻辑值,一般都会在程序中对它们的性质做一个定义,比如,“x”这个变量定义为整数变量,“y”这个变量定义为逻辑变量,则后面凡是遇到变量x都进行数值计算,遇到变量y都会进行逻辑运算。不同的程序对变量的定义不同,并且不仅限于整型变量和逻辑变量这两种,所以在编写程序和阅读程序时需要对变量的类型多加注意。

最基本的逻辑运算只有3种:与(又称逻辑乘)、或(又称逻辑加)和非。

逻辑与运算的规则为:

$0\cdot0=0$　$0\cdot1=0$　$1\cdot0=0$　$1\cdot1=1$

逻辑或运算的规则为:

$0+0=0$　$0+1=1$　$1+0=1$　$1+1=1$

逻辑非运算的规则为:

$\overline{0}=1$　$\overline{1}=0$

假设A为逻辑变量,既可能为1也可能为0,则常用逻辑运算公式有:

$A\cdot0=0$　$A\cdot1=A$　$A+0=A$　$A+1=1$

$A+A=A$　$A\cdot A=A$　$\overline{\overline{A}}=A$

1.4 单片机中常用的基本术语

单片机中的常用术语主要有位、字节、字、地址、存储器等。

位(bit)：binary digit 的简写，是单片机中所能表示的最小数据单位。单片机中用二进制表示数据，每个数据通常由多位二进制字符组成，其中每个 1 或 0 都是一位，也称为比特。

字节(byte)：一个字节就是相邻的 8 位二进制数，可以表示十进制的 0～255。通常用 D7 D6 D5 D4 D3 D2 D1 D0 来表示从最高位到最低位的各个位，如 10110011 的 D0 是 1，D3 是 0。

字(word)：在单片机中存储、传送或操作数据时，作为一个单元的一组字符或一组二进制数称为字。通常是 8 位的单片机中一个字就是 8 位，比如 8 位单片机 ATmega8 的字就是 8 位；16 位单片机中的一个字就是 16 位，比如 16 位单片机 dsPIC30F 的字就是 16 位。

存储器(Memory)：存储器是单片机必不可少的部件，通常分为 ROM 和 RAM 两大类。程序的运行和数据的处理都是在 RAM 中，断电后 RAM 中的数据会丢失。ROM 中的数据保存不依赖于电源，在断电后数据不会丢失。ROM 通常分为掩膜 ROM、EEPROM 和 Flash 存储器等。

掩膜 ROM：由芯片制造厂家掩膜编程的只读存储器，工作中不可以写入数据。

EEPROM：可电擦除可编程 ROM，在单片机工作中可以向存储器中写入数据，通常用来保存需要在断电后继续保留的数据。

Flash 存储器：具有集成度高、成本低、体积小、电擦除和读写方便等优点，通常在单片机中作为程序存储器，也就是我们进行单片机开发时编写的程序要编译成二进制代码再存储在 Flash 存储器中，然后单片机上电自动运行。Flash 存储器也可以存储数据，这需要在程序中事先对变量进行声明。

存储地址(Memory Address)：用来定义每个存储单元。8 位单片机的每个单元能存放 8 位二进制数，即 1 个字节的二进制数。为了区分不同的单元，每个存储器都有一个地址，以供 CPU 进行查找或操作。

I/O 接口：用来与输入/输出设备连接的接口(单片机引脚)，可以输出高电平或低电平，有些单片机还具有高阻状态，就是除了高电平和低电平之外另有一个状态，这个状态类似于绝缘，即该引脚对单片机内部都是绝缘的，与任何单片机内部电路都不连通。

1.5 AVR单片机

1.5.1 单片机的架构与选型

单片机的架构根据指令结构可以分为CISC(Complex Instruction Set Computer)架构和RISC(Reduced Instruction Set Computer)架构;根据存储器结构可以分为哈佛(Harvard)结构和普林斯顿(Princeton)结构。

CISC(复杂指令集计算机)和RISC(精简指令集计算机)是当前MCU的两种架构,区别在于不同的MCU设计理念和方法。早期的MCU全部是CISC架构,设计目的是要用最少的机器语言指令来完成所需的计算任务。RISC则是计算机系统只有少数指令,但是每个指令的执行时间相当短,因此MCU可以用相当高的频率来运算。

哈佛结构是一种将程序指令存储和数据存储分开的存储器结构。中央处理器首先到程序指令存储器中读取程序指令内容,解码后得到数据地址,再到相应的数据存储器中读取数据,并进行下一步的操作(通常是执行)。程序指令存储和数据存储分开,可以使指令和数据有不同的数据宽度,如Microchip公司的PIC16芯片的程序指令是14位宽度,而数据是8位宽度。哈佛结构是为了高速数据处理而采用的,因为可以同时读取指令和数据(分开存储的),大大提高了数据吞吐率,缺点是结构复杂。

普林斯顿结构,也称冯·诺依曼结构,是一种将程序指令存储器和数据存储器合并在一起的存储器结构。程序指令存储地址和数据存储地址指向同一个存储器的不同物理位置,因此程序指令和数据的宽度相同,如Intel公司的8086中央处理器的程序指令和数据都是16位宽。普林斯顿结构优点是结构简单,缺点是速度比较慢。

不同的单片机有着不同的硬件和软件,即它们的技术均不尽相同,硬件取决于单片机芯片的内部结构,用户要使用某种型号的单片机,必须先了解该型单片机是否满足需要的功能和应用系统所要求的特性指标。该型号单片机的特性指标可以从单片机生产厂商的数据手册(Data Sheet)中得到。软件是指指令系统和开发支持环境,指令系统即我们控制单片机工作的命令、数据处理和逻辑处理方式等。开发支持的环境包括指令的兼容及可移植性,开发软件(包含可支持开发应用程序的软件资源)及硬件资源。

单片机通常是系统的核心元件,其性能决定系统的性能。如果单片机的功能强,则能简化硬件电路的设计,提高设计效率,提高系统可靠性;如果单片机价格低,则能有效降低系统成本;如果单片机功耗低、具有功耗控制功能,则能有效降低系统功耗。在单片机系统中,开始设计时首先就要根据具体任务要求选择性能和价格合适的单片机,然后才能进行下一步的设计工作。

选择单片机的工作非常重要,设计人员为了在尽量短的时间内完成设计工作,通常会选择自己熟悉的单片机进行设计,但有时自己熟悉的单片机型号不能满足要求,这时就要选择同系列的单片机。因为同系列的单片机通常具有类似的功能和引脚,指令系统兼容,开发工具和单片机引脚的电气特性也相同,在设计时甚至可以只更改一些引脚配置,以前编写的源程序很容易就移植过来,极大地提高了设计效率。

1.5.2 AVR 单片机简介

AVR 单片机是 1997 年由 ATMEL 公司挪威设计中心研发出精简指令集的高速 8 位单片机,采用哈佛结构。

AVR 单片机目前主要有两大系列产品,ATtiny 系列和 ATmega 系列。ATtiny 系列属于低档产品,功能较弱,引脚较少,价格低。ATmega 系列属于高档产品,功能强,价格比 ATtiny 系列高。设计人员可以根据具体情况选择不同型号。

AVR 单片机具有以下一些特点:

1) 简便易学,学习费用低廉

AVR 单片机适合零起点的初学者,进入 AVR 单片机开发的门槛非常低,只要会操作电脑就可以学习 AVR 单片机的开发。初学者只需一条 ISP 下载线,把编辑、调试通过的软件程序直接在线写入 AVR 单片机,即可进行单片机系统的学习和开发。

2) 速度快

采用精简指令集、哈佛结构,每个时钟周期可以处理一条指令,运行速度可达 1 MIPS/MHz,是传统 80C51 单片机的 10 倍以上。

3) 抗干扰能力强

AVR 单片机可宽电压运行,工作电压 2.7~5.5 V,抗干扰能力强,具有商业级和工业级两种选择。

4) 低功耗

具有空闲模式、省电模式等 5 种睡眠模式。在主频 4 MHz 时,如果采用 3 V 电源电压,在工作模式下只要 3.6 mA 电流,空闲模式下只要 1.0 mA 电流。

5) 保密性强

AVR 单片机保密性能好,具有不可破解的位加密锁 Lock Bit 技术,保密位单元深藏于芯片内部,无法用电子显微镜看到。

6) 片上资源丰富

AVR 单片机具有上电复位电路、看门狗电路、程序存储器(Flash 存储器)、EEPROM、模拟比较器、多通道 10 位 A/D 转换器、PWM 定时计数器、硬件乘法器、TWI(I^2C)总线接口、同步串行接口 SPI、异步串行接口 USART、内部时钟振荡电路、支持 ISP(在系统中编程)和 IAP(在应用中编程)。如此丰富的片上资源,使得单片机系统设计极为简化、节省了很多外围模块、降低系统成本、降低系统功耗和重量、减小了体积。

7) I/O端口功能强

AVR单片机的I/O口是真正的I/O口,能正确反映I/O口的真实情况,具有上拉电阻,可以设定高阻状态。输出高电平和低电平时,每引脚电流均可以达到20 mA(电源总电流不得超过200 mA),可以直接驱动发光二极管和数码管。工业级产品具有大电流(灌电流)10～40 mA,可直接驱动可控硅或小继电器,节省了外围驱动器件。

8) 性价比高

AVR单片机性能强大,但价格并不高,由于采用AVR单片机片上资源丰富、I/O端口功能强,所以系统成本较低。另外,AVR单片机高低档型号齐全,选型方便,便于程序移植,能提高开发速度。

本书选择具有代表性的ATmega8作为例子,因为ATmega8功能较强而价格较低,能满足多数设计要求又能有效降低学习成本。

1.6 汇编与C语言

单片机系统开发主要包括硬件设计和软件设计两个方面,软件设计主要是进行程序设计,这就要用到计算机语言,目前单片机开发主要使用汇编语言和C语言两种。

1.6.1 单片机的开发语言

单片机完成任何一个特定功能都是通过执行特定的程序来实现的,程序是由一系列指令组成的,单片机最终能理解并执行的是以二进制代码表示的机器语言。

人们很难记忆和阅读二进制代码的机器语言,并且不同类型的单片机之间机器语言不通用,难以移植。所以,几乎没有人采用机器语言进行单片机开发。

汇编语言的基本单位仍然是机器指令,只是采用助记符表示,便于人们记忆,但每种单片机都有它专用的汇编语言,在一种单片机上开发的汇编语言程序很难搬到另一种单片机上使用,即不具备通用性和可移植性。

高级语言是进一步发展了的计算机语言,是面向过程的语言,不依赖于单片机,所以具有很好的通用性和可移植性。高级语言更接近人类的语言,便于阅读和设计复杂的程序,设计效率很高。高级语言包括BASIC、C和JAVA等很多种,单片机开发通常采用C语言。

单片机开发语言主要有汇编和C语言两种,汇编语言的主要优点是编码效率高,缺点是难以进行大规模复杂程序设计,难以阅读,不能移植。C语言的主要优点有:可移植性好、语言简洁、表达能力强、可进行结构化程序设计等,C语言还可以直接进行计算机硬件的操作,生成的目标代码质量较高,与汇编语言比较,主要缺点就在于代码效率较差,大约比汇编低10%～20%;由于技术的发展,对于目前的绝大多数单片机和应用来说,这已经不是什么问题了。

初学者最好学习使用C语言进行单片机开发。学习使用C语言进行单片机开发可以不必过于关心单片机内部结构的细节,上手比较快,并且便于将来设计复杂程序。目前,几乎所有单片机都支持C语言开发,采用C语言开发不要求掌握单片机的指令集、寄存器分配、不同存储器的寻址及数据类型等细节可由编译器管理,所以,当设计人员遇到不同单片机系列的时候,比使用汇编语言的设计者能更快熟悉单片机进行设计。C语言编译器提供了很多标准函数,具有较强的数据处理能力,对于复杂的计算,C语言更简洁,初学者就可以进行较为复杂的程序设计。

目前,进行产品开发设计都需要缩短设计周期,尽快使产品上市,获得最大利润,对于较复杂的系统,难以用汇编语言进行设计,采用C语言则极为方便,因此一般企业都要求采用C语言进行程序设计。另一方面,C语言可移植性强,便于阅读,以便新进的设计人员尽快接手项目进行设计,这也是目前C语言逐渐取代汇编的一个重要原因。因此,学习使用C语言进行单片机开发有利于将来的就业。

另外,单片机的高端已经发展为32位的嵌入式系统,嵌入式系统的程序更加复杂,开发语言也是以C语言为主,学好单片机的C语言开发有利于将来进一步学习更复杂的嵌入式系统。

1.6.2 单片机C语言

C语言程序是由若干个函数单元组成的,每个函数都是完成某个特殊任务的子程序段,组成一个程序的若干个函数可以保存在一个源程序文件中,也可以保存在几个源程序文件中,编译器编译的时候再将它们连接在一起。C语言源程序文件的扩展名为.c,比如C语言的源程序名可以是LED.c、a3.c和book_lcd.c等带.c后缀的文件名。

一个C语言源程序必须有而且只能有一个主函数,主函数的名称必须是main,常称为main()函数。C语言的程序都是从main()函数开始执行的。例如,

```
void main()                    //无返回值的主函数
{                              //大括号,函数体开始
    int x,y;                   //变量类型的声明
    x = 2;                     //赋值语句
    y = 2x;                    //计算 2x 的值,并将结果赋值给 y
}                              //大括号,函数体结束
```

main为主函数名称,C语言中所有函数名称后面必须带一个小括号"()",里面可以是空的,也可以包括参数类型声明,这里的主函数后面小括号中是空的,没有任何声明。C语言的函数名称前面通常要有返回值的类型声明,void表示无返回值;在单片机的程序中,主函数通常是没有返回值的。

函数要执行的内容称为函数体,函数体必须用大括号"{}"括起来。

函数体中包括若干条将要执行的语句,在执行程序的时候是按照从上到下的顺序执行的,也就是编程者希望先执行的语句要写在前面,后执行的语句要写在后面。每条语句后面都必须有分号“;”做结束标记;也就是说,一行也可以写几条语句,只要它们之间有“;”分割。不过,通常都是一行只写一条语句,这样便于阅读和加注释。

给程序加注释是编程工作不可或缺的组成部分,加注释便于别人的阅读和理解。编程者时间长了,也会需要借助注释阅读程序;加注释还有助于发现程序中的错误,便于整理编程思路。C语言的注释可以采取两种方法,一种是像前面的例子中那样,在语句的后面加双斜杠符号“//”,将注释内容加在语句本行后面,这种方法比较适合较短的注释,通常用于单条语句的注释,注释的内容不能跨越到下一行,如果进入下一行,下一行的注释内容前面还要再加“//”;另一种方法是在程序中使用斜杠加星号的方法将注释内容括起来,就是在注释前面加“/*”,在注释末尾加“*/”,这种方法适合于比较长的注释,注释的内容可以有很多行。采用“/*”和“*/”括起来的注释不能嵌套,就是不要在注释中再出现“/*”或“*/”。

C语言是区别大小写的,x和X是完全不同的两个变量。

有一点需要特别注意,在编辑C语言源程序的时候,C语言中的所有标点和符号都要使用半角字符,也就是不要用汉字输入法中的字符,在注释中可以使用全角字符,这是因为注释的内容是给人看的,不参与编译。

单片机的C语言编译器都支持ANSI标准的C语言源程序,此外,通常不同单片机系列的编译器会针对本系列单片机做一些扩展,比如一些关键字等。利用这些扩展功能可以提高编程的效率,但不利于程序在不同系列单片机之间移植,编程者可以根据自己的情况对此进行取舍。

C语言的相关知识会在后面的章节中分别介绍,结合具体项目进行有针对的讲解。

第2章

自己动手搭建单片机开发环境

单片机开发环境是对开发单片机所需的软件和硬件系统的统称，通常包括一台计算机、编程器或下载线、编译软件和下载软件等。AVR单片机的开发环境非常简单，自己动手搭建单片机开发环境既可以节约资金，又可以增加对单片机开发的了解，有助于后面知识的学习。如果已经购买了编程器，则可以跳过本章的项目一，但是需要学习所购买编程器的下载软件和下载方法。

2.1 项目一 并口下载线制作

1）学习目标

通过本节学习，要了解下载的概念，掌握并口下载线和下载板的制作方法，亲手制作一套下载线和下载板，为以后的学习做好硬件准备；学会下载软件PonyProg2000的使用方法。

2）项目导学

本项目是后面各章节项目的硬件基础，在后面各项目的学习中都需要将编译好的程序下载到单片机中去，这就要用到本项目制作的线路板和学习过的下载软件。

2.1.1 并口下载线制作与在系统编程

1. 并口下载线简介

下载线将计算机和单片机下载板连接起来。单片机系统是软件和硬件相结合的系统，通常利用计算机进行软件开发，然后将编译后的程序下载到单片机中去；要完成这样的开发，就必须有下载线这类器件。单片机不同，下载线也有所不同，有些单片机支持JTAG下载，可以像本节介绍的这样自己制作下载线，有些就需要购买编程器，利用编程器下载。ATmega8单片机可以采用简单的并口下载线下载，并且可以在系统编程，这也是本书采用ATmega8单片机的主要原因之一。本节前半部分主要介绍如何制作并口下载线。不管是用下载线下载还是用编程器下载，都需要安装下载软件。本节后半部分主要介绍下载软件。

2. 并口下载线的制作

下载线下载需要下载线和下载板两部分，两部分通常用插接头进行连接，下载线部分的电路如图 2.1.1 所示。图中 J1 为 DB25 公头，图中所示引脚标号为背面焊接连线的地方，正面用来插在计算机后边的打印机并口上。J1 也可以通过并口延长线连接到计算机后面的打印机并口上，以方便插拔下载线。图中 J2 就是用来接到下载板上的插头。

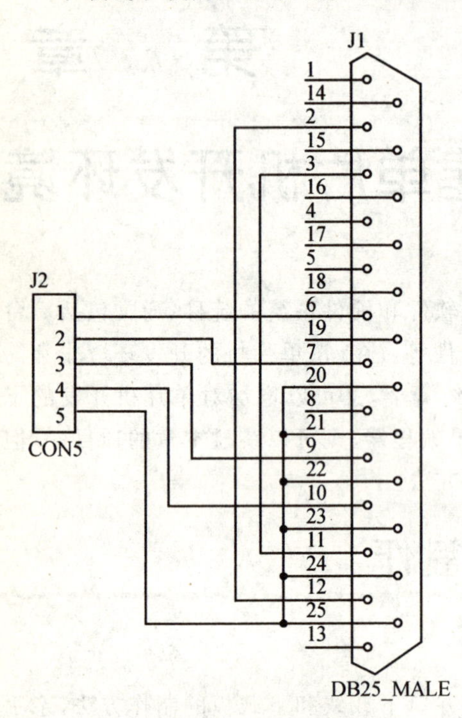

图 2.1.1　下载线电路图

下载板的电路如图 2.1.2 所示。下载板图中的 J2 为插针，用来连接图 2.1.2 中的 J2 插头。图中的 ATmega8 单片机要用集成电路插座，不要用真正的 ATmega8 单片机，这样可以方便地对不同的单片机进行多次下载。

与计算机相连接部分的下载线实物图如图 2.1.3(a)所示，与下载板相连接部分的下载线实物图如图 2.1.3(b)所示，红色线一般为 1 脚(插头上有三角标记)。下载板电路实物图如图 2.1.4 所示。

计算机的并口在计算机的后部，接线不太方便，可以采用并口延长线将后部的并口连接到合适的工作位置。并口延长线很便宜，形状如图 2.1.5 所示。

下载线的制作需要使用 DB25 的公头(male)，其形状如图 2.1.6 和图 2.1.7 所示。

计算机背面的 DB25 是母头(female)，如图 2.1.8 所示。仔细观察 DB25 接口的背面或图 2.1.9，并口 DB25 接头的背面通常都有标明引脚的数字序号，也就是引脚编号。

排针分为单排和双排两种，实物图如图 2.1.10 和图 2.1.11 所示，排针可以根据需要用钳子截取所需数量。

所需设备和元器件清单如表 2.1.1 所列。

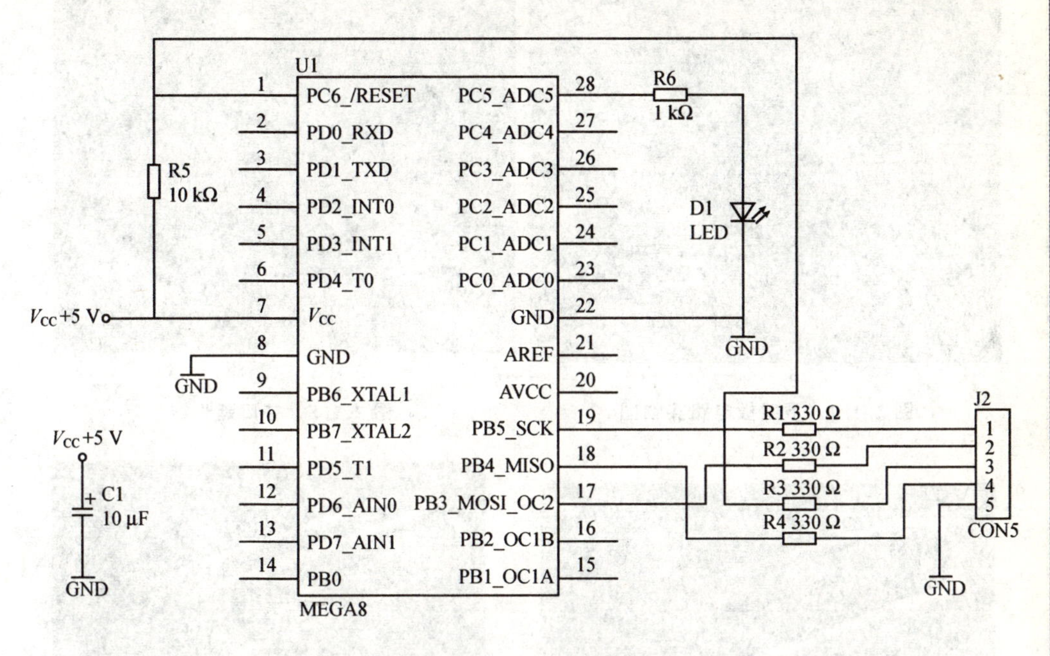

图 2.1.2 下载板电路图

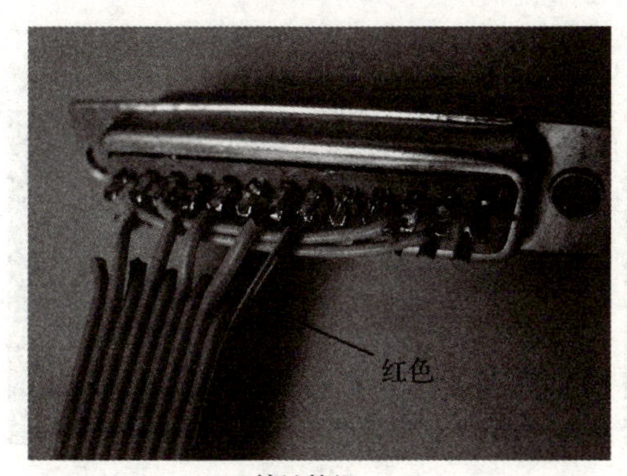

(a) 接计算机

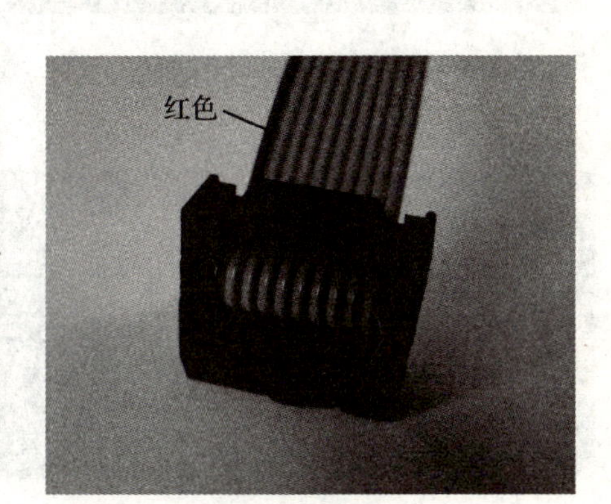

(b) 接下载板

图 2.1.3 下载线实物图

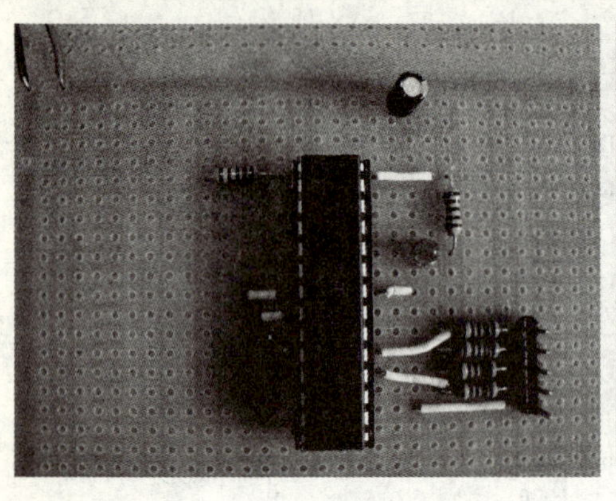

图 2.1.4　下载板电路实物图

图 2.1.5　并口延长线

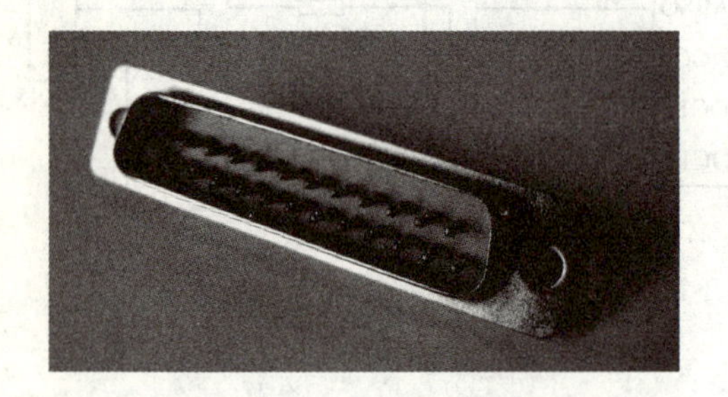

图 2.1.6　DB25 公头(male)

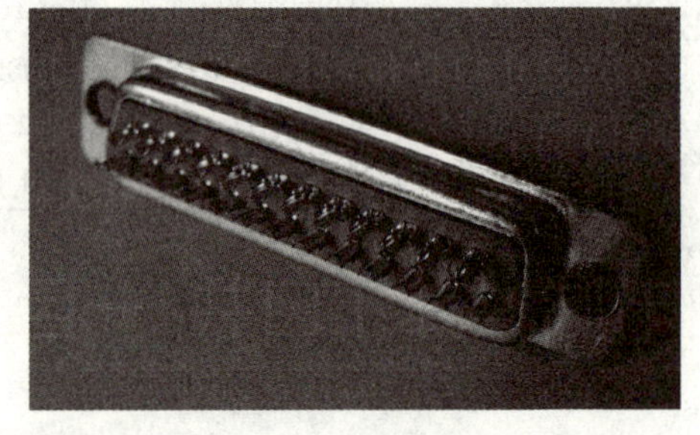

图 2.1.7　DB25 公头背面连线的地方

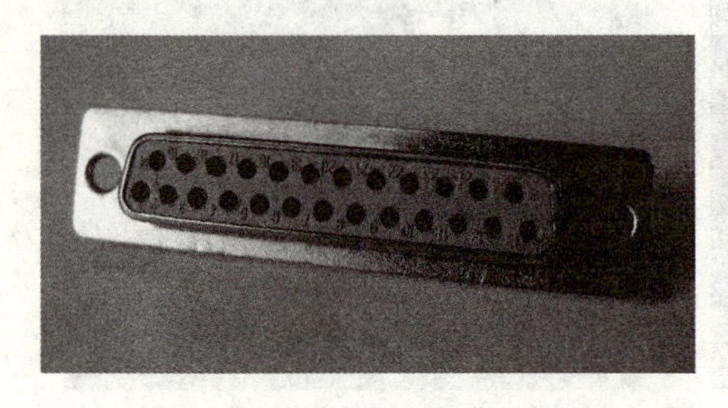

图 2.1.8　DB25 母头(female)

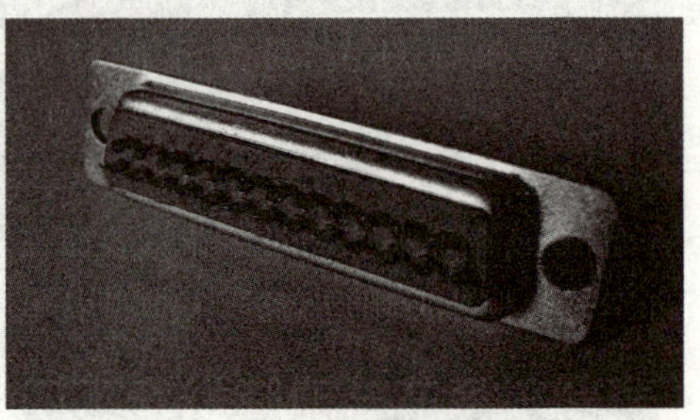

图 2.1.9　DB25 背面的数字序号

图 2.1.10　单排排针

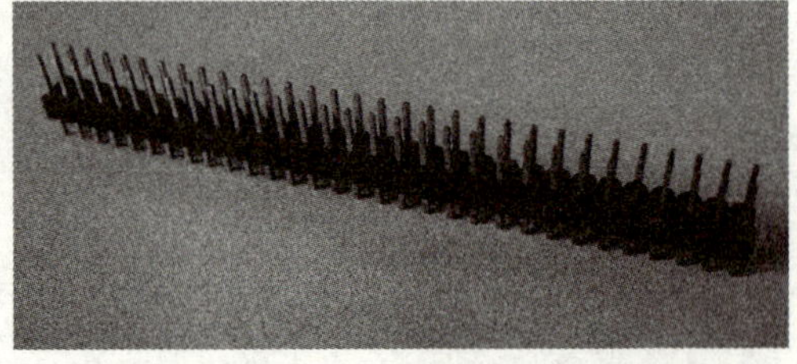

图 2.1.11　双排排针

表 2.1.1 设备和元器件清单

序号	名称	型号	数量	备注
1	单片机	ATmega8	1片	ATmega8L 也可以
2	并口连接线插头	DB25	1个	公头
3	单排插针		5针	双排插针也可以,需要10针
4	计算机排线			长短随意
5	万能板	孔距 2.54 mm	1块	普通万能板
6	电阻	330 Ω	4个	
7	电阻	1 kΩ	1个	
8	电阻	10 kΩ	1个	
9	发光二极管		1个	
10	电解电容	10 μF	1个	耐压大于5 V
11	集成电路插座	窄28脚	1个	PDIP
12	细导线		若干	直径0.5 mm
13	焊锡丝		若干	
14	电烙铁		1把	
15	剥线钳		1把	
16	并口延长线	DB25	1根	备用
17	直流稳压电源	5V	1台	

3. 在系统编程

AVR单片机都支持在系统编程(ISP),这样在下载程序的时候就不需要将单片机拔来拔去,很方便调试程序。

在系统编程的下载线与前面的下载线差不多,电路如图2.1.12所示,在开发的单片机系统板上留出与插头连接用的插针,如图2.1.13所示,用下载线连接计算机与单片机系统板就可以下载了。

其实图2.1.1和图2.1.2也可以用图2.1.12和图2.1.13代替,只不过图2.1.12的电阻需要和并口接头焊接在一起,对焊接水平有一定要求。图2.1.12也可以将电阻和并口接头都焊接到一块细长条的万能板上,这样比较牢固。

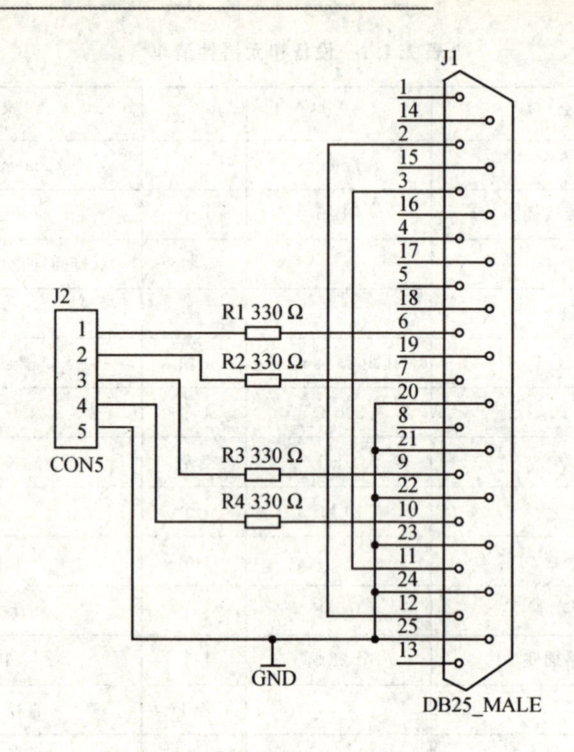

图 2.1.12　在系统编程下载线

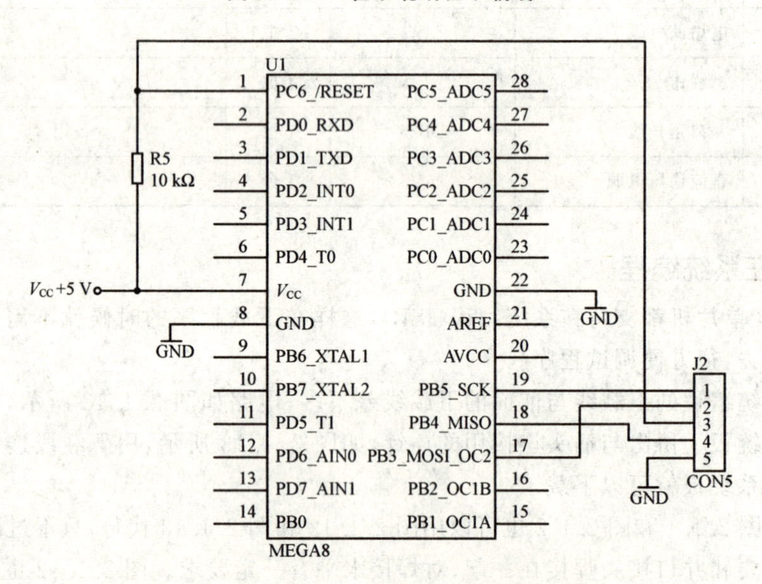

图 2.1.13　在系统编程的单片机侧连接图

2.1.2　下载软件简介、安装与使用

1. 下载软件简介

下载软件是将编译软件生成的机器语言文件下载到单片机中去的软件。在开发单片机系统时，软件的设计通常都是用计算机进行C语言编程，利用比如ICCAVR这样的编译软件进行调试、编译，然后生成机器语言。机器语言通常采用INTEL HEX格式，文件名后缀为.hex。下载软件的作用就是将.hex文件通过下载线下载到单片机的FLASH存储器中去。下载完成后，只要单片机上电，单片机就能自动从FLASH存储器中读出程序代码开始运行。

下载软件需要在计算机上进行安装，然后才能使用。下载软件有很多种，购买的商品编程器通常自带下载软件，使用编程器的读者可以使用其自带下载软件。对于自制并口下载线的读者，本书推荐使用PonyProg2000，这是一款免费的通用下载软件，可以支持AT89系列、PIC系列和AVR系列等多个系列的单片机。

2. 下载软件 PonyProg2000 的安装

PonyProg2000可以从网络免费下载，目前可运行在Windows 95/98/Me/NT/2000/XP及GNU/Linux kernel 2.4.x上，安装很简单，只要按照提示进行默认安装就可以了。

3. 下载软件 PonyProg2000 的使用

下载软件在使用时通常要有以下几步：

① 选择单片机型号；

② 导入要下载的.hex文件；

③ 设置芯片擦除、写入和校验等步骤；

④ 下载，自动完成芯片擦除写入和校验等步骤。

下面具体介绍如何使用PonyProg2000从计算机下载程序到单片机。

安装PonyProg2000后桌面会有这个软件的启动图标，启动PonyProg2000，首先出现的是如图2.1.14所示界面，单击OK按钮，则弹出如图2.1.15所示界面。

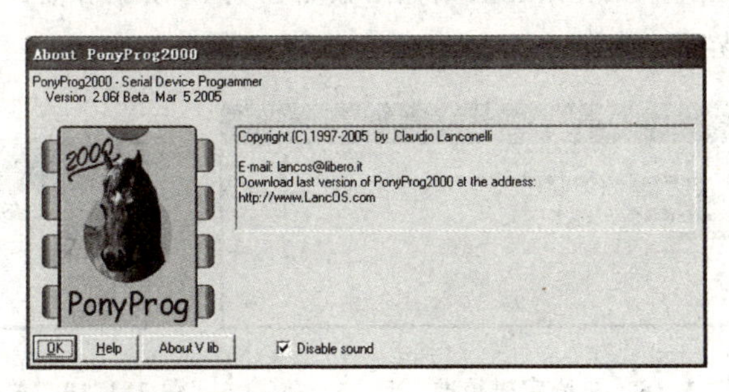

图 2.1.14　启动界面

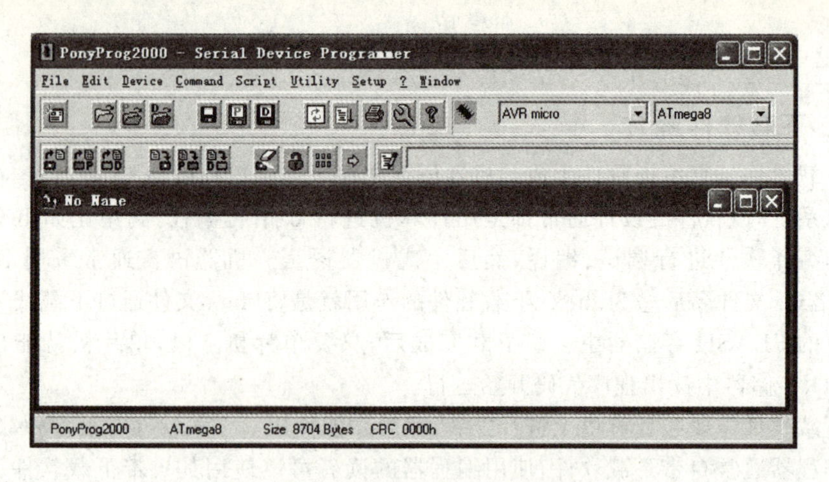

图 2.1.15　PonyProg2000 的主界面

从菜单选择下载目标器件:Device→AVR micro→ATmega8,然后选择 Setup→Interface Setup 菜单项,则弹出如图 2.1.16 所示界面。然后单击 Probe 进行测试,若测试通过,则弹出如图 2.1.17 所示界面,单击 OK 按钮。

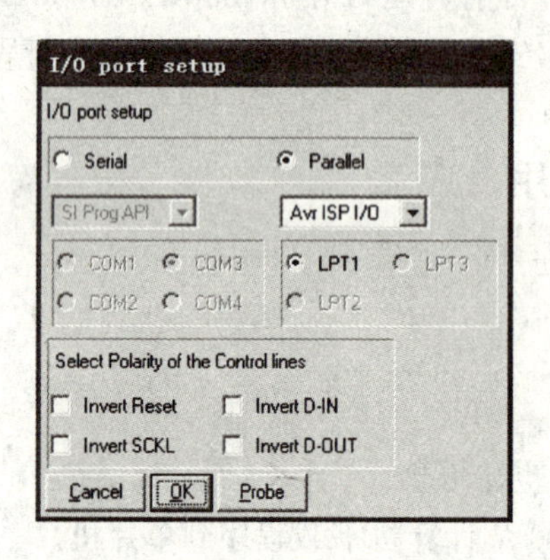

图 2.1.16　端口选择　　　　图 2.1.17　端口测试正常

然后选择 Setup→ Calibration,则弹出如图 2.1.18 所示界面。单击 Yes,则弹出如图 2.1.19 所示界面,再单击 OK。

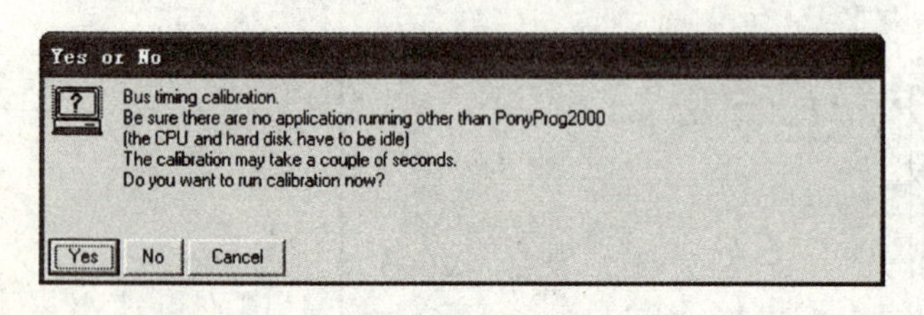

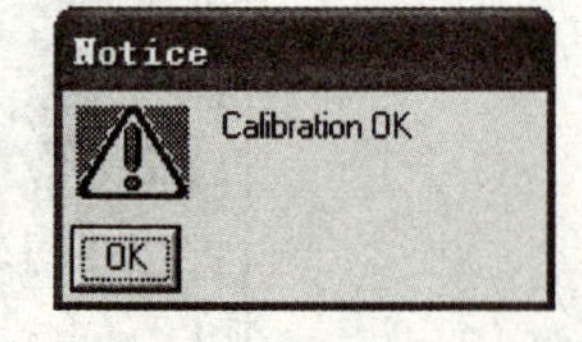

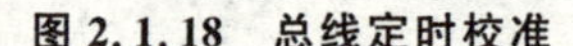

图 2.1.18　总线定时校准　　　　图 2.1.19　总线定时校准完成

以上步骤只在目标板连接好并口下载线并接通+5 V 电源后执行一次即可,不是每次下载所必需的。下面打开要下载的十六进制文件(后缀为.hex)进行下载。

打开需要下载的文件:File→ Open Device File,也可单击快捷图标,按照文件所在目录找到需要下载的文件,如图 2.1.20 所示;打开要下载的.hex 文件,则弹出如图 2.1.21 所示界面。

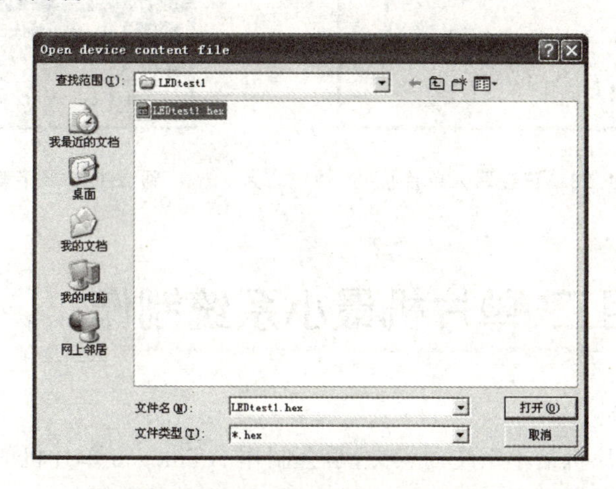

图 2.1.20　选择要下载的.hex 文件

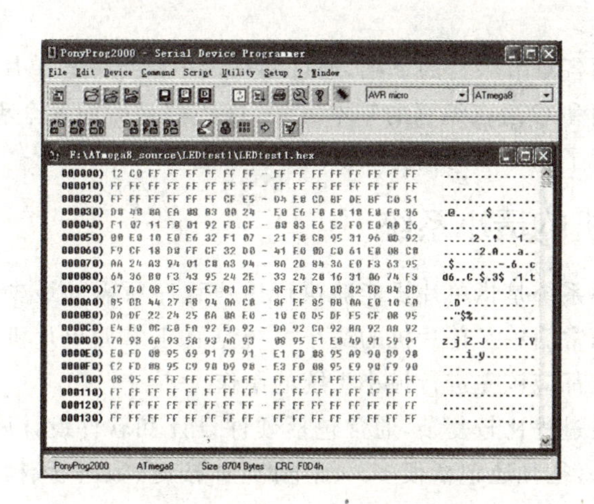

图 2.1.21　打开的机器代码源程序

然后从菜单选择 Command→ Write All,也可单击快捷图标,弹出如图 2.1.22 所示界面,单击 Yes 进行下载,如图 2.1.23 所示。

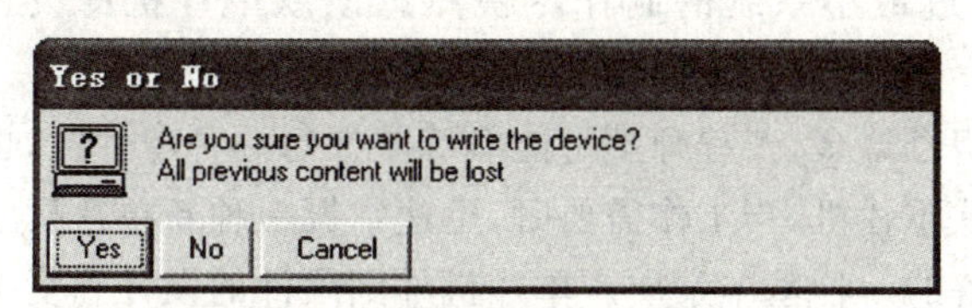

图 2.1.22　询问是否写入到单片机中去

下载完成则弹出如图 2.1.24 所示的提示，单击 OK。此时，单片机内的程序已经开始运行了。

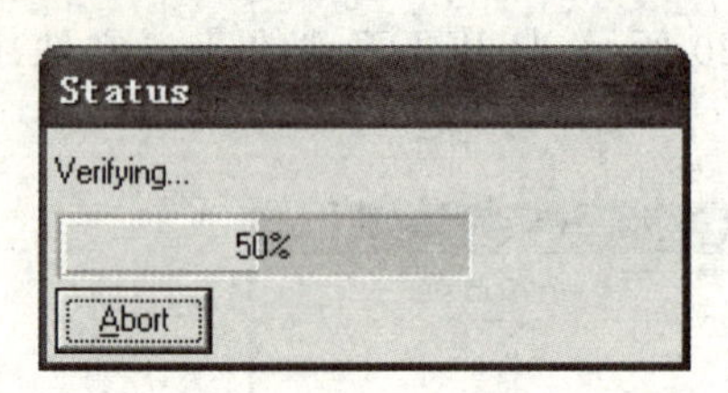

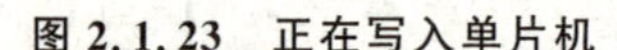

图 2.1.23　正在写入单片机

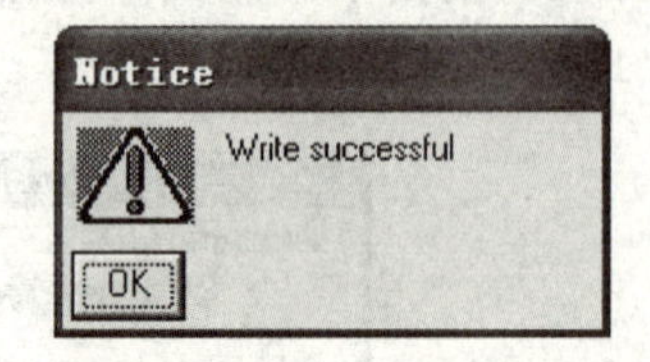

图 2.1.24　下载成功

2.2　项目二 单片机最小系统制作

1）学习目标

了解制作单片机最小系统的意义，学会制作 ATmega8 单片机的最小系统，掌握 ICCAVR 编译软件的使用。

2）项目导学

本项目是后面各章节项目的基础，通过制作最小系统熟悉单片机的基本性能、学习编译软件的使用和 C 语言编程的基本方法，这些都是后面各个项目的基础。在本项目的学习中用到了 2.1 节的相关知识。

2.2.1　单片机的最小系统

单片机的最小系统是指单片机能够执行用户程序所需的最少硬件电路，通常对应的软件程序也非常简单。单片机的最小系统是真正掌握单片机技术的第一步，学习任何一款单片机都应该先进行最小系统的制作。

单片机的开发过程比较复杂，通常包括硬件设计和软件设计两个方面。硬件设计除单片机本身外，往往还包括很多外围电路，如按键、数码管、模拟信号处理、A/D 转换、控制电路等，软件设计要利用编译软件、仿真软件、下载软件等专用软件进行源程序的编辑、编译、仿真、下载。

初学单片机往往被很多细节所困扰，单片机的最小系统就是将各种细节减到最少，使初学者能通过最小系统的制作尽快熟悉该款单片机的设计流程，掌握设计方法。

单片机种类型号繁多，工程师不可能熟练掌握每一种单片机，也不可能永远使用自己熟悉的那一款单片机，当工作需要时，迅速掌握一种新单片机型号的性能和设计方法是工程师必备的一种基本素质。单片机外围硬件的设计和复杂程序的编写是有共性的，经验和积累可以通用，单片机之间的不同之处通常体现在内部资源不同、

I/O口电气特性不同和编译环境不同。通过制作最小系统,往往可以迅速掌握这些不同,从而熟练使用不同型号的单片机进行开发设计。

2.2.2　ATmega8 单片机最小系统的硬件电路

单片机的最小系统通常包括复位电路、振荡器电路、存储器电路等,不同型号单片机的最小系统包含的外围电路有所不同。ATmega8 单片机片内集成了上电复位电路、主频振荡器(RC 振荡器)、FLASH 存储器、EEPROM 存储器、定时器、I/O 接口、A/D 转换器等资源,不需要外接任何元件就可以工作。因此,ATmega8 单片机的最小系统最简单,一片 ATmega8 单片机就是一个最小系统。

单片机最小系统的电路如图 2.2.1 所示,该图其实与下载板的电路图(图 2.1.2)是相同的;也就是说,本节也可以不制作电路板,可以直接使用下载板完成本项目的学习。ATmega8 的 1 脚为低电平有效的复位引脚,须接高电平,7 脚为电源 V_{CC}脚,应接+5 V 电源;8 脚和 22 脚为地脚,两脚内部是连通的。为观查程序运行情况,在 28 脚(PC5)外接一个发光二极管和一个限流电阻。制作好的实物如图 2.2.2 所示。

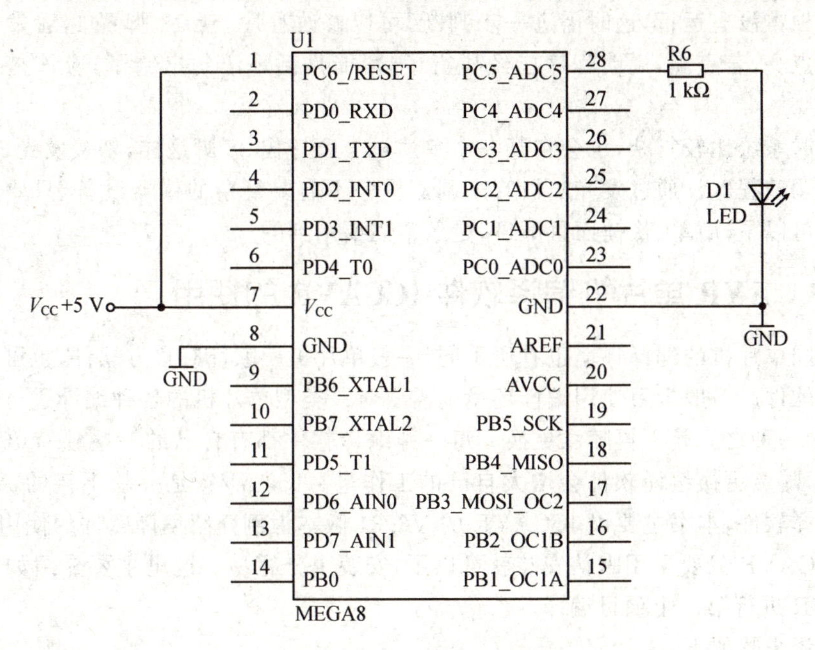

图 2.2.1　ATmega8 最小系统电路图

有时候担心单片机被损坏,这时可以下载一个简单的程序,在程序中让 28 脚轮流出现高电平和低电平,高电平时发光二极管发光,低电平时发光二极管不发光,通过观察发光二极管的亮灭情况就可以知道单片机的程序是否在运行,甚至可以知道程序运行到了哪一步。例如,发光二极管在闪烁,说明程序正在运行中,28 脚在程序的控制之下轮流出现了高电平和低电平;发光二极管只亮不灭,说明程序可能执行到

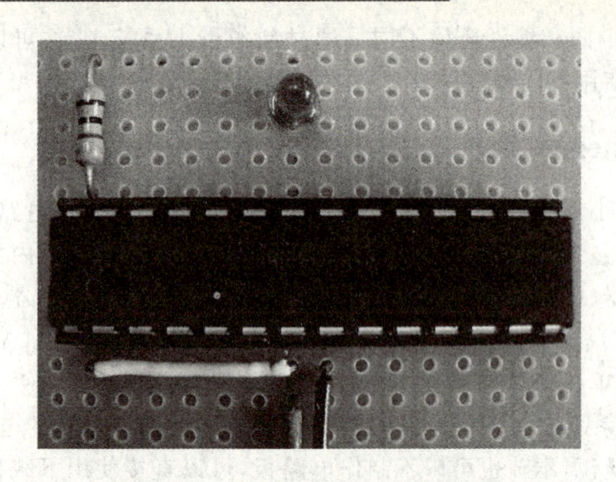

图 2.2.2 ATmega8 最小系统实物图

点亮发光二极管的那一步,后面熄灭发光二极管的语句没有执行,也可能循环语句根本没有循环,这时需要进一步修改语句以进一步判断;发光二极管只灭不亮,说明程序可能根本没有运行,这时需进一步判断,可以修改程序,让28脚置1,看发光二极管是否点亮,若点亮,说明程序已经执行了,可能是循环语句出错了,应该是程序的问题。

有时系统比较复杂,也会在某一个单片机I/O口像28脚这样,外接发光二极管,以便于调试程序。通过发光二极管来调试程序不需要复杂的仪器设备,只要用眼睛观察就可以了,简单、快捷而且廉价,是经常需要用到的。

2.2.3 AVR单片机编译软件ICCAVR的使用

不同单片机的编译环境也有所不同,一般单片机厂家都有官方软件,也可以使用第三方软件。一般学习使用编译环境前需要对该类型单片机的各种编译进行调查了解,选中一种之后就不再随意更换。每一种编译软件都有自己的一些独特语句和库函数等,随意更换编译软件会增大自己的工作量。ICCAVR是一款不错的AVR单片机编译软件,本书主要以ICCAVR的V6.31版本为例介绍编译软件的使用。

ICCAVR只要采用默认安装就可以了,安装十分容易。这里主要介绍如何利用ICCAVR进行第一个项目编译。

编译步骤如下:

1. 新建一个项目

启动ICCAVR,界面如图2.2.3所示。然后新建一个项目,选择Project→New菜单项,则打开如图2.2.4所示界面。

在文件名文本框输入项目名称,保存为.prj格式。然后选择目标器件,即所用单片机型号,选择Project→ Options→ Target →Device Configuration→选择ATmega 8→OK,如图2.2.5所示。

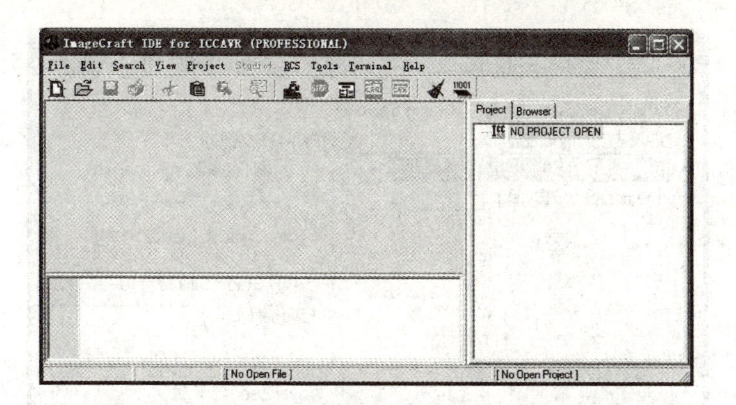

图 2.2.3　ICCAVR 的主界面

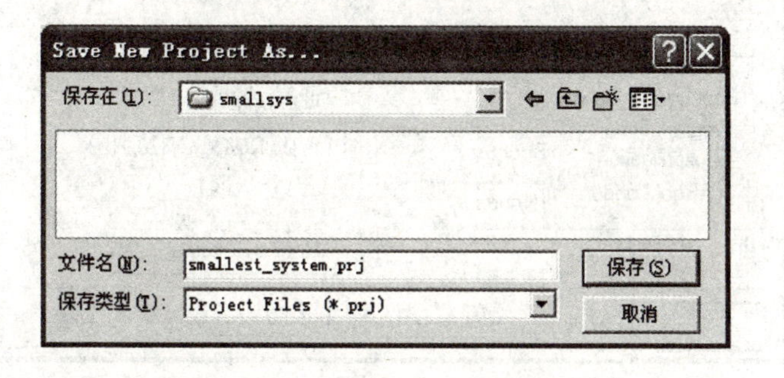

图 2.2.4　输入新建项目名称并保存

2. 新建一个 C 语言源程序

选择 File→New 菜单项，则弹出如图 2.2.6 所示界面。然后输入 C 语言源程序，并保存为.c 格式，选择 File→Save 菜单项保存，如图 2.2.7 所示。

在 C 语言源程序编辑窗口输入如下语句：

```
#include <iom8v.h>
void main(void)
{
    DDRC = 0xff;      // C 口设为输出口，DDRC 某位的值为 1，则对应的引脚为输出口
    PORTC = 0xff;     // C 口输出全部为 1
}
```

3. 添加文件到项目中

选择 Project→ Add File 菜单项，将新建立的 C 语言源程序添加到项目中去，如图 2.2.8 所示。也可以在窗口右侧 Project 窗口中的 Headers 文件夹上右击，再选择 Add File。

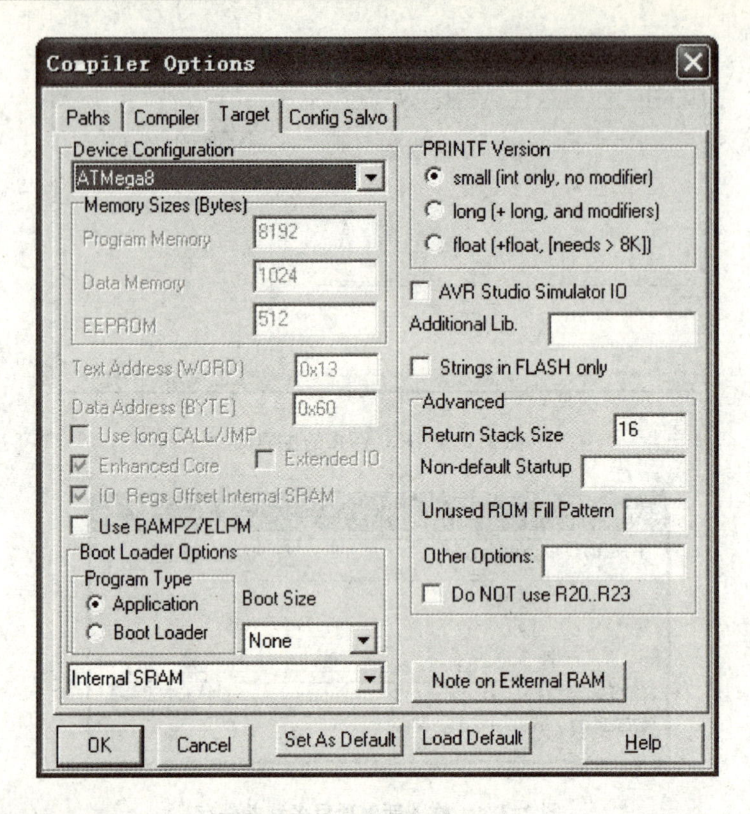

图 2.2.5 选择单片机型号

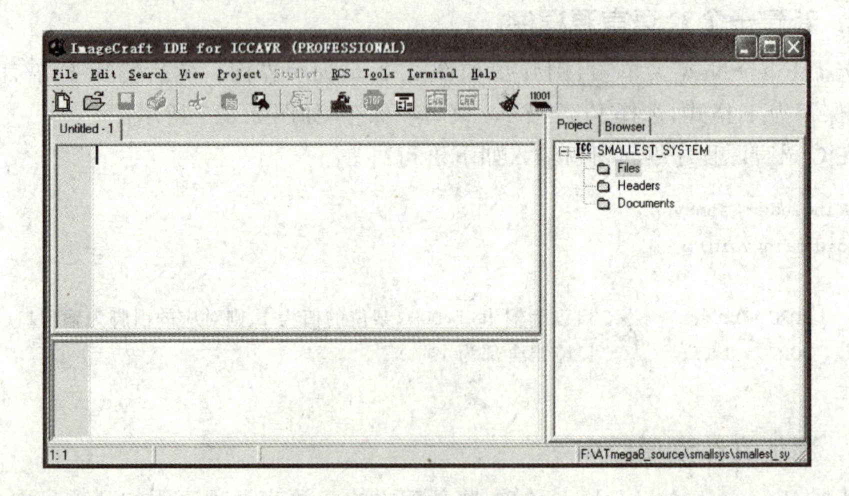

图 2.2.6 新建源程序

然后添加所需头文件，在窗口右侧 Project 窗口中的 Headers 文件夹上右击，选择 Add File，如图 2.2.9 所示。

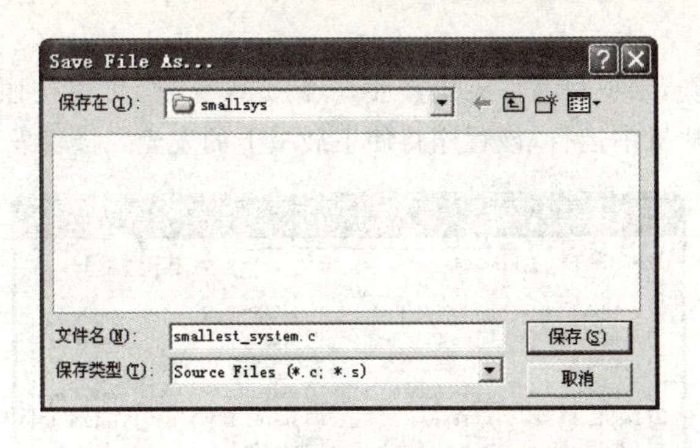

图 2.2.7　将新建的源程序保存为.c格式

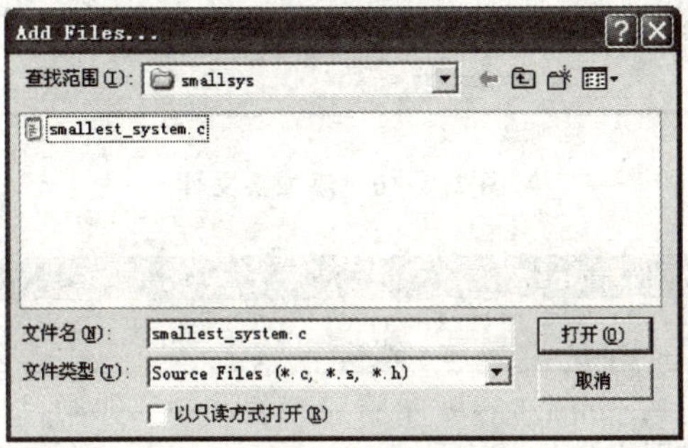

图 2.2.8　将程序添加到项目中

从 ICCAVR 的安装目录找到 include 文件夹，从中找到需要的头文件。通常 ATmega8 都需要添加 iom8v.h，其他头文件根据需要决定，如图 2.2.10 所示。完成后如图2.2.11 所示。

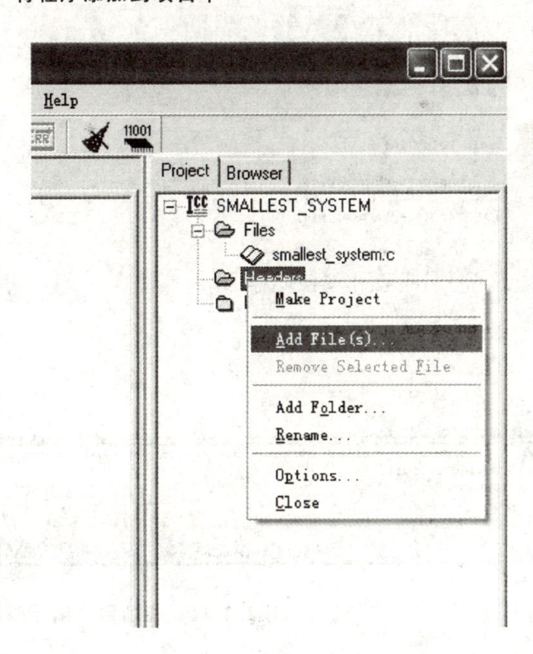

图 2.2.9　用鼠标右键给项目添加程序

4. 编　译

选择 Project→Rebuild All 菜单项或单击快捷图标，如果编译通过，则在最下面的窗口会有“Done.”的提示，如图 2.2.12 所示。

如果有错误，则有“Done: there are error(s).”的提示，并给出错误数量，如图 2.2.13 所示。双击有红色标记的行会有更多的提示；如果语句有语法错误，则光标自动跳到

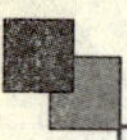

有语法错误的行。

如果编译正确,则项目文件夹中产生一个.hex文件,可以按照本章项目一的方法将其下载到单片机中运行,该程序将使下载板上的发光二极管发光。

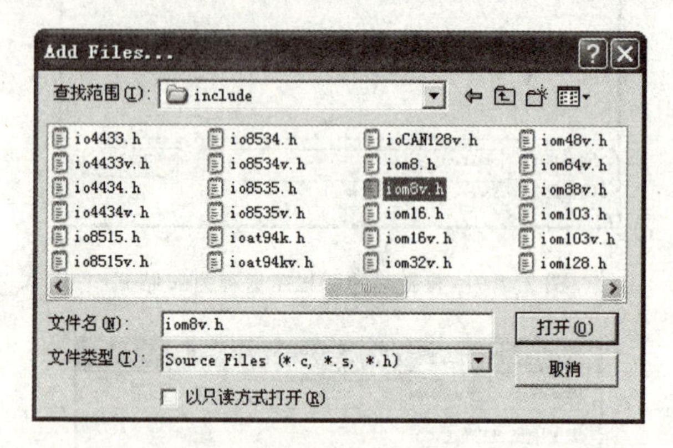

图 2.2.10 添加头文件

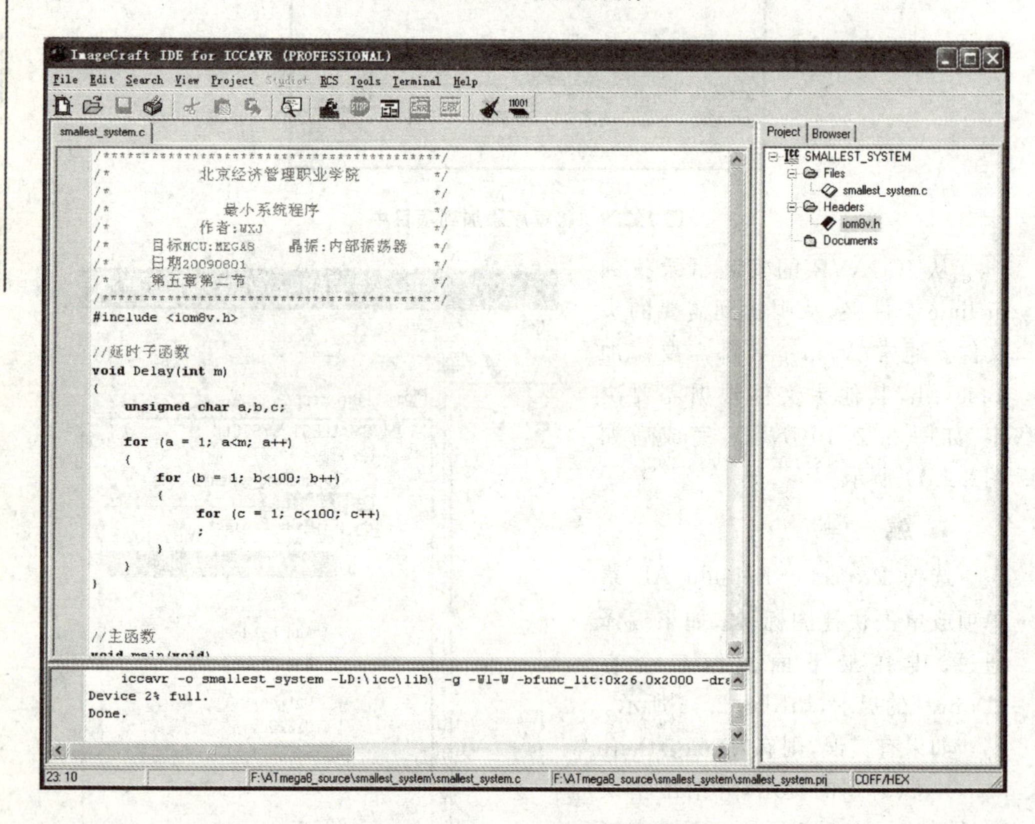

图 2.2.11 在项目中编辑源程序并进行编译

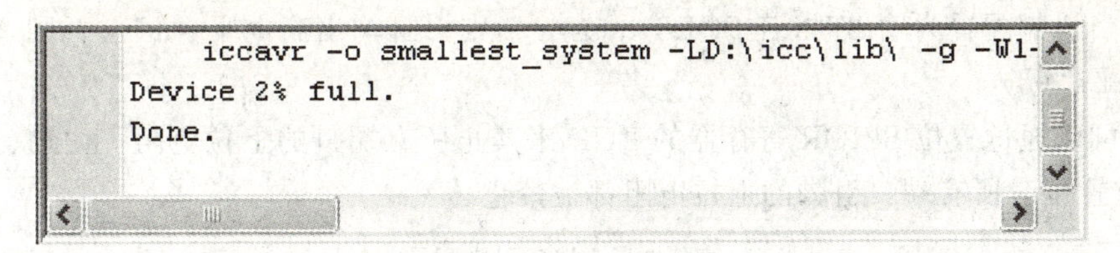

图 2.2.12　编译完成

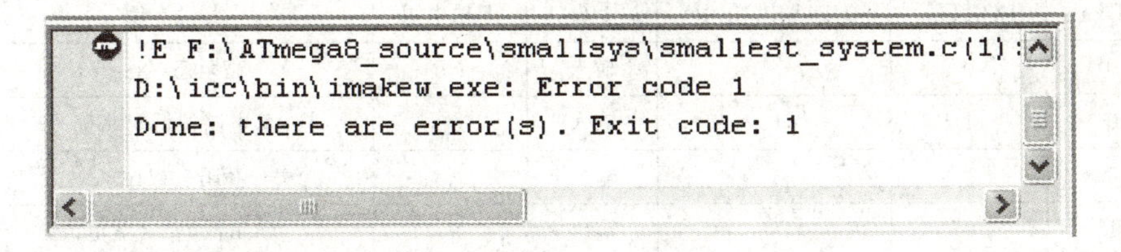

图 2.2.13　编译错误

2.2.4　控制一个发光二极管闪烁的例子

1. 项目要求

- 按照图 2.2.1 实现 ATmega8 最小系统的硬件电路；
- 编写程序，使图 2.2.1 中发光二极管(D1)产生明暗变化的闪烁。

2. 程序设计

(1) 输入/输出端口(I/O 端口)

输入/输出端口作为通用数字 I/O 使用时，所有 AVR 的 I/O 端口都具有真正的“读—修改—写”功能。输出缓冲器具有对称的驱动能力，可以输出或吸收大电流，直接驱动 LED。所有的端口引脚都具有与电压无关的上拉电阻，并有保护二极管与 V_{CC} 和地相连的作用。

ATmega8 有 3 个端口，分别是 B 口、C 口和 D 口。每个端口都有 3 个 I/O 存储器地址：数据寄存器 PORTx、数据方向寄存器 DDRx 和端口输入引脚 PINx，这里用 x 来代替 B、C、D 这 3 个表示端口名称的字母。数据寄存器和数据方向寄存器为读/写寄存器，而端口输入引脚为只读寄存器。需要特别注意的是，对 PINx 寄存器某一位写入逻辑“1”将造成数据寄存器相应位的数据发生“0”与“1”的交替变化，就是说，原来是“0”的话，写入“1”就会变成“1”；原来是“1”的话，写入“1”就会变成“0”。

端口引脚配置如表 2.2.1 所列。DDxn 用来选择引脚的方向，这里用 n 表示 3 个端口中的某个具体引脚，比如 DDC1 表示 C 端口的第一个引脚是输入还是输出。DDxn 为“1”时，Pxn 配置为输出；否则，配置为输入。

引脚配置为输入时，若 PORTxn 为“1”，则上拉电阻使能。如果需要关闭这个上拉电阻，可以将 PORTxn 清零，或者将这个引脚配置为输出。复位时各引脚为高阻态，即使此时并没有时钟在运行。

当引脚配置为输出时,若PORTxn为“1”,则引脚输出高电平(“1”);否则,输出低电平(“0”)。

可以通过置位SFIOR寄存器的PUD来禁止所有端口的上拉电阻,上拉禁止位PUD置位时所有端口引脚的上拉电阻都被禁止。

表2.2.1 端口引脚配置

DDxn	PORTxn	PUD(SFIOR中)	I/O	上拉电阻	说 明
0	0	×	输入	No	高阻态(Hi-Z)
0	1	0	输入	Yes	被外部电路拉低时将输入电流
0	1	1	输入	No	高阻态(Hi-Z)
1	0	×	输出	No	输出低电平(漏电流)
1	1	×	输出	No	输出高电平(源电流)

对端口B的数据寄存器和数据方向寄存器进行设置的例子如下:

```
PORTB = (1<<PB7)|(1<<PB6)|(1<<PB1)|(1<<PB0);/*定义上拉电阻和设置高电平输出 */
DDRB = (1<<DDB3)|(1<<DDB2)|(1<<DDB1)|(1<<DDB0);  /*为端口引脚定义方向 */
```

不论如何配置DDxn,都可以通过读取PINxn寄存器来获得引脚电平。这样就可以避免在内部时钟状态发生改变的短时间范围内由于引脚电平变化而造成的信号不稳定,其缺点是引入了延时。假设将端口B的引脚电平读入无符号字符变量i,则使用如下语句:


```
i = PINB;/*读取端口引脚*/
```

如果有引脚未被使用,则建议给这些引脚赋予一个确定电平。虽然在深层休眠模式下大多数数字输入被禁用,但还是需要避免因引脚没有确定的电平而造成悬空引脚在其他数字输入使能模式(复位、工作模式、空闲模式)消耗电流。

最简单的保证未用引脚具有确定电平的方法是使能内部上拉电阻,但要注意的是复位时上拉电阻将被禁用。如果复位时的功耗也有严格要求,则建议使用外部上拉或下拉电阻。不推荐直接将未用引脚与V_{CC}或GND连接,因为这样可能会在引脚偶然作为输出时出现冲击电流。

除了通用数字I/O功能之外,大多数端口引脚都具有第二功能,在后面的章节中将对端口的第二功能进行介绍。

(2) 程序流程图

在进行程序设计前,通常使用程序流程图来整理思路帮助编程。设计结束后,往往还要整理程序流程图、写入技术文件、帮助别人阅读和自己以后阅读及修改。

在程序流程图中可以使用语言文字,也可以使用C语言语句;没有统一严格的要求,以简洁明了、易于理解为主要标准。

按照项目要求和电路图可知，本项目要求单片机的I/O端口轮流出现高电平和低电平，也就是轮流输出1和0。电路中连接发光二极管的I/O端口是C口，程序中要让C口输出1，然后过一会，再让C口输出0；这样轮流反复，就可以实现项目要求。主程序流程图如图2.2.14所示。

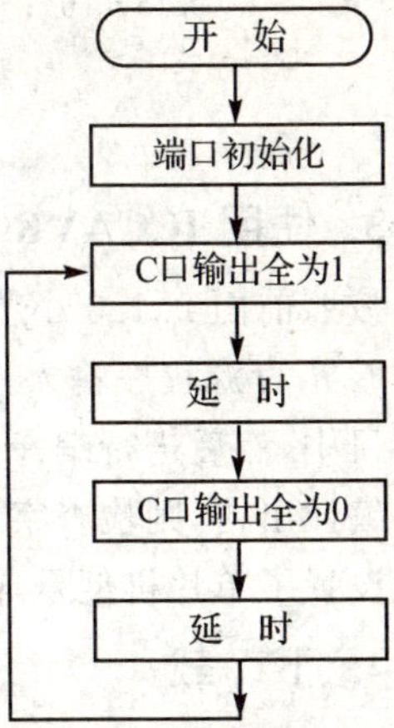

开 始

端口初始化

C口输出全为1

延 时

C口输出全为0

延 时

图 2.2.14 主程序流程图

(3) C语言源程序

C语言源程序如下所示：

```
/*****************************************/
/*最小系统程序目标 MCU:MEGA8  晶振:内部振荡器  */
/*文件名称:smallest_system.c                  */
/*完成日期:20090801                            */
/*章节:第二章项目二                            */
/*********************************************/
#include <iom8v.h>
//延时子函数
void Delay(unsigned int m)
{
    unsigned int a,b,c;//定义 a,b,c 为无符号字符型变量

    for (a = 1; a<m; a++)
    {
        for (b = 1; b<100; b++)
        {
            for (c = 1; c<100; c++)
            ;
        }
    }
}
//主函数
void main(void)
{
DDRC = 0xff;              // C口设为输出口,DDRC某位的值为1,则对应的引脚为输出口
                          //上电默认 DDRx = 0x00,PORTx = 0x00 输入,无上拉电阻
    PORTC = 0xff;         // C口输出全部为1
    while (1)
    {
        PORTC = 0xff;     // C口输出全部为1
         Delay(10);       //延时
        PORTC = 0x00;     // C口输出全部为0
```

```
        Delay(10);      //延时
    }
}
```

3. 使用ICCAVR进行编辑和编译

按照前面2.2.3小节的步骤,新建一个项目,设置单片机型号为ATmega8,将前面的C语言源程序输入计算机,保存为.c格式,将这个文件和头文件iom8v.h添加到项目中,然后进行编译。如果编译正常,则生成一个和项目名称相同的.hex文件;如果编译出错,则检查字母的大小写有无错误、括号是否完整、是否有全角字符、是否正确设置了单片机型号等。双击错误提示,则通常光标自动跳到有错误的那行语句。

4. 下 载

编译通过后,使用软件PonyProg2000、下载线和下载板,按照本章项目一的步骤,将编译产生的.hex文件下载到单片机中。注意,下载前要将一片ATmega8插在下载板的单片机插座上,然后接通单片机的+5 V电源。如果下载板上的电源(7脚)和地(8脚)之间连接了10 μF电解电容,则单片机不接+5 V电源也可以下载成功,这实际上是借用了计算机并口电源,不提倡这样做。当计算机并口电源驱动能力不足时,则一定接通单独的+5 V电源。

下载完毕后,关闭单片机电源,拔掉下载线接口J2。

5. 运 行

如果利用下载板完成此项目,这时只要接通下载板的单片机电源,程序就会运行,发光二极管会一亮一灭地闪烁。如果是单独制作的最小系统,则将单片机从下载板的插座上取下,然后插在最小系统板的插座上,接通最小系统板的电源,则单片机程序自动运行。

2.2.5 C语言要点与程序流程图

1. 程序流程图

程序流程图表示程序的结构,基本符号有开始、结束、进程、判断等,如图2.2.15所示。进程中可以包含多条语句。

图2.2.15 程序流程图中的基本符号

程序流程图用箭头表示程序执行的先后顺序。

程序的结构有3种基本形式:顺序结构、选择结构和循环结构。图2.2.16为顺序结构,程序先执行语句1,然后再执行语句2。图2.2.17为选择结构,先对某个条件进行判断，然后根据判断结果决定执行进程1还是进程2。

图2.2.18为循环结构，循环结构通过某个条件来控制程序是否循环。循环结构包括两种基本形式，一种是先对条件进行判断，然后执行语句(循环体)，再循环；另一种是先执行语句(循环体)，然后再对条件进行判断，再循环。

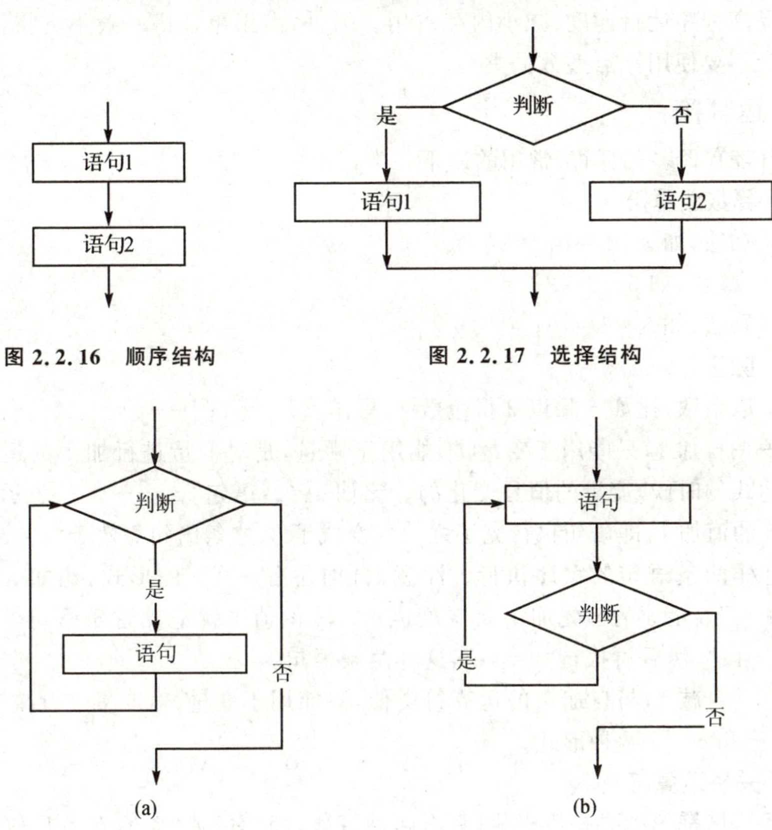

图2.2.16 顺序结构

图2.2.17 选择结构

图2.2.18 循环结构

2. 数据类型

常用的数据类型有以下几种：

- unsigned char：无符号字符型，每个变量长度为8位，可以表示0～256之间的整数。
- int：整型，每个变量长度为16位，包括正负符号，可以表示－32 768～＋32 767之间的整数。
- unsigned int：无符号整型，每个变量长度为16位，可以表示0～65 535之间的整数。
- long：长整型，每个变量长度为32位，可以表示－2 147 483 648～＋2 147 483 647之间的整数。

➢ unsigned long：符号长整型，每个变量长度为32位，可以表示0～4 294 967 295之间的整数。

由于8位单片机内部的寄存器一般都是8位的，所以单片机编程时最好尽量使用短变量，首选unsigned char类型；若长度不够，则可以选择整型或无符号整型，这样容易提高程序运行速度，减小内存占用。另外，由于单片机一般不支持浮点运算，所以尽量不要使用浮点型数据类型。

3. 运算符

C语言有很多运算符，常用的以下几类：

(1) 算数运算符

＋ 加法，如3＋5＝8；

－ 减法，如5－3＝2；

* 乘法，如5*3＝15；

/ 除法，如15/3＝5；

% 取余数，比如5除以2得余数1，写作：5%2＝1；

＋＋ 自加1，只能用于变量，不能用于常量，是对变量进行加1的运算。自加用于表达式的时候，变量的值是变化的。比如a＝2，语句“y＝a＋＋；”表示y的值为2，然后a的值加1，即语句执行完了之后a变成了3，这条语句等效于“y＝a；”和“a＝a＋1；”这样两条语句的顺序执行。注意，自加还有＋＋a的形式，比如a＝2，语句“y＝＋＋a；”表示a的值先加1，即a变成了3，y的值也就是3，这条语句等效于先执行“a＝a＋1；”，然后再执行“y＝a；”，这样两条语句。

－－ 自减1，与自加1的运算符类似，只能用于变量，对变量进行减1的运算，也有a－－和－－a两种形式。

(2) 关系运算符

关系运算符的结果是逻辑值，只有两种可能，即“真”或“假”，在单片机中“真”用非0的数据表示(通常用1表示)，“假”用0表示。

＜ 小于，如3＜5为“真”，5＜3为“假”；

＞ 大于，如3＞5为“假”，5＞3为“真”；

＝＝ 等于，是两个等于号，用来判断两个数据是否相等，如5＝＝5为“真”，3＝＝5为“假”；

＞＝ 大于等于，里面包括了大于和等于两种情况，如3＞＝5为“假”，5＞＝5为“真”，5＞＝3为“真”；

＜＝ 小于等于，里面包括了小于和等于两种情况，如5＜＝3为“假”，5＜＝5为“真”，3＞＝5为“真”；

!＝ 不等于，如3!＝3为“假”，5!＝3为“真”。

(3) 逻辑运算符

参与逻辑运算的值都是“真”或“假”这样的逻辑变量或关系运算符的表达式，运算结果也是逻辑值。

&& 与,如1&&1=1;

|| 或,如0||1=1;

! 非,如!0=1。

(4) 位运算符

<< 按位左移;

>> 按位右移;

~ 按位进行非运算;

| 按位进行或运算;

^ 按位异或运算,异或运算指两位不同结果为1,两位相同结果为0;

& 按位进行与运算。

位运算的例子参见表2.2.2。

表2.2.2　假设表中数据均为4位字长时的位运算

x	y	x<<2	x>>2	~x	x|y	x^y	x&y
0001	1000	0100	0000	1110	1001	1001	0000
0110	1101	1000	0001	1001	1111	1011	0100
1110	0111	1000	0011	0001	1111	1001	0110

另外还有赋值运算符、条件运算符、逗号运算符、指针运算符等很多种,等以后用到时再在相应章节的C语言要点中介绍。

4. 语　句

(1) 赋值语句

```
a = 1;//将变量a设置成数值1,即a等于数值1
```

(2) for()循环语句

```
for (c = 1; c<100; c + +)
    循环体语句;
```

每当遇到for循环语句时,总是先执行括号中的c=1,然后执行c<100的判断,满足的话就执行循环体语句,之后再执行c++,再执行c<100的判断,构成循环;若不满足c<100的判断,则退出for循环,for循环执行完毕。程序流程图如图2.2.19所示。

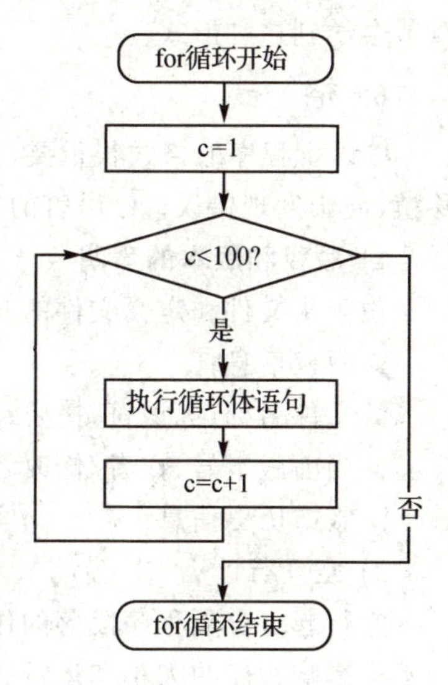

图2.2.19　for循环

(3) while()循环语句

```
while (表达式)
```

```
{
    循环体语句;
}
```

当表达式的值不为 0 时执行循环体语句,否则 while 循环执行完毕。

5. 函数和函数调用

(1) 函　数

C 语言是由一个个函数构成的,每个项目都有一个主函数,还有若干个子函数,函数间可以进行调用。这样的好处是可以把一个复杂问题分解成若干个简单问题,每个子函数实现一个简单问题,主函数把它们统一起来。每个项目只能有一个主函数,可以有多个子函数;子函数可以在编程序时取一个好记的名字,主函数的名字就只能是 main。

函数首行中 void 表示没有返回数据,Delay()子函数中(int m)表示调用函数时这里应该是一个整型数据。函数的内容应该用大括号{}括起来。

(2) 函数调用

C 语言的函数间是可以进行调用的,程序运行到函数调用的地方会先去运行被调用的子函数,运行完子函数后再返回到原来的函数继续向下进行。

根据被调用的子函数是否有返回量,通常有两种调用形式,一种无返回参数的调用,是"Delay(10);"的形式,本节例子中延时子函数的调用就是这种情况。

还有一种是有返回参数的调用,是"a=delay(10);"的形式,就是将子函数返回的值赋给变量 a,也就是让 a 等于子函数中用"return x;"给定的 x 的数值。以后的章节会学到这种形式。

6. 格　式

C 语言程序的格式很重要,这关系到程序的易读性。良好的格式还有利于程序移植,便于发现错误。C 语言的格式主要包括以下几个方面:

1) 版权和版本的声明

位于头文件和定义文件的开头,主要包括以下信息:

- 版权信息;
- 文件名称,标识符,摘要;
- 当前版本号,作者/修改者,完成日期;
- 版本历史信息。

2) 空　行

空行起着分隔程序段落的作用。数量合适的空行将使程序的布局更加清晰。空行不会影响程序的大小和运行速度,但过多和过少的空行一样给阅读带来不便。

建议在每个类声明之后、每个函数定义结束之后都要加空行。在一个函数体内，逻揖上密切相关的语句之间不加空行，其他地方应加空行分隔。

3）程序语句行

一行语句只做一件事情，如只定义一个变量，或只写一条语句。这样的程序容易阅读，并且方便于写注释。

if、for、while、do 等语句自占一行，执行语句不得紧跟其后。不论执行语句有多少都要加{}，这样可以防止书写失误。

尽可能在定义变量的同时初始化该变量(就近原则)。

4）语句行内的空格

关键字之后要留空格。像 const、case 等关键字之后至少要留一个空格，否则无法辨析。像 if、for、while 等关键字之后应留一个空格再跟左括号“(”，以突出关键字。

函数名之后不要留空格，紧跟左括号“(”，以与关键字区别。

“(”向后紧跟，“)”、“,”、“;”向前紧跟，紧跟处不留空格。

“,”之后要留空格，如 Function(x, y, z)。如果“;”不是一行的结束符号，其后要留空格，如 for (initialization; condition; update)。

赋值操作符、比较操作符、算术操作符、逻辑操作符、位域操作符，如“＝”、“＋＝”“＞＝”、“＜＝”、“＋”、“＊”、“％”、“&&”、“||”、“＜＜”等二元操作符的前后应当加空格。一元操作符如“!”、“～”、“＋＋”、“－－”、“&”(地址运算符)等前后不加空格。

对于表达式比较长的 for 语句和 if 语句，为了紧凑起见可以适当地去掉一些空格，如 for (i＝0; i＜10; i＋＋)和 if ((a＜＝b) && (c＜＝d))。

5）对　齐

程序的分界符“{”和“}”应独占一行并且位于同一列，同时与引用它们的语句左对齐。{ }之内的代码块在“{”右边数格之后左对齐。

2.2.6　练习项目

ATmega8 是 ATMEL 公司生产的 AVR 系列单片机之一，功能较强，工作可靠，价格较低，在控制领域具有很高应用价值，是目前应用最多的单片机之一，熟练掌握该款单片机还对学习其他单片机有很大帮助。

单片机的最小系统是真正掌握单片机技术的第一步，学习任何一款单片机都应该先进行最小系统的制作。通过最小系统的制作可以熟悉单片机的硬件特性，如 I/O 口的电气特性、基本配置；熟悉单片机的编译流程，如编辑源程序、编译环境；还可以熟悉下载软件和配置。可以用最少的硬件和最简单的程序，减少软件和硬件中的故障带来的学习障碍。

项目要求：

① 通过互联网查找 ATmega8 的数据手册，在项目报告中记录其主要参数。

② 设计电路:将发光二极管放到其他 I/O 口点亮。

③ 设计软件:改变发光二极管的闪烁频率。

④ 利用下载软件和下载电路将编译后的.hex 文件下载到单片机中。

⑤ 将单片机制作成最小系统,连接电源并进行测试,测试结果记录到项目报告中。

⑥ 完成项目报告。

2.3 项目三 USB 下载器制作

1) 学习目标

进一步提高电路制作水平,掌握 USB 下载器的制作方法。

2)项目导学

目前计算机 USB 接口已普及,采用 USB 下载器对单片机烧写程序非常方便,本项目制作的 USB 下载器可以在笔记本电脑上对单片机下载程序。

2.3.1 USB 接口简介

USB 是通用串行总线(Universal Serial BUS)的英文缩写,是一个计算机与外部设备的连接和通信总线标准。USB 接口支持设备的即插即用和热插拔功能。USB 是在 1994 年由英特尔、康柏、IBM、Microsoft 等多家公司联合提出的。

USB 标准经历了多年的发展,已经发展为 3.0 版本,成为当前计算机中的标准扩展接口。当前计算机主板中主要采用 USB2.0 和 USB3.0,各 USB 版本间能很好地兼容。USB 用一个 4 针(USB3.0 标准为 9 针)插头作为标准插头,可以采用菊花链形式把所有的外设连接起来,最多可以连接 127 个外部设备,并且不会损失带宽。

USB 各版本主要区别如表 2.3.1 所列。USB 接口外观如图 2.3.1 所示。

表 2.3.1 USB 版本区别

版本号	最大传输速率	最大输出电流/mA	推出时间
USB1.1	12 Mbps(1.5 MB/s)	500	1998 年
USB2.0	480 Mbps(60 MB/s)	500	2000 年
USB3.0	5G bps(640 MB/s)	900	2008 年

USB 接口的引脚排列如图 2.3.2 所示。面对 USB 接口,从插孔看进去,金属触片朝下时,最左侧金属触片为 1 脚(电源 Vcc),其余依次为 Data－、Data＋、GND。

图 2.3.1 USB 接口外观

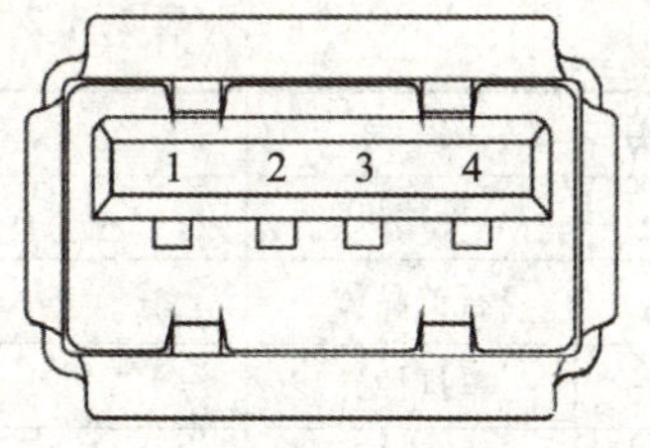

图 2.3.2 USB 接口引脚排列

2.3.2 USB 下载器制作

USB 下载器的电路如图 2.3.3 所示,跳线帽如图 2.3.4 所示,元器件清单如表2.3.2 所列。

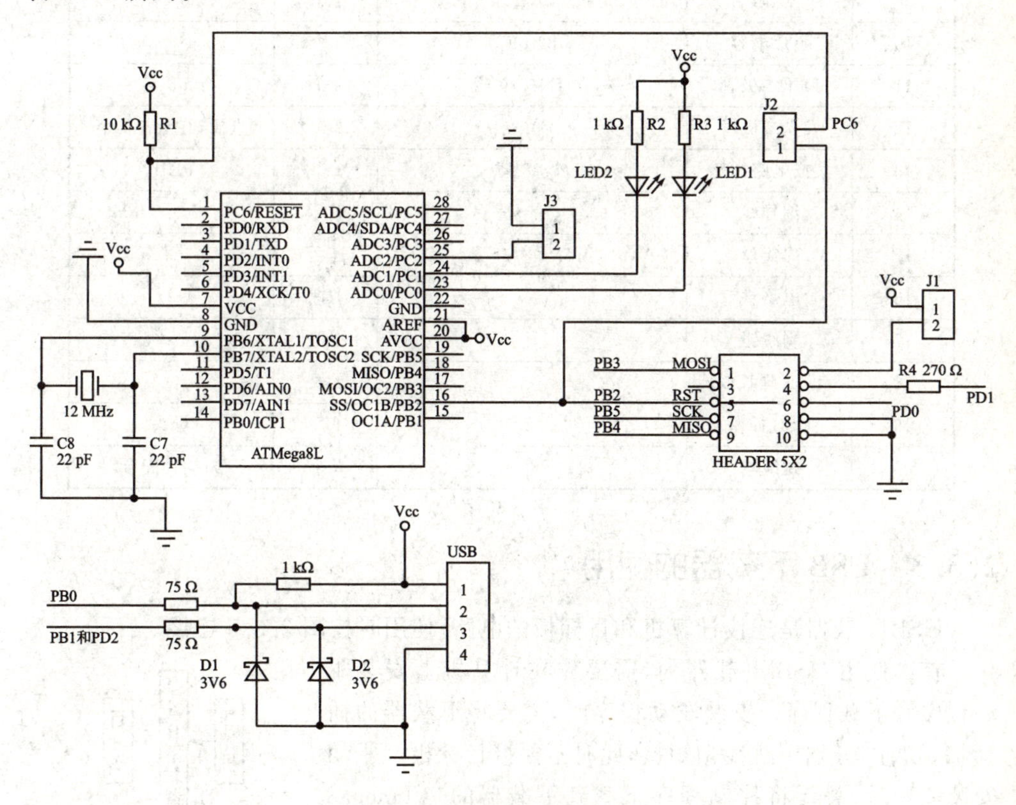

图 2.3.3 USB 下载器电路图

图 2.3.4 跳线帽

表 2.3.2　设备和元器件清单

序　号	名　称	型　号	数　量	备　注
1	单片机	ATmega8L	1片	
2	石英晶体	12 MHz	1个	无源
3	单排插针	2针	3组	间距与万能板相同
4	双列插针座	10针插座	1个	双列直插
5	万能板	孔距 2.54 mm	1块	普通万能板
6	电阻	75Ω	2个	
7	电阻	270Ω	1个	
8	电阻	1 kΩ	3个	
9	电阻	10 kΩ	1个	
10	瓷片电容	22 pF	2个	
11	稳压二极管	1N4729	2个	3.6 V
12	发光二极管	φ0.3	2个	直插,红绿各1个
13	集成电路插座	窄28脚	1个	PDIP
14	细导线		若干	直径 0.5 mm
15	焊锡丝		若干	
16	电烙铁		1把	
17	剥线钳		1把	
18	USB延长线		1根	
19	USB插座		1个	母头
20	跳线帽		3个	与插针配合

2.3.3　USB下载器的使用

USB下载器是连接计算机和目标板的电路,使用时按图2.3.5连接。

首次使用USB下载器前,需要先在计算机上安装驱动程序和下载程序。安装驱动程序时,需要将下载器的插针J1、J2、J3分别用跳线帽短接,此时不要接目标板。驱动安装完毕后,需要将控制程序下载到下载器的ATmega8里,之后,下载器就可以工作了。

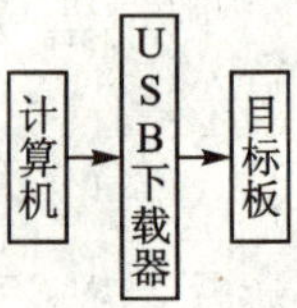

计算机 → USB下载器 → 目标板

图 2.3.5　USB下载器使用框图

通过此USB下载器往目标板上写程序时,如果在目标板上外接电源,则拔掉J1和J2的跳线帽,或把3个跳线帽都拔掉,使其断开;如果不在目标板上外接电源,通过USB下载器供电给目标板,则只将J1用跳线帽接通。

第3章

熟悉单片机的资源

3.1 项目一 定时器应用

1）学习目标

了解中断的概念，掌握中断服务程序的编写方法，学会定时器的使用方法。

2）项目导学

在第2章的基础上，本章开始学习单片机内部的资源。本项目包括两个例子，前一个较简单，后一个较复杂。学习指导如下：

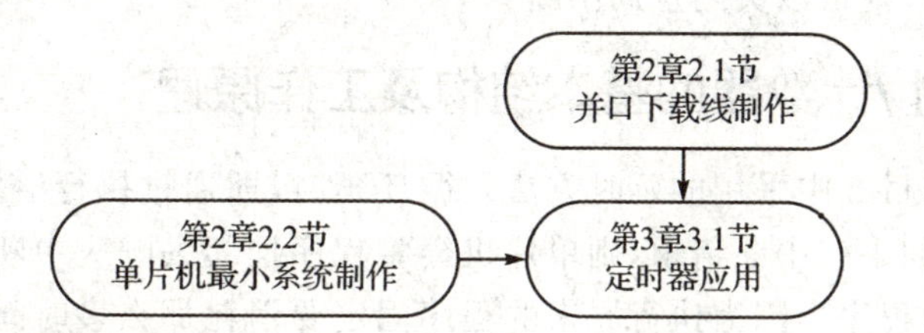

3.1.1 中断的概念

中断是单片机实时地处理内部或外部事件的一种内部机制。当某种内部或外部事件发生时，单片机将暂停正在执行的程序，将相关内容暂时存储之后进行中断事件的处理；中断处理完毕后，又取出原来存储的进度，继续执行下去。

单片机内部有多个中断源，每个中断源都能引起中断。中断源如表3.1.1所列。

表3.1.1中每个中断源都有一个向量号，这些向量号代表对应的中断源，在C语言程序中就使用这些向量号表示对应的中断源。这些向量号还代表着优先顺序，向量号小的，也就是在表3.1.1中靠前的中断源更优先一些。例如，外部中断请求0（INT0中断向量号为2）和外部中断请求1（INT1中断向量号为3）同时有信号请求中断，则单片机会响应中断向量号小的INT0。

表 3.1.1 复位和中断向量表

向量号	中断源	中断定义	向量号	中断源	中断定义
1	RESET	外部引脚,上电复位,掉电检测复位,看门狗复位	10	TIMER0 OVF	定时/计数器 0 溢出
			11	SPI, STC	SPI 串行传输结束
2	INT0	外部中断请求 0	12	USART, RXC	USART, Rx 结束
3	INT1	外部中断请求 1	13	USART, UDRE	USART 数据寄存器空
4	TIMER2 COMP	定时/计数器 2 比较匹配	14	USART, TXC	USART, Tx 结束
5	TIMER2 OVF	定时/计数器 2 溢出	15	ADC	ADC 转换结束
6	TIMER1 CAPT	定时/计数器 1 捕捉事件	16	EE_RDY	EEPROM 就绪
7	TIMER1 COMPA	定时/计数器 1 比较匹配 A	17	ANA_COMP	模拟比较器
8	TIMER1 COMPB	定时/计数器 1 比较匹配 B	18	TWI	两线串行接口
9	TIMER1 OVF	定时/计数器 1 溢出	19	SPM_RDY	保存程序存储器内容就绪

通常单片机的中断会有不同优先级,在同一优先级的情况下,中断向量号小的先执行。如果要改变表中的优先顺序,则需要给它们设置不同的优先级。

在 ICCAVR 编译软件中包含头文件 macros.h 后,用“SEI();”打开全局中断,用“CLI();”关闭全局中断。程序中需先打开全局中断,然后才有可能响应中断;如果不需要响应中断,则可以关闭全局中断。

3.1.2 定时/计数器的基本结构及工作原理

在第 2 章项目 2 中采用的延时方法是循环延时,即通过执行语句来把时间消耗掉;执行程序时如果有中断请求,则单片机会将程序挂起去响应中断,响应完中断再回来继续原来的程序。因为执行原来的程序固定要消耗那么多时间,中间插入中断后必然导致延时过长,造成延时不准。

定时器是单片机最重要的组成部分之一。通常,准确的定时都是由定时器完成的。定时器是一个独立的计数器,计数过程不会被中断打断,除非系统复位,定时器也不受其他程序的影响。

定时器其实就是数字电路里的计数器,也可以称为分频器,它对时钟脉冲进行计数,就像日常生活中计时间的时候,可以通过计算手表里秒针跳动次数来知道时间长短一样。ATmega8 中有 3 个定时器,分别是 8 位定时/计数器 0(简称 T/C0)、16 位定时/计数器 1(简称 T/C1)和 8 位有 PWM 与异步操作的定时/计数器 2(简称 T/C2)。定时器的工作原理可以参考图 3.1.1,图中列出了使用定时器需要设置的寄存器。

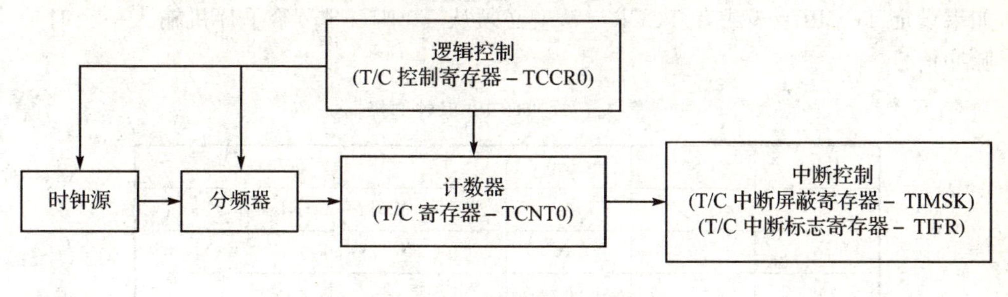

图 3.1.1 定时器原理框图

3.1.3 定时/计数器的寄存器

使用单片机内部资源的时候都要进行初始化,通常在程序中会有一段专门的初始化函数来完成初始化工作。比如用到定时器,就要对定时器的时钟源脉冲进行设置,还要对计数器的初始值进行设置,当然还要记得打开全局中断,不然定时器无法引发单片机中断,其中有些设置就安排在初始化函数中,还有一些要安排在主函数中。

这里以 T/C0 为例介绍如何设置定时器。T/C1 和 T/C2 当作定时器使用时的用法和T/C0类似,也要设置定时脉冲 TCCR、计数器初始值 TCNT 和是否允许定时器中断,它们除了有定时器功能之外还有一些其他的功能,后面的章节会陆续介绍,也可以查阅 ATmega8 的数据手册。

定时器需要设置的寄存器主要有 TCCR0、TCNT0、TIMSK 和 TIFR 共 4 个,通常在初始化函数中会对这些寄存器根据需要进行设置,在主函数中仅仅根据具体情况进行个别修改。

TCCR0 是 T/C 控制寄存器,主要对时钟源、分频器和是否工作进行控制,各位的名称如下所示:

Bit	7	6	5	4	3	2	1	0	
	–	–	–	–	–	CS02	CS01	CS00	TCCR0
读/写	R	R	R	R	R	R/W	R/W	R/W	
初始值	0	0	0	0	0	0	0	0	

TCCR0 各位的设置说明如表 3.1.2 所列。

其中,clk 为系统主时钟。ATmega8 可以采用外部晶振作为主时钟,也可以采用内部 RC 时钟作为主时钟,内部 RC 时钟频率为 1 MHz。为简单和廉价起见,本书均采用内部 RC 时钟作为系统主时钟。

表中 CS02、CS01 和 CS00 是 TCCR0 的低 3 位,也就是当 TCCR0=0 时,T/C0 不工作;TCCR0=1 时,定时器的时钟脉冲为系统主时钟(本书为 1 MHz);TCCR0=2 时,定时器的时钟脉冲为系统主时钟除以 8,即 1 MHz/8=125 kHz,其余以此类推。要想定时时间最短,就要选 TCCR0=1;要想定时时间最长,就要选 TCCR=5。

如果设定 TCCR0＝6 或者 TCCR＝7，就必须从 T0 脚(6 脚)给单片机输入一个时钟脉冲信号。

表 3.1.2　TCCR0 时钟选择

CS02	CS01	CS00	说　明
0	0	0	无时钟，T/C 不工作
0	0	1	clk/1
0	1	0	clk/8
0	1	1	clk/64
1	0	0	clk/256
1	0	1	clk/1 024
1	1	0	时钟由 T0 引脚输入，下降沿触发
1	1	1	时钟由 T0 引脚输入，上升沿触发

TCNT0 是设置计数器初始值的寄存器，是一个 8 位的二进制寄存器：

Bit	7	6	5	4	3	2	1	0	
	TCNT0[7:0]								TCNT0
读/写	R/W	R/W	R/W	R/W	R/W	R/W	R/W	R/W	
初始值	0	0	0	0	0	0	0	0	

TCNT0 最小为 0，最大为 255，用十六进制表示就是 0x00～0xFF。定时器在工作的时候，每次计数器都从 TCNT0 中设定的数开始进行加 1 计数，每来一个时钟脉冲就加 1，直到最大数 0xFF，这时再加 1 就回到 0x00，此时会引发定时器中断(如果允许定时器中断的话)。要想定时时间长，就要给 TCNT0 设置一个比较小的数，要想定时时间短就要给 TCNT0 设置一个比较大的数。

TIMSK 是定时器中断屏蔽寄存器，各位名称如下：

Bit	7	6	5	4	3	2	1	0	
	OCIE2	TOIE2	TICIE1	OCIE1A	OCIE1B	TOIE1	–	TOIE0	TIMSK
读/写	R/W	R/W	R/W	R/W	R/W	R/W	R/W	R/W	
初始值	0	0	0	0	0	0	0	0	

TIMSK 的最末位 TOIE0 置 1 就会允许定时器 0 引发中断。

TIFR 是定时器中断标志寄存器，各位名称如下：

Bit	7	6	5	4	3	2	1	0	
	OCF2	TOV2	ICF1	OCF1A	OCF1B	TOV1	–	TOV0	TIFR
读/写	R/W	R/W	R/W	R/W	R/W	R/W	R/W	R/W	
初始值	0	0	0	0	0	0	0	0	

TIFR 的 Bit0(TOV0)是 T/C0 溢出标志，当 T/C0 溢出时，TOV0 置位。执行相应的中断服务程序时此位硬件清零。此外，TOV0 也可以通过写 1 来清零。当 SREG 中的位 I、TOIE0(T/C0 溢出中断使能)和 TOV0 都置位时，执行中断服务

程序。

注意,TIMSK 和 TIFR 都不是 T/C0 独自占用的寄存器,对其中的某位设置时,不能随意改变别的位的状态。

3.1.4 定时/计数器的定时/计数初值的计算

假设定时器溢出中断需要的时间为 time,时钟频率为 f_{clk},则

$$time=(0xff-TCNT0)\times(1/f_{clk})$$

其中,0xff 为十进制的 255,TCNT0 为程序中设置的寄存器 TCNT0 中存储的数值(通过赋值语句完成设置)。

假设 TCCR0=0x01,即寄存器 TCCR0 中各位的数值分别为 0000 0001,也就是采用系统的主时钟作为时钟。按照内部 RC 时钟频率 1 MHz 计算,若 TCNT0=0x01,则,time=(255−1)×(1/1 000 000)(单位为 s),也就是 254 μs(0.254 ms)。

若 TCCR0=0x05,即寄存器 TCCR0 中各位的数值分别为 0000 0101,也就是将系统主时钟 1 024 分频之后作为时钟频率,这时,时钟频率 f_{clk} 为 977 Hz。若TCNT0=0x01,则 time=(255−1)×(1/977),也就是 0.260 s。

在采用主时钟作为时钟源,主时钟频率为 1 MHz 时(时钟周期为 1 μs),理论上,溢出中断的最短时间是 1 μs,最长时间为 0.26 s。实际执行程序时,由于处理中断也需要耗费时间,所以可实现的定时要略长一点。AVR 单片机中断响应时间最少为 4 个时钟周期,中断返回需要 4 个时钟周期,这样可实现的定时至少要比理论上的溢出中断时间长 8 个时钟周期。再加上中断服务程序的语句处理时间,最后导致实际定时要略长于计算结果,这是在精确的短时定时情况下必须认真考虑的问题。改进的办法主要是提高主时钟频率和缩短中断服务程序中的语句执行时间。

有时候最长的定时时间也不够用,比如前面计算的 0.26 s,对于人的感觉来说就有点短了,对于交通路口红绿灯控制、上课铃声控制等定时时间较长的应用就更难满足。解决的办法在 3.1.6 小节的例子中有介绍。

3.1.5 用定时器控制 LED 闪烁的例子

1. 项目要求

- 参考图 2.2.1,采用项目 2.2 中的 ATmega8 最小系统硬件电路;
- 编写程序,用定时器控制图 2.2.1 中发光二极管(D1)产生明暗变化的闪烁,要求定时时间准确。

2. 程序设计

(1) 程序流程图

按照项目要求和电路图可知,本项目要求单片机的 I/O 端口轮流出现高电平和低电平,要求定时准确。通常单片机定时有 3 种方法,一种是利用循环等待的方法,

让单片机在循环中把时间浪费掉，一直等待到循环次数达到设定值，这时基本可以达到预先估计的时间；一种是用单片机内部的定时器，设置好定时器后，单片机可以继续执行别的程序，定时器独立计时，到时间后定时器会发出中断请求，这时程序响应中断，就可以实现比较准确的定时；第三种方法是在单片机外部通过硬件电路连接一片时钟集成电路，单片机通过访问时钟集成电路获得当前实际时间，从而实现定时。

其中，第一种循环等待的方法定时不太准确，只是估计的时间，没有中断，程序比较简单，不容易出现故障，可以用来和人进行交流，比如用在按键处理和数码显示等方面；第二种定时器的方法定时比较准确，可以采用中断的方法(也可以采用查询的方法，只是查询的方法没有多少优点)，这样不会耽误别的程序执行，提高运行速度，但是，如果程序的中断太多，有时会出现估计不到的情况，初学者难以排除故障；第三种外接时钟芯片的方法成本较高，电路较复杂，程序中要对芯片进行访问，也比较复杂，优点是定时时间准确，可以知道日期、星期、时间甚至气温等(功能由时钟芯片决定)。

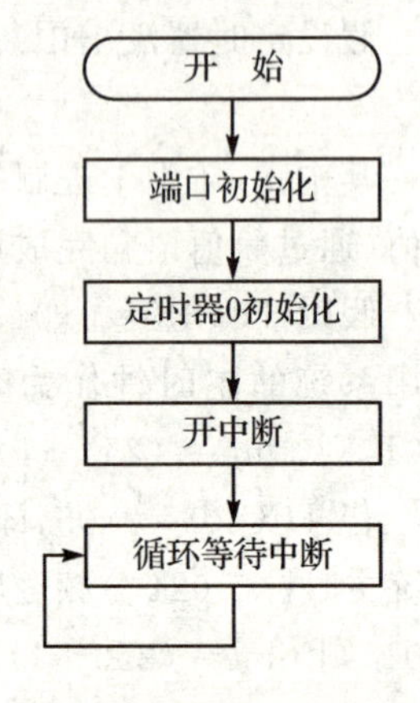

图 3.1.2 主程序流程图

按照项目要求，程序采用定时器中断的方法，在中断服务程序中处理 I/O 端口变化问题。主程序流程图如图 3.1.2 所示。

(2) C 语言源程序

C 语言源程序如下所示：

```
/****************定时器简单应用*******************/
/*      目标 MCU:MEGA8    晶振:内部振荡器          */
/*文件名称:timer0_easy.c                         */
/*完成日期:20090812                             */
/*章节:第 3 章项目一                             */
/************************************************/
//载入 TCNT0 的值时,值越大,定时时间越短
//因为 TCNT0 总是进行+1 计数,计到 0xff 就变成 0x00(此时产生中断溢出)
//*********************************************************
#include <iom8v.h>
#include <macros.h>    //包含头文件<macros.h>
unsigned char MM0 = 0;
//子函数声明
void port_init(void);
void time0_init(void);
//定时器 0 初始化
void time0_init(void)
{
```

```
    TCCR0 = 0x00;      //无时钟,定时器 0 不工作
    TCNT0 = 0x00;  //初始值定为 0000 0000,每次在此基础上进行加 1 计数,直至溢出进中断
    TCCR0 = (1<<CS02)|(1<<CS00);     //定义时钟,时钟 1024 分频
    TIFR &= ～(1<<TOV0);             //清除溢出标志,令 TOV0 = 0
    TIMSK = (1<<TOIE0)|(1<<TOIE1);  //允许定时器中断,在开全局中断情况下有效
}
/* 当定时器 0 中断(表 3.1.1 复位和中断向量表中的 10 号中断)请求时,执行 time0_isr()
子函数,<iom8v.h>中已定义 10 号中断用 iv_TIMER0_OVF 助记,所以下面两句都可以。*/
//#pragma interrupt_handler time0_isr:iv_TIMER0_OVF//定时器 0 中断时执行 time0_isr 函数
#pragma interrupt_handler time0_isr:10 //定时器 0 中断时执行 time0_isr 函数
void time0_isr(void)
{
    TCNT0 = 0x00;//初始值定为 0000 0000,每次在此基础上进行加 1 计数,直至溢出进中断
    PORTC = MM0; //C0 口输出 MM0
    MM0 = ～MM0;  //MM0 按位取反
}
void main(void)
{
    port_init(); //端口初始化
    time0_init();//定时器 0 初始化
    SEI();  //在前面如果不包含头文件<macros.h>,开放全局中断要使用 asm("sei")
            //禁止中断要使用 asm("cli")
    while(1)
    {
    ;  //空循环,等待定时器中断
    }
}
// 端口初始化定义
void port_init(void)
{
    DDRC = 0xFF;//C 口定义为输出口
}
```

3. 编辑、编译、下载和运行

编辑、编译、下载和运行的相关内容与项目 2.2 类似,以后不再赘述。

3.1.6　延长定时时间的例子

1. 程序流程图

通常定时器的定时时间都比较短,如果需要长时间定时就要利用计数语句和判断语句来延长时间。

图 3.1.3 为延长定时的中断服务程序流程图，其中用 K0 来计算进入中断的次数，每当 K0 计到 4 时就归零。也就是说，K0 轮流取 0、1、2、3，在主函数中可以利用判断语句判断 K0 的值来决定延长时间。进入几次中断（K0 的数值），时间就是定时器 0 的定时时间的几倍。

图 3.1.4 为延长定时的主函数程序流程图，在主函数中 K0＝0 和 K0＝1 时灯亮，K0＝2 和 K0＝3 时灯灭。若定时器定时时间为 0.5 s，则灯亮 1 s，灯灭 1 s。

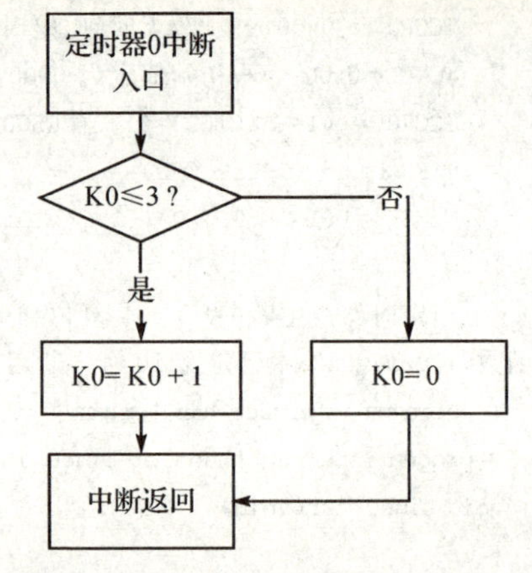

图 3.1.3　延长定时的中断服务程序流程图

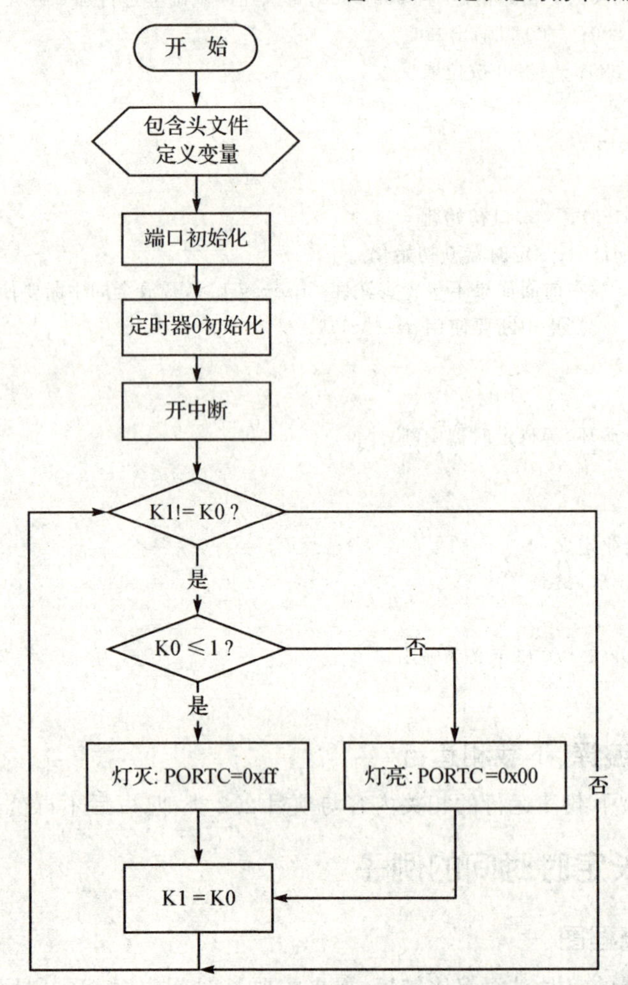

图 3.1.4　延长定时的主函数程序流程图

若要改变灯亮灭的时间，一种方法就是改变定时器0的定时时间；另一种方法是改变定时器中断服务程序中设定的K0取值；第三种方法就是在主函数中设定一个新变量，用这个新变量对K0进行计数循环，改变定时时间。

2. 延长定时的例子源程序

```
/************用定时器实现长时间定时****************************/
/*      目标 MCU:MEGA8     晶振:内部振荡器              */
/* 文件名称:timer0_long.c                            */
/* 完成日期:20090812                                */
/* 章节:第3章项目一                                  */
/**********************************************/
//载入 TCNT0 的值时,值越大,定时时间越短
//因为 TCNT0 总是进行 +1 计数,计到 0xff 就变成 0x00(此时产生中断溢出)
//*********************************************************
#include <iom8v.h>
#include <macros.h>
unsigned char K0 = 0,K1 = 0;
//子函数声明
void port_init(void);
void time0_init(void);
//定时器 0 初始化
void time0_init(void)
{
   TCCR0 = 0x00;//无时钟,定时器 0 不工作
   TCNT0 = 0x00;//初始值定为 0000 0000,每次在此基础上进行加 1 计数,直至溢出进中断
   TCCR0 = (1<<CS02)|(1<<CS00);//定义时钟,时钟 1024 分频
   TIFR &= ~(1<<TOV0);  //清除溢出标志,令 TOV0 = 0
   TIMSK = (1<<TOIE0)|(1<<TOIE1);//允许定时器中断,在开全局中断情况下有效
}
//当定时器 0 中断请求时,执行 time0_isr()子函数
#pragma interrupt_handler time0_isr:10
//定时器 0 中断服务程序
void time0_isr(void)
{
TCNT0 = 0x00;//初始值定为 0000 0000,每次在此基础上进行加 1 计数,直至溢出进中断
    if(K0<=3)  //每进一次中断,K0 变化一次,K0 从 0 加到 3 循环计数
    {
        K0 = K0 + 1;
    }
    else
    {
        K0 = 0;
    }
}
```

```
//主函数
void main(void)
{
    port_init();                    //端口初始化
    time0_init();                   //定时器 0 初始化
    SEI();
    while(1)
     {
        if(K1!= K0)                 //当 K0 有变化时执行下面语句
        {
            if(K0< = 1)             //K0 在 0 和 1 时使灯灭
            {
                    PORTC = 0xff;   //PORTC = 0xff; 1 灭 0 亮
            }
            else                    //K0 在 2 和 3 时使灯亮
            {
                    PORTC = 0x00;
            }
            K1 = K0;     //更新 K1,以便下次从定时器中出来时能及时发现 K0 变化
        }
     }
}
// 端口初始化定义
void port_init(void)
{
   DDRC  =  0xFF;                   //C 口定义为输出口
}
```

3.1.7 C 语言要点

(1) 位操作语句

```
TCCR0  =  1<<2;                     //将常量 1 左移 2 位
TCCR0  =  a>>1;                     //将变量 a 右移 1 位
TCCR0  =  (1<<CS02);                //将 1 左移 CS02 位,即将 CS02 置 1
TCCR0  =  (1<<CS02)|(1<<CS00);      //将 CS02 和 CS00 两位同时置 1
MM0  =   ~MM0;                      //按位取反,将 MM0 的每一位都取反
```

(2) 中断服务程序

中断服务程序就是当中断源发出中断请求时,CPU 自动跳转到该程序执行。在程序中必须声明哪个中断源对应哪个服务程序,有两种声明方式,一种是采用中断向量号进行声明,另一种是利用编译程序中的助记符号来声明。

例如,<iom8v.h>中已定义 10 号中断用 iv_TIMER0_OVF 助记,则可以采用

```
#pragma interrupt_handler time0_isr:10
```

进行声明,也可以采用

```
#pragma interrupt_handler time0_isr:iv_TIMER0_OVF
```

进行声明。

例子中的声明是指当定时器0发生中断请求时要执行名称为time0_isr的子函数,这个格式是ICCAVR规定的,其他的编译程序有所不同。子函数的名称可以由编程人员自己决定。

(3) 子函数声明

通常在程序中,子函数如果写在主函数前面,则不需要进行声明;如果将子函数安排在主函数后面,则在主函数前面就应该加一条声明语句,声明格式如下:

```
void port_init(void);
```

建议所有子函数都在主函数前面声明。

(4) 条件判断语句

根据条件语句是"真"还是"假"来决定执行哪部分程序,条件判断语句通常都是比较数值大小和逻辑运算等。

```
if(条件)
{
    语句1;//如果条件满足("真")就执行语句1
}
else
{
    语句2;//如果条件不满足("假")就执行语句2
}
```

3.1.8 练习项目

项目要求:

- 通过查找ATmega8的数据手册,在项目报告中抄写定时器的主要参数。
- 设计电路:将发光二极管放到其他I/O口点亮。
- 设计软件:改变发光二极管的闪烁频率,要求频率准确,有条件的读者可以将频率设置高一些,这样可以使用示波器进行准确测量。
- 利用第2章介绍的下载软件和下载电路将编译后的.hex文件下载到单片机中。
- 将单片机安装到最小系统,连接电源并测试,结果记录在项目报告中。
- 完成项目报告。

3.2 项目二 外部中断系统应用

1) 学习目标

了解外部中断;进一步练习中断服务程序的编写方法;了解多文件的C语言程序;学会按键处理程序的编写方法。

2) 项目导学

本项目在3.1节定时器应用的基础上进一步学习中断的相关知识,学习外部中断的使用方法。本项目包括两个例子,前一个例子简单验证了外部中断功能,在按键控制的例子中用到了3.1节的相关知识,且要稍复杂一些。学习指导如下:

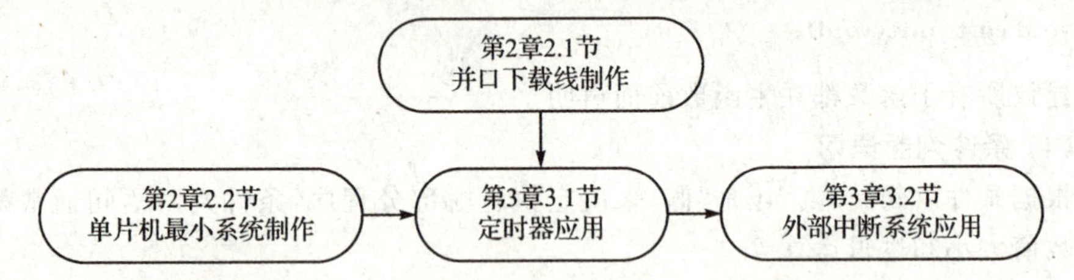

3.2.1 中断概述

AVR有不同的中断源。每个中断和复位在程序空间都有独立的中断向量。所有的中断事件都有自己的使能位。当使能位置位,且状态寄存器的全局中断使能位I也置位时,中断可以发生。完整的向量列表请参见表3.1.1;向量所在的地址越低,优先级越高。RESET具有最高的优先级,第二个为INT0(外部中断请求0)。

任一中断发生时,AVR中断寄存器SREG的最高位(全局中断使能位I)清零,从而禁止了所有其他中断。用户软件可以在中断程序里置位I来实现中断嵌套。此时所有的中断都可以中断当前的中断服务程序。执行RETI指令后I自动置位。

从根本上说有两种类型的中断。第一种由事件触发并置位中断标志。对于这些中断,程序计数器跳转到实际的中断向量以执行中断处理程序,同时硬件清除相应的中断标志。中断标志也可以通过对其写"1"的方式来清除。中断发生后,如果相应的中断使能位为"0",则中断标志位置位,并一直保持到中断执行,或者被用户用软件清除。类似的,如果全局中断标志被清零,则所有已发生的中断都不会被执行,直到I置位,然后挂起的各个中断按中断优先级依次执行。

第二种类型的中断则是只要中断条件满足,就会一直触发。这些中断不需要中断标志。若中断条件在中断使能之前就消失了,中断不会被触发。

AVR退出中断后总是回到主程序并至少执行一条指令才可以去执行其他被挂起的中断。注意,进入中断服务程序时状态寄存器不会自动保存,中断返回时也不会自动恢复。这些工作必须由用户通过软件来完成。

使用CLI指令来禁止中断时,中断禁止立即生效。没有中断可以在执行CLI指令后发生，即使它是在执行 CLI 指令的同时发生的。在 ICCAVR 中，C 语言的禁止中断语句是：

```
CLI();//不包含头文件<macros.h>的话，禁止全局中断用语句:asm("cli");
```

使用 SEI 指令使能中断时，紧跟其后的第一条指令在执行任何中断之前一定会首先得到执行。在 ICCAVR 中，C 语言的禁止中断语句是：

```
SEI();//不包含头文件<macros.h>的话，开放全局中断用语句 asm("sei");
```

AVR 中断响应时间最少为 4 个时钟周期。4 个时钟周期后，程序跳转到实际的中断处理程序。如果中断在一个多时钟周期指令执行期间发生，则在此多周期指令执行完毕后 MCU 才会执行中断程序。若中断发生时 MCU 处于休眠模式，中断响应时间还需增加 4 个时钟周期。此外，还要考虑到不同的休眠模式所需要的启动时间。中断返回需要 4 个时钟。

外部中断是人对单片机工作进行控制的最重要方式。操作人员通过外部中断打断单片机的原有程序运行步骤，使之进入中断服务，完成人们希望的预定功能。

ATmega8 有两个外部中断端口，分别是 4 脚外部中断 0(INT0)和 5 脚外部中断 1(INT1)，这两个端口是复用端口，即具有两种功能，一种是普通输入输出端口，另一种是外部中断端口，具体实现哪种功能需要在程序中定义。如果在 GICR 寄存器中使能了外部中断，则该引脚实现外部中断功能；否则，实现普通输入输出端口功能。

外部中断的触发方式有低电平触发、电平变化触发、下降沿触发和上升沿触发 4 种。低电平触发是指当引脚的输入信号出现低电平时就会引发外部中断；电平变化触发是指引脚的输入电平只要发生变化就会引发外部中断，不管这个变化是从高电平变到低电平还是从低电平变到高电平；下降沿触发是指当引脚的输入信号从高电平变到低电平时就会引发外部中断；上升沿触发是指当引脚的输入电平从低电平变到高电平时就会引发外部中断。

外部中断的这 4 种触发方式是可以在寄存器 MCUCR 中进行选择，如表 3.2.1 和表 3.2.2 所列。

表 3.2.1 中断 0 触发方式控制

ISC01	ISC00	说 明
0	0	INT0 为低电平时产生中断请求
0	1	INT0 引脚上任意的逻辑电平变化都将引发中断
1	0	INT0 的下降沿产生中断请求
1	1	INT0 的上升沿产生中断请求

表 3.2.2　中断 1 触发方式控制

ISC11	ISC10	说　明
0	0	INT1 为低电平时产生中断请求
0	1	INT1 引脚上任意的逻辑电平变化都将引发中断
1	0	INT1 的下降沿产生中断请求
1	1	INT1 的上升沿产生中断请求

3.2.2　中断控制寄存器与设置

(1) MCU 控制寄存器

MCUCR 是 MCU 控制寄存器，包含中断触发控制位与通用 MCU 功能，各位定义如下：

Bit	7	6	5	4	3	2	1	0	
	SE	SM2	SM1	SM0	ISC11	ISC10	ISC01	ISO00	MCUCR
读/写	R/W	R/W	R/W	R/W	R/W	R/W	R/W	R/W	
初始值	0	0	0	0	0	0	0	0	

ISC01 和 ISC00 为中断触发方式控制 0，ISC11 和 ISC10 为中断触发方式控制 1，如果 SREG 寄存器的 I 标志位和相应的中断屏蔽位置位，则外部中断 0 由引脚 INT0 激发，外部中断 1 由引脚 INT1 激发。触发方式如表 3.2.2 所列。在检测边沿前 MCU 首先采样 INT1 引脚上的电平。如果选择了边沿触发方式或电平变化触发方式，那么持续时间大于一个时钟周期的脉冲将触发中断，过短的脉冲则不能保证触发中断。如果选择低电平触发方式，那么低电平必须保持到当前指令执行完成。

(2) 通用中断控制寄存器

GICR 是通用中断控制寄存器，其各位定义如下：

Bit	7	6	5	4	3	2	1	0	
	INT1	INT0	–	–	–	–	IVSEL	IVCE	GICR
读/写	R/W	R/W	R	R	R	R	R/W	R/W	
初始值	0	0	0	0	0	0	0	0	

INT1：外部中断请求 1 使能。当 INT1 为“1”，而且状态寄存器 SREG 的 I 标志置位时，相应的外部引脚中断就使能了。

INT0：外部中断请求 1 使能。当 INT0 为“1”，而且状态寄存器 SREG 的 I 标志置位时，相应的外部引脚中断就使能了。

(3) 通用中断标志寄存器

GIFR 为通用中断标志寄存器，其各位定义如下：

Bit	7	6	5	4	3	2	1	0	
	INTF1	INTF0	–	–	–	–	–	–	GIFR
读/写	R/W	R/W	R	R	R	R	R	R	
初始值	0	0	0	0	0	0	0	0	

INTF1 为外部中断标志 1，INTF0 为外部中断标志 0。当外部中断引脚电平发生跳变时触发中断请求，并置位相应的中断标志 INTF1(或 INTF0)。如果 SREG 的位 I 以及 GICR 寄存器相应的中断使能位 INT1 为“1”(或 INT0 为“1”)，则 MCU 跳转到相应的中断向量。进入中断服务程序之后该标志自动清零。此外，标志位也可以通过写入“1”来令该位取反(翻转)，从而实现清零。

(4) 寄存器设置

用按钮作外部触发信号时，要考虑采用哪种触发方式，然后进行硬件设计。在程序中可以使用

MCUCR = (1<<ISC11)|(1<<ISC10)|(1<<ISC01)|(0<<ISC00);

来将外部中断 0 设置成下降沿触发，将外部中断 1 设置成上升沿触发。

在程序中使用

GICR = (1<<INT1)|(1<<INT0);

可以使能外部中断 0 和外部中断 1，在程序中使用

GICR &= (~(1<<INT1))&(~(1<<INT0));

可以禁止外部中断 0 和外部中断 1。

声明和使用中断服务程序的例子如下：

```
//当外部中断 INT0 请求中断时，执行 INT0_isr()子函数
#pragma interrupt_handler INT0_isr:2 //外部中断 0 的中断向量号为 2
//外部中断 0 的中断服务子函数
void INT0_isr(void)
{
    //INT0 中断服务程序
}
```

如果希望多个中断源使用同一个中断服务程序，可以用不同的中断向量声明多次，如 INT0 和 INT1 使用同一个中断服务函数：

```
//当外部中断 INT0 请求中断时，执行 INT0_INT1_isr()子函数
#pragma interrupt_handler INT0_INT1_isr:2 //外部中断 0 的中断向量号为 2
//当外部中断 INT1 请求中断时，执行 INT0_INT1_isr()子函数
#pragma interrupt_handler INT0_INT1_isr:3//外部中断 1 的中断向量号为 3
//外部中断 0 和外部中断 1 的中断服务子函数
void INT0_INT1_isr (void)
{
    //INT0 和 INT1 的中断服务程序
}
```

MCU通用控制寄存器(MCUCR)控制中断是由上升沿、下降沿或是电平触发的。只要通用中断控制寄存器(GICR)将中断使能,则即使外部中断引脚被配置为输出,引脚电平的相应变化也会产生中断。因此,外部中断提供了一种软件触发中断的方法,即将外部中断引脚设置为输出,其引脚上的电平变化也可以引发一个中断请求。下面是INT0引脚配置为输出、中断使能、上升沿触发中断的程序例子:

```
DDRD | = 0x04;                 //INT0(PD2)配置为输出
GIMSK | = 0x80;                //使能 INT0
SEI();                         //全局中断使能
PORTD &=  ~0x04;               //设 INT0(PD2)为低电平
PORTD | = 0x04;                //高电平,产生上升沿并触发中断
```

3.2.3 典型的硬件电路

硬件电路与如图2.2.1所示的最小系统基本相同,只需要在原线路板上外接按键和两个发光二极管。ATmega8的1脚为低电平有效的复位引脚,须接高电平,连接好电源和地。

为观察程序运行情况,在28脚外接一个发光二极管和一个限流电阻。电路原理图如图3.2.1所示,电路实物图如图3.2.2所示,元器件清单如表3.2.3所列。

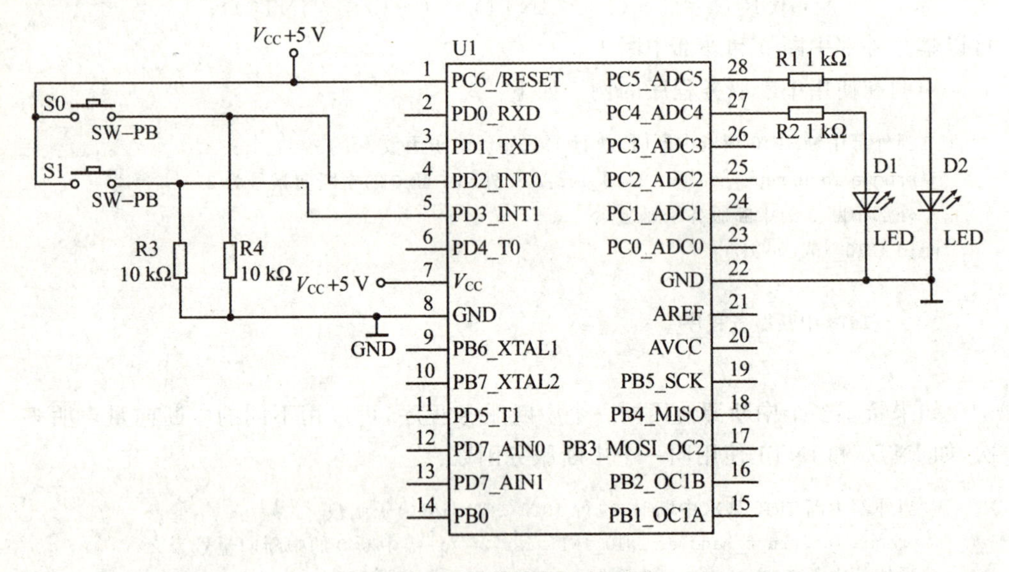

图3.2.1 外部中断电路图

图中两个按键未按下时,4脚和5脚分别通过R4和R3接地,都是低电平。当按键按下时,对应的引脚直接与+5 V电源接通,变成高电平;当松开按键后,相应引脚又会变回低电平。程序中的触发方式可以选择电平变化触发、上升沿触发(按下按钮时触发中断)或下降沿触发(松开按钮时触发中断)等方式。

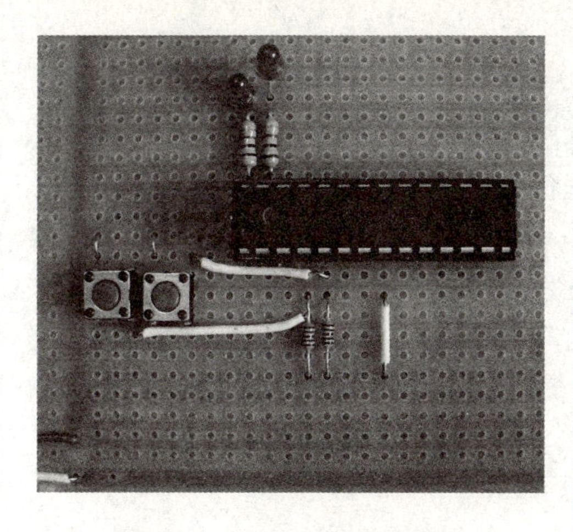

图 3.2.2 外部中断电路实物图

表 3.2.3 元器件清单

序 号	名 称	型 号	数 量	备 注
1	单片机	ATmega8	1片	ATmega8L 也可以
2	电阻	10 kΩ	2个	
3	电阻	1 kΩ	2个	
4	发光二极管		2个	
5	细导线		若干	直径0.5 mm
6	焊锡丝		若干	
7	小按钮		2个	按下闭合，松手断开
8	集成电路插座	窄28脚	1个	PDIP

3.2.4 简单按键中断实例

1. 项目要求

- 参考图 3.2.1 制作外部中断系统应用的硬件电路；
- 编写程序，令 PC5 的发光二极管(D2)不停地闪烁，表示程序正在运行；按下按键 S0 时 PC4 的发光二极管(D1)亮；按下按键 S1 时 PC4 的发光二极管(D1)灭。

2. 程序设计

根据项目要求，在主程序轮流改变 PC5 的电平，通过 28 脚外接发光二极管的闪烁来表示程序正在运行，没有发生死机和复位等现象。用外部中断服务程序处理按键动作，采用上升沿触发中断。在主程序循环改变 PC5 电平时，如果有按钮按下，则程序立刻响应中断，点亮或熄灭 PC4(27 脚)所接的发光二极管(D1)。

主函数程序流程图如图 3.2.3 所示。

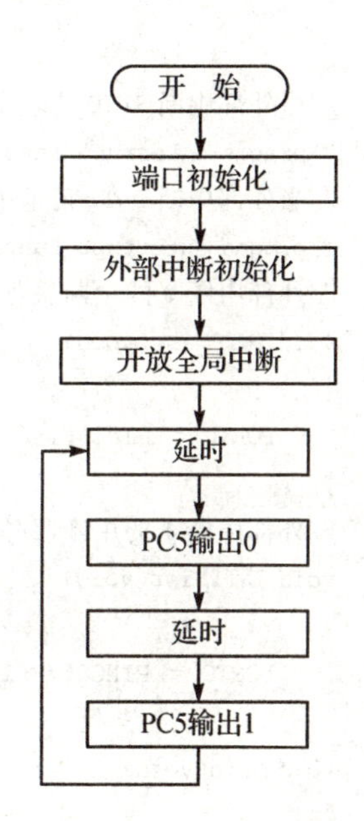

图 3.2.3 主程序流程图

```
/***************用按键控制 LED 亮灭*****************/
/*       目标 MCU:MEGA8     晶振:内部振荡器           */
/* 文件名称:INT0.c                                   */
```

```
/*完成日期:20090813                                           */
/*章节:第3章项目二                                              */
/**********************************************************/
//按下按键 SW0 : PC4 的灯亮 ; 按下按键 SW1:  PC4 的灯灭
//PC5 的灯不停地亮灭变化,表示程序正在运行

#include <iom8v.h>
#include <macros.h>
//子函数声明
void port_init(void);
void INT_init(void);
void Delay(int m);
//外部中断初始化
void INT_init(void)
{
MCUCR = MCUCR|0x0F;
//寄存器低4位置1,高4位不变,外部中断 0000 1111 上升沿触发中断
    GICR  =  GICR|0x80;//使能 INT1
    GICR  =  GICR|0x40;//使能 INT0
}

//当外部中断 INT0 请求中断时,执行 INT0_isr()子函数,外部中断 0 的中断向量号为 2
#pragma interrupt_handler INT0_isr:2
//当外部中断 INT1 请求中断时,执行 INT1_isr()子函数,外部中断 1 的中断向量号为 3
#pragma interrupt_handler INT1_isr:3
//外部中断 0 的中断服务子函数
void INT0_isr(void)
{
    PORTC  =  PINC|(1<<PC4);//按下按键 0,PC4 的 LED 会亮
}
//外部中断 1 的中断服务子函数
void INT1_isr(void)
{
    PORTC  =  PINC&(~(1<<PC4));//按下按键 1,PC4 的 LED 会灭
}
void main(void)
{
    port_init();  //端口初始化
    INT_init();  //外部中断初始化
    SEI();  //不包含<macros.h>的话,开放全局中断 asm("sei");禁止中断 asm("cli");
    NOP(); //延时一个指令周期,不包含<macros.h>的话,空操作用 asm("nop");
    while(1)
```

```
        {
            Delay(10);
            PORTC = PINC&(~(1<<PC5));    //PC5 输出 0,LED 灭
            Delay(10);
            PORTC = PINC|(1<<PC5);       //PC5 输出 1,LED 亮
        }
    }
    // 端口初始化定义
    void port_init(void)
    {
        DDRC = 0xFF;//C 口定义为输出口
        DDRD = 0xF3;//D 口中的 PD2(INT0),PD3(INT1)定义为输入口,其余为输出口
    }
```

3.2.5 按键控制的例子

1. 项目要求

- 参考图 3.2.1,制作外部中断系统应用的硬件电路;
- 编写程序,采用软件消除按键抖动;按一下按键 S0,PC4 所接 LED 亮一段时间,然后自己熄灭;按一下按键 S1,PC5 的状态翻转一下,也就是说:如果 PC5 所接 LED 是亮的,按一下按键 S1,该 LED 熄灭;如果该 LED 是灭的,按一下按键 S1,该 LED 点亮。

2. 程序设计

通常按键在按下的过程中,按键的触点在由不接触到接触的过程会有一些颤动,在波形上表现为一些毛刺,和一些干扰很像;如果不消除按键抖动,一方面会出现按一次按键程序多次响应的现象,另一方面也容易出现因为干扰导致程序响应的现象。

消除按键抖动可以用硬件电路的方法来实现,比如按键后面接一个触发器,也可以用软件的方法来实现,比如在程序中设置一段延时,当程序响应按键后,在程序中延时一定时间,然后再判断按键是否按下,这样就将毛刺形的干扰滤除掉了。

图 3.2.4 就是消除按键抖动的主函数流程图,在主程序中等待按键中断,当按键中断后进入按键中断服务子函数,程序流程图如图 3.2.5 和图 3.2.6 所示。在按键中断服务子函数中延时一段时间,等待干扰毛刺过去,然后再判断按键是否按下;如果没有按键按下说明刚才程序响应的是干扰,如果有按键按下说明确实是有按键按下。

对于 INT0 中断来说,使用 MM0 作为按键按下的标记,当确认有按键按下时,令 MM0=1,然后退出中断服务程序;在主程序中通过判断 MM0 的数值识别是否有

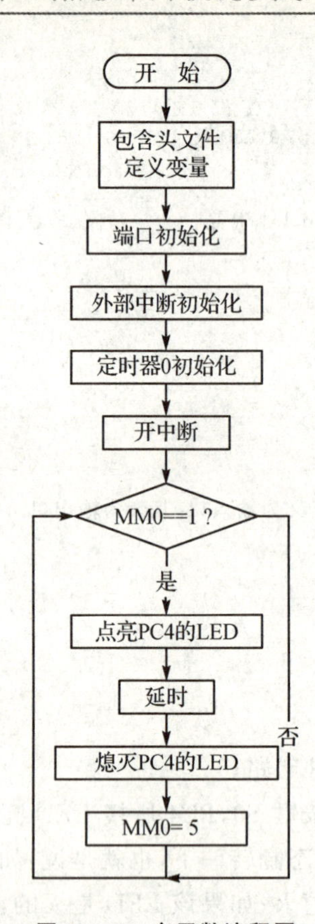

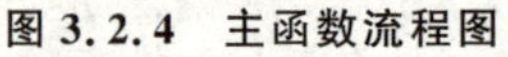
图 3.2.4 主函数流程图

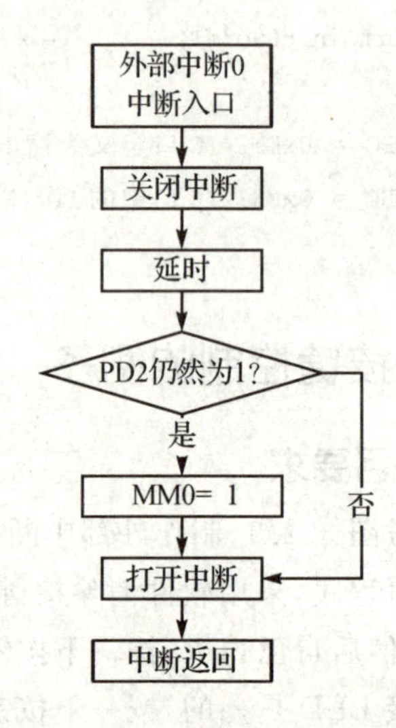

图 3.2.5 INT0 中断服务程序流程图

按键刚刚按下，然后分别进行处理。在主程序中要注意将 MM0 及时复位，否则，出现一次中断就会反复执行相应语句，而不能体现出新中断的响应。中断服务程序过长可能导致新中断不能及时响应等错误，借助标记 MM0 可以缩短中断服务程序的长度和执行时间，从而避免可能的各种错误，这是中断处理中常用的技巧。

对于 INT1 中断来说，由于程序较简单，也没有延时程序，所以不使用中断标记也是可以的。

C 语言的源程序如下：

```
/****************用按键实现多功能选择************************/
/*       目标 MCU:MEGA8    晶振:内部振荡器          */
/*文件名称:INT2.c                                     */
/*完成日期:20100514                                   */
/*章节:第 3 章项目二                                  */
/*********************************************************/
//按一下按键 0,PC4 亮一段时间自己就灭
//按一下按键 1,PC5 翻转一下
#include <iom8v.h>
```

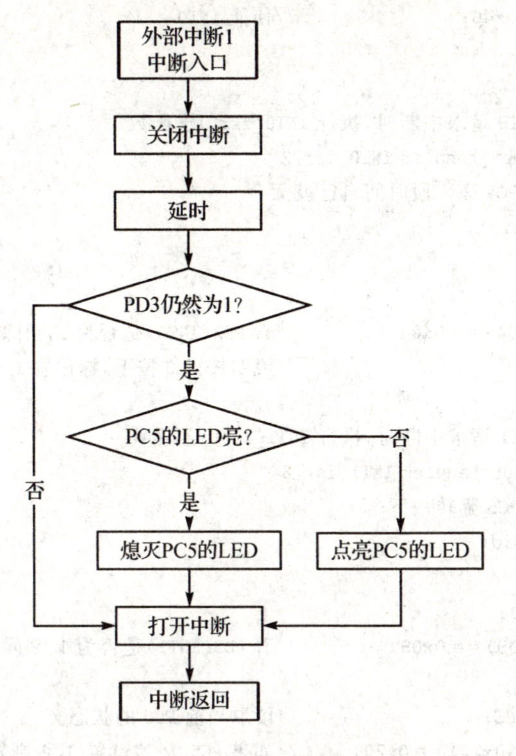

图 3.2.6 INT1 中断服务程序流程图


```
#include <macros.h>
unsigned char MM0 = 0;//按键 0 标记,用来记录按键 0 是否按下
unsigned char MM1;  //用来读取 PINC 状态
//子函数声明
void port_init(void);
void INT_init(void);
void delay_ms(unsigned int n);
void delay_s(unsigned int m);
// 端口初始化定义
void port_init(void)
{
    DDRC  =  0xFF;          //C 口定义为输出口
    DDRD  =  0xF3;          //D 口中的 PD2(INT0),PD3(INT1)定义为输入口,其余为输出口
}
//外部中断初始化
void INT_init(void)
{
    MCUCR = MCUCR|0x0F;                 // 0000 1111 寄存器低 4 位置 1,高 4 位不变
                                        //外部中断 0 和外部中断 1 都是上升沿触发中断
    GICR = GICR|0x80;                   //使能 INT1
```

```
    GICR = GICR|0x40;              //使能 INT0
}

//当外部中断 INT0 请求中断时,执行 INT0_isr()子函数
#pragma interrupt_handler INT0_isr:2
//按一下按键 0,PC4 亮一段时间自己就灭
void INT0_isr(void)
{
    delay_ms(10);
    if((PIND&0x04) == 0x04)        //看 PD2(INT0)是否为 1,消除抖动
        MM0 = 1;                   //说明按键 0 按下,标记置 1
}
//当外部中断 INT1 请求中断时,执行 INT1_isr()子函数
#pragma interrupt_handler INT1_isr:3
//按一下按键 1,PC5 翻转一下
void INT1_isr(void)
{
    delay_ms(10);
    if((PIND&0x08) == 0x08)        //看 PD3(INT1)是否为 1,消除抖动
    {
        MM1 = PINC;                //读取当前 PC5 的状态
        if((MM1&0x20) == 0x20)     //如果 PC5 为 1,就置 0,否则置 1
            PORTC = MM1&0xDF;
        else
            PORTC = MM1|0x20;
    }
}
void main(void)
{
    port_init();                   //端口初始化
    INT_init();                    //外部中断初始化
    SEI();                  //不包含<macros.h>的话,开放全局中断要用 asm("sei")
                                   //禁止全局中断要用 asm("cli");
    NOP();                         //不包含<macros.h>的话,空操作作用 asm("nop")
    while(1)
    {
        if(MM0 == 1)
        {
            PORTC = PINC|(1<<PC4);         //点亮 PC4
            MM0 = 0;                       //清除按键按下的标记
            delay_s(10);                   //延时
            PORTC = PINC&(~(1<<PC4));      //熄灭 PC4
        }
```

```
        else
            ;//不做处理,直接进入下一循环
    }
}
```

3.2.6 C语言要点

(1) 赋值语句

"A = A&B;"形式的语句可以简写为"A &= B;"。例如,在程序中"GICR &= (~ (1<<INT1));"就是"GICR = GICR & (~ (1<<INT1));"的简写。

(2) 多文件

功能相对独立的函数通常编写为.c文件,在右侧 Project 窗口 Files 包含进来即可以调用,在主函数中声明即可,便于移植和减小程序编写工作量。

例如,delay_us.c 文件为延时函数的C语言文件,当包含此文件后,在程序中就可以调用 delay_us()函数,每调用1次大约延时1 ms。delay_us.c 的内容如下:

```
//延时微秒函数
void delay_us(unsigned int m)
{
    unsigned int a;
    for (a = 1; a<m; a++)
    {
        ;//主时钟为 1 MHz 时,一条空语句用时 1 μs
    }
}
```

delay_ms.c 是延时大约1 ms的函数文件,内容如下:

```
//延时毫秒函数
void delay_ms(unsigned int n)
{
    unsigned int d,e,f;
    for (d = 0; d<n; d++)
    {
        for (e = 0; e<10; e++)
        {
            for (f = 0; f<100; f++)
            ;
        }
    }
}
```

delay_s.c 是延时秒级的函数文件,内容如下:

```
//延时函数,调用 10 次,比较适合用眼睛观察 LED 闪烁
#include <macros.h>
void delay_s(unsigned int n)
{
    unsigned int a,b,c;
    for (a = 1; a<n; a++)
    {
        for (b = 1; b<100; b++)
        {
            for (c = 1; c<100; c++)
            WDR(); //喂狗 ;
        }
    }
}
```

3.2.7 练习项目

项目要求:

① 通过查找 ATmega8 的数据手册,了解中断的相关信息。

② 设计电路:将发光二极管放到其他 I/O 口点亮。

③ 设计软件:

通过按键改变发光二极管的状态;

通过按键的按下次数控制发光二极管的状态;

在按键中断的基础上引入定时中断。

④ 将编译后的.hex 文件下载到单片机中。

⑤ 安装单片机电路,连接电源并进行测试,将测试结果记录在项目报告中。

⑥ 完成项目报告。

3.3 项目三 驱动数码管显示

1) 学习目标

学习用单片机驱动数码管显示,掌握串行数据移位输出方法,学习阅读英文芯片数据手册。

2) 项目导学

本项目在第 2 章的基础上学习使用数码管进行显示的方法,也包括两个复杂程度不同的例子。学习指导如下:

3.3.1 数码管的基本知识

发光二极管数码管通常简称 LED 数码管或数码管,是常见单片机系统的显示器

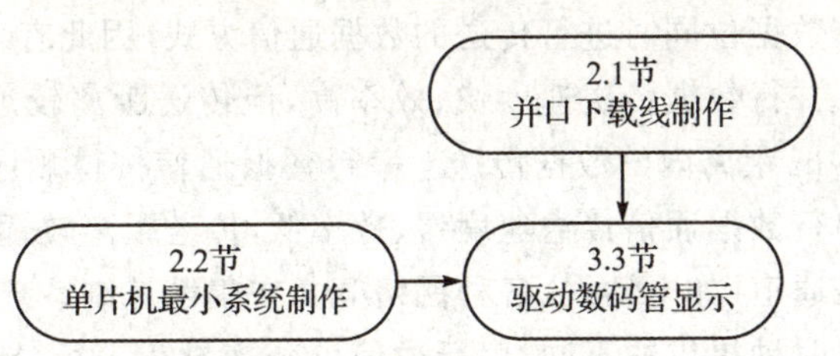

件之一，具有亮度高、寿命长、价格低、驱动简单等优点。

LED数码管有共阴极和共阳极两种类型，在设计硬件电路时要特别注意。本节采用的数码管就是共阴极数码管。

图3.3.1为LED数码管的实物照片，引脚排列和内部结构如图3.3.2所示。共阴极LED数码管的阴极要接低电平，驱动信号接a、b、c、d等信号脚，驱动信号是高电平时，相应字段被点亮；共阳极LED数码管的阳极要接高电平。驱动信号也要接a、b、c、d等信号脚，驱动信号是低电平时，相应字段被点亮。

图3.3.1　LED数码管实物照片

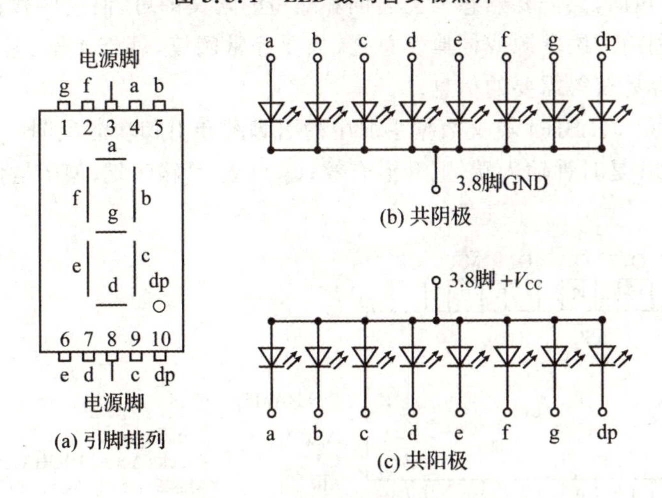

图3.3.2　数码管结构示意图

3.3.2　数据的串行输出

计算机与外界的数据交换称为通信，可分为并行通信和串行通信两种基本方式。

并行通信是指各个数据位同时进行传送的数据通信方式,因此有多少个数据位,就需要多少根数据线。并行数据传送速度快、效率高,但传送距离较远时,线缆的成本较高,通常只适合 30 m 距离内的数据传送。串行数据通信按位顺序进行,只要一对传输线即可完成。串行数据通信传送速度慢、效率低,传送距离较远时,成本较低,而且可使用现有的通信通道(如电话线、各种网络等),在集散控制系统等远距离通信中使用很广。根据同步时钟提供的不同,串行通信可分为异步串行(或称为串行异步)和同步串行两种通信方式。

ATmega8 的 I/O 口驱动电流比较大,可以直接驱动 LED 数码管,但是一般单片机还要有很多其他功能,而 I/O 端口数量有限,所以单片机经常采用串行动态驱动数码管的方法。

比较常见的一种串行驱动数码管的方法是采用串行拓展芯片,其实就是数字电路中的移位寄存器,比如 74LS164。单片机的一个 I/O 口通过串行拓展芯片带动 7 段数码管的 7 个引脚,相当于将单片机的一个 I/O 口扩展为 7 个 I/O 口,缓解了单片机端口数量不足的问题。

3.3.3 练习阅读英文数据手册

通常集成电路的英文数据手册比较多、比较准确,有时中文的数据手册会有翻译错误,设计电路经常要阅读英文数据手册,所以需要练习阅读英文数据手册。英文数据手册中比较有用的信息在于引脚名称、电压、电流等参数和真值表等,这些并不需要太多的英文知识,只需要熟悉相关名词和缩写的含义即可,而这些教材中通常都有介绍,也可以利用网络资源或词典。总之,只要经常阅读,就能逐渐提高自己的专业英文能力,很容易获得需要的信息。

图 3.3.3 是 74LS164 英文数据手册中的引脚图和引脚功能说明。其中,A、B 是数据输入端;CP 是时钟输入端,上升沿有效;$Q_0 \sim Q_7$ 是输出端;$\overline{MR}$ 是低电平有效的复位输入端。

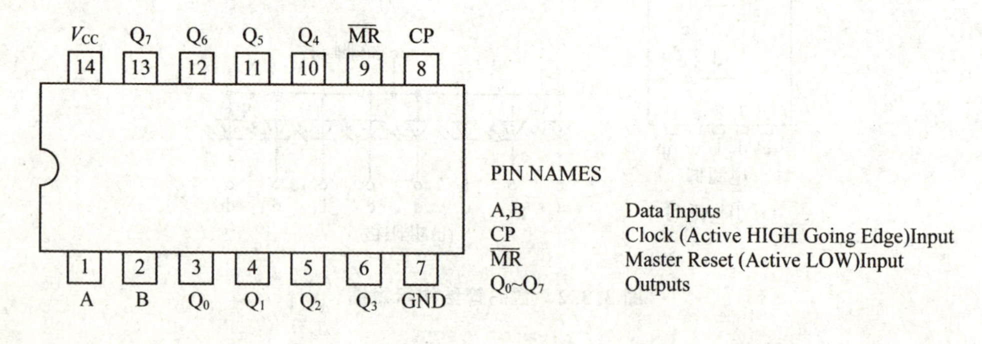

图 3.3.3 英文数据手册中的 74LS164 的引脚图和引脚名称

表3.3.1是74LS164的英文数据手册中的真值表,其中说明74LS164是右移移位寄存器。

表3.3.1 74LS164的真值表

OPERATING MODE	INPUTS			OUTPUTS	
	$\overline{MR}$	A	B	Q_0	Q_1-Q_7
Reset(Clear)	L	X	X	L	L－L
Shift	H	l	l	L	q_0-q_6
	H	l	h	L	q_0-q_6
	H	h	l	L	q_0-q_6
	H	h	h	H	q_0-q_6

L(l)＝LOW Voltage Levels

H(h)＝HIGH Voltage Levels

X＝Don't Care

q_n＝Lower case letters indicate the state of the referenced input or output one set-up time prior to the LOW to HIGH clock transition.

3.3.4 驱动数码管的硬件电路

硬件电路图如图3.3.4所示,实物图如图3.3.5所示,表3.3.2为所需元器件清单。其中,200 Ω电阻为限流电阻。

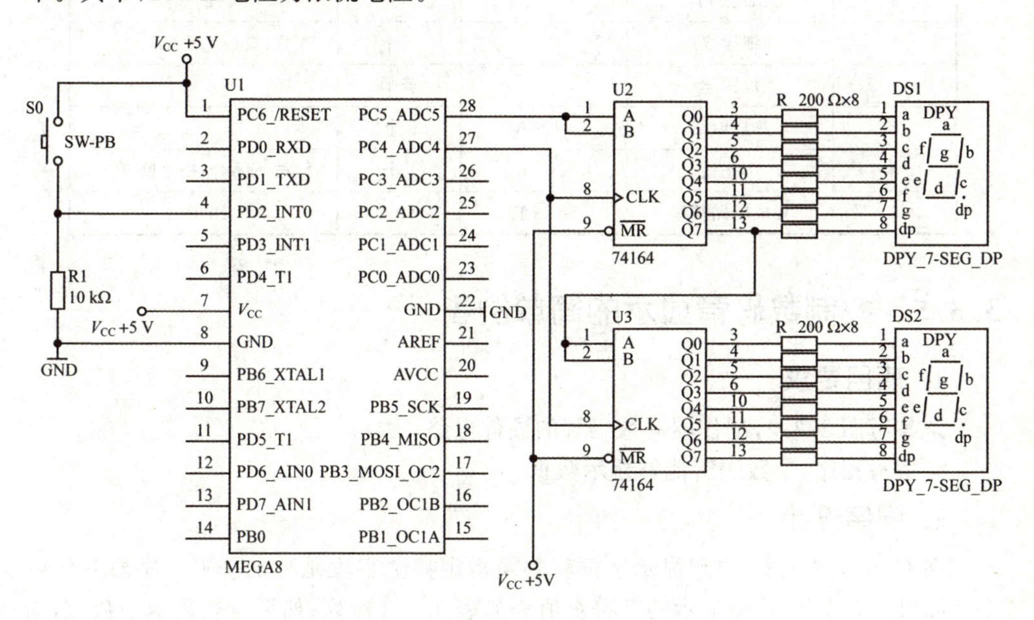

图3.3.4 驱动数码管的电路图

单片机的 PC4(27 脚)输出方波脉冲,作为时钟信号控制 74LS164 移位;PC5(28 脚)输出要显示的 7 段码数据。

图中数码管可以采用共阴极数码管也可以采用共阳极数码管,区别在于:当用 74LS164 驱动共阴极数码管的时候,74LS164 输出高电平时数码管的字段就会被点亮;如果要驱动共阳极数码管,则 74LS164 输出低电平的时候数码管会被点亮。本例采用共阴极数码管,数码管的阴极管脚需要接地;如果采用共阳极数码管,要注意将阳极引脚接电源。

图 3.3.5　驱动数码管显示实物图

表 3.3.2　元器件清单

序　号	名　称	型　号	数　量	备　注
1	单片机	ATmega8	1 片	ATmega8L 也可以
2	电阻	10 kΩ	1 个	
3	电阻	200 Ω	16 个	
4	LED 数码管		2 个	共阴极
5	细导线		若干	直径 0.5 mm
6	焊锡丝		若干	
7	集成电路	74LS164	2 个	
8	小按钮		1 个	按下闭合,松手断开
9	集成电路插座	窄 28 脚	1 个	PDIP

3.3.5　控制数码管显示的简单例子

1. 项目要求

➢ 参考图 3.3.4,制作驱动数码管的硬件电路;

➢ 编写程序,令数码管能够显示数据。

2. 程序设计

在 C 语言程序中,要想显示字符就必须指定哪个字段是高电平哪个字段是低电平。如果没有小数点,要显示的字符真值表如表 3.3.3 所列;如果需要显示小数点,则真值表如表 3.3.4 所列,区别主要在于小数点 dp 位是否显示。当程序不需要显示小数时就调用表 3.3.3 的数据,将对应字符数据通过一个 I/O 口串行传给 74LS164,通过74LS164变成并行数据驱动LED数码管显示。同样,如果需要显示小数,则小数点前一位的字符和小数点是同时在同一位数码管显示的,在显示该位的时候就要调用表3.3.4中的数据进行显示。

表3.3.3　没有小数点的字符真值表(dp全为0)

要显示的字符	字段								16进制数据
	a	b	c	d	e	f	g	dp	
0	1	1	1	1	1	1	0	0	0xfc
1	0	1	1	0	0	0	0	0	0x60
2	1	1	0	1	1	0	1	0	0xda
3	1	1	1	1	0	0	1	0	0xf2
4	0	1	1	0	0	1	1	0	0x66
5	1	0	1	1	0	1	1	0	0xb6
6	0	0	1	1	1	1	1	0	0x3e
7	1	1	1	0	0	0	0	0	0xe0
8	1	1	1	1	1	1	1	0	0xfe
9	1	1	1	0	0	1	1	0	0xe6
全灭	0	0	0	0	0	0	0	0	0x00

表3.3.4　有小数点的字符真值表(dp全为1)

要显示的字符	字段								16进制数据
	a	b	c	d	e	f	g	dp	
0	1	1	1	1	1	1	0	1	0xfd
1	0	1	1	0	0	0	0	1	0x61
2	1	1	0	1	1	0	1	1	0xdb
3	1	1	1	1	0	0	1	1	0xf3
4	0	1	1	0	0	1	1	1	0x67
5	1	0	1	1	0	1	1	1	0xb7
6	0	0	1	1	1	1	1	1	0x3f
7	1	1	1	0	0	0	0	1	0xe1
8	1	1	1	1	1	1	1	1	0xff
9	1	1	1	0	0	1	1	1	0xe7
全灭	0	0	0	0	0	0	0	0	0x00

在下面的C语言源程序中仅仅是练习如何利用一个I/O端口形成CP时钟脉冲,而利用另一个I/O口输出串行数据。在程序中PC4输出CP时钟脉冲,PC5输出串行数据。程序的关键是要在PC4为0时改变PC5的数值,这样在时钟上升沿才会有稳定的串行数据。

C语言源程序如下:

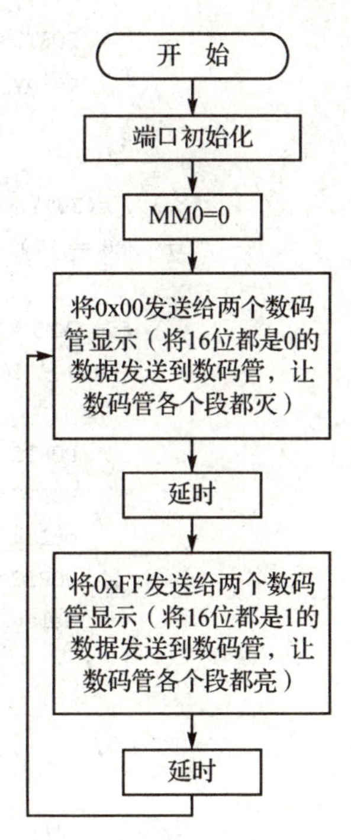

图3.3.6　主函数流程图

```
/****************************************/
/*              测试硬件 点亮数码管            */
/*       目标 MCU:MEGA8     晶振:内部振荡器      */
/* 文件名称:LED_DT.c                         */
/* 完成日期:20090821                         */
/* 章节:第3章项目三                          */
/****************************************/
// PC4 输出时钟脉冲 CP, PC5 输出串行数据
//两个数码管不停闪烁"88"
#include <iom8v.h>
#include <macros.h>
unsigned char MM0 = 0;      //用来计循环次数
//子函数声明
void port_init(void);
void delay_us(unsigned int n);
```

```
void delay_s(unsigned int m);
// 端口初始化定义
void port_init(void)
{
    DDRC = 0xFF;//C 口定义为输出口
    DDRD = 0xF3;//D 口中的 PD2(INT0),PD3(INT1)定义为输入口,其余为输出口
}
void main(void)
{
    port_init();  //端口初始化
    MM0 = 0;   //将 MM0 初始化为 0,和下面的 if 语句对应
    while(1)
    {
        if (MM0 == 0)   //前面已经将 MM0 设置为 0 了
        {
            for (MM0 = 0;MM0< = 16;MM0 ++ )
            //MM0 从 0 加到 16 执行下面的循环体,然后加到 17 就跳出循环
            {
                PORTC = PINC&(~(1<<PC4));     //PC4 = 0
                PORTC = PINC&(~(1<<PC5));     //送数 0 给 PC5
                delay_us(10);                 //此处可用 delay_s(10);观察到字段逐段熄灭
                PORTC = PINC|(1<<PC4);//PC4 = 1
                delay_us(10);                 //此处可用 delay_s(10);观察到字段逐段熄灭
            }
        }
        delay_s(30);                          //延时,以便直接用眼睛观察数码管
        if (MM0 == 17)                        //前面循环执行完毕的话,这里应该是 17
        {
            for (MM0 = 16;MM0> = 1;MM0 -- )
            //MM0 从 16 减到 1 执行下面的循环体,之后减到 0 就会跳出循环
            {
                PORTC = PINC&(~(1<<PC4));   //PC4 = 0
                PORTC = PINC|(1<<PC5);//送数 1 给 PC5
                delay_us(10);                 //此处可用 delay_s(10);观察到字段逐段点亮
                PORTC = PINC|(1<<PC4);//PC4 = 1
                delay_us(10);                 //此处可用 delay_s(10);观察到字段逐段点亮
            }
        }
        MM0 = 0;           //前面循环执行完毕的话,这里 MM0 应该是 0,如果有意外发生,这
                           //里强制清零,消除意外的影响,防止程序崩溃
        delay_s(30);       //延时,以便直接用眼睛观察数码管
    }
}
```

3.3.6　进行计数的例子

1. 项目要求

- 参考图 3.3.4 制作驱动数码管的硬件电路;
- 编写程序,令数码管能够进行加法计数,循环显示 00～99。

2. 程序设计

在这个例子中程序不断从 00 开始增加计数,直到 99 再回到 00 再次计数。在主函数中主要进行初始化、加法计数、判断计数次数等工作,计数结果由显示子函数送到 74LS164 进行显示。主函数的程序流程图如图 3.3.7 所示,显示子函数 display_1 的程序流程图如图 3.3.8 所示。

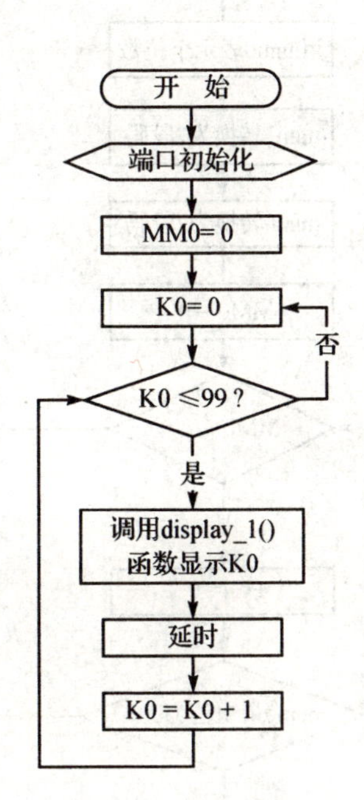

图 3.3.7　主函数流程图

在显示子函数 display_1 中,首先将两位十进制数中的十位数和个位数分离,放到两个变量中去,这样便于用两个数码管分别显示十位和个位。然后,将两个变量中的数据按照表 3.3.3 转换为 7 段码代码。再通过两个循环,将它们用串行的方法从 PC5 分别移位送给 74LS164。

C 语言的源程序如下:

```
/*******************************************/
/*          驱动共阴数码管显示(使用数组)          */
/*        目标 MCU:MEGA8     晶振:内部振荡器     */
/* 文件名称:LED_DT1.c                         */
/* 日期:20090821                              */
/* 章节:第 3 章项目三                          */
/*******************************************/
//共阴极数码管
 #include <iom8v.h>
 #include <macros.h>
unsigned char K0 = 0;          //循环变量
unsigned char MM0 = 0;       //循环变量
//带小数点的字符表,a 为最高位,分别表示 0～9,最末一个字符表示全灭
unsigned char tab_dp[] = {0xfd,0x61,0xdb,0xf3,0x67,0xb7,0x3f,0xe1,0xff,0xe7,0x00};
//不带小数点的字符表,a 为最高位,分别表示 0～9,最末一个字符表示全灭
unsigned char tab_ndp[] = {0xfc,0x60,0xda,0xf2,0x66,0xb6,0x3e,0xe0,0xfe,0xe6,0x00};
unsigned char num1,num0;
```

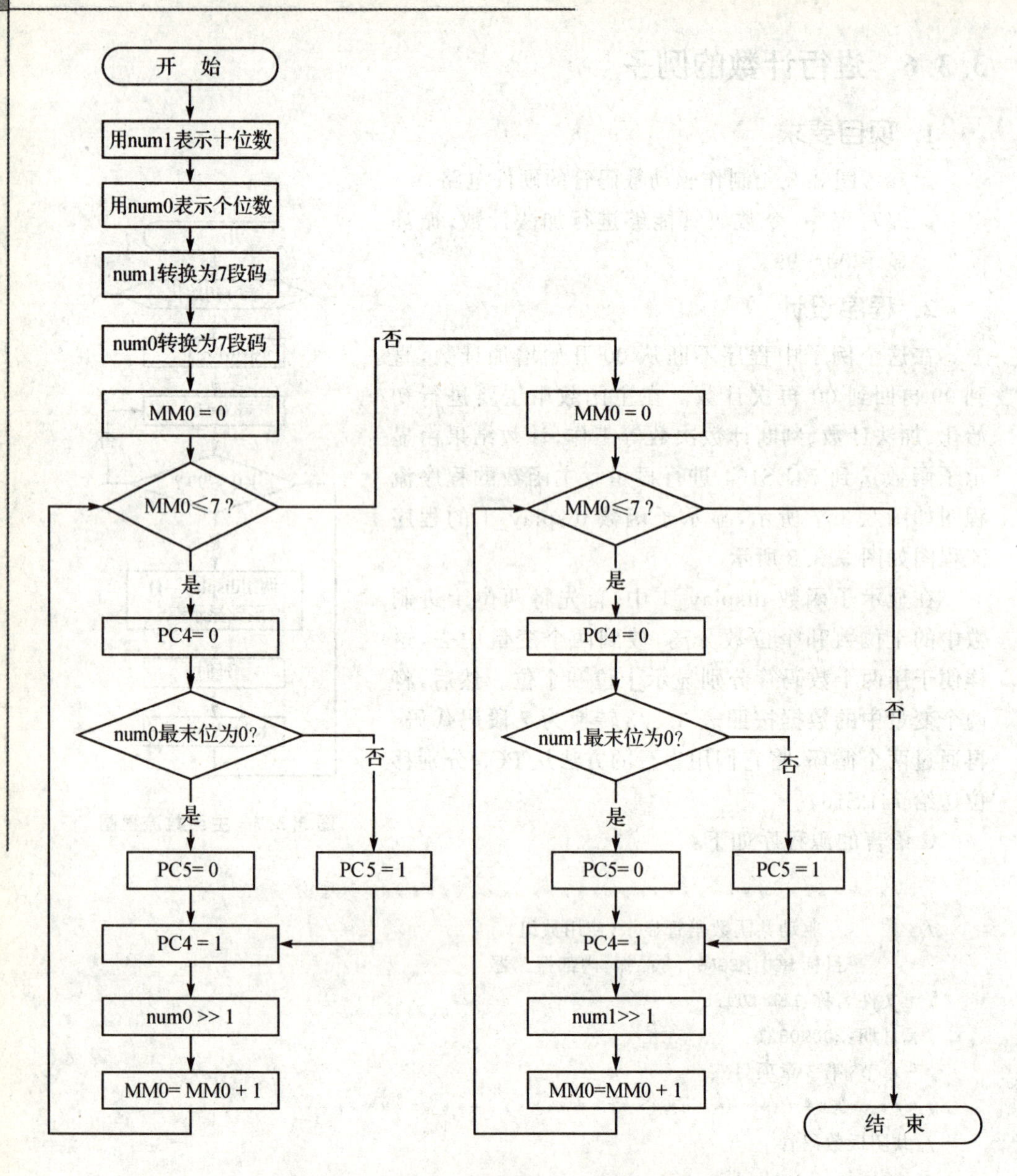

图 3.3.8　显示子函数 display_1 的程序流程图

```
//子函数声明
void port_init(void);
void delay_us(unsigned int n);
void delay_s(unsigned int m);
void display_1(unsigned int k);
// 端口初始化定义
void port_init(void)
```

```
{
    DDRC = 0xFF;//C口定义为输出口
    DDRD = 0xF3;//D口中的 PD2(INT0),PD3(INT1)定义为输入口,其余为输出口
}
void display_1(unsigned int k)
{
    num1 = k/10;      //取十位
    num0 = k % 10;    //取个位
    num1 = tab_ndp[num1];     //将十位数变成数组中的数据
    num0 = tab_ndp[num0];     //将个位数变成数组中的数据
//先按顺序送个位的 dp, g,f,e,d,c,b,a
    for (MM0 = 0;MM0< = 7;MM0 ++ )
    {
        PORTC = PINC&(~(1<<PC4));//PC4 = 0
        if ((num0&0x01) == 0)     //将最末位取出,看是 1 还是 0,是什么就向 PC5 送什么
            PORTC = PINC&(~(1<<PC5));                    //送数 0 给 PC5
        else
            PORTC = PINC|(1<<PC5);                       //送数 1 给 PC5
        delay_us(1);
        PORTC = PINC|(1<<PC4);                           //PC4 = 1
        num0 = num0>>1;                                  //向右移一位,取次末尾位
    }
//再按顺序送十位的 dp, g,f,e,d,c,b,a
    for (MM0 = 0;MM0< = 7;MM0 ++ )
    {
        PORTC = PINC&(~(1<<PC4));                        //PC4 = 0
        if ((num1&0x01) = = 0)
            PORTC = PINC&(~(1<<PC5));                    //送数 0 给 PC5
        else
            PORTC = PINC|(1<<PC5);                       //送数 1 给 PC5
        delay_us(1);
        PORTC = PINC|(1<<PC4);                           //PC4 = 1
        num1 = num1>>1;
    }
}
void main(void)
{
    port_init();                                         //端口初始化
    MM0 = 0;
    while(1)
    {
```

```
for (K0 = 0;K0< = 99;K0 ++ )
//循环,将 K0 从 0 加到 99 执行循环体,加到 100 的时候跳出 for 循环执行 while
//循环,会再次将 K0 从 0 加到 99
{
    display_1(K0);   //调用显示子函数显示 K0
    delay_s(10);     //延时,以便直接用眼睛观察数码管
}
    }
}
```

3.3.7 C语言要点

(1) 数　组

数组是一种十分有用的数据结构,每个数组包含一组相同类型的变量,它们具有相同的变量名,但是具有不同的下标。例如,"unsigned char a[5];"定义了一个5元素数组,分别为a[0]、a[1]、a[2]、a[3]和a[4]。这里要注意两点,一是它们都是无符号字符型变量,二是它们的序号是从零开始的,它们都可以当作单独的变量进行操作。

在定义数组的同时还可以对它们进行赋初值,例如,"unsigned char tab[]={0xfd,0x61,0xdb,0xf3};"就定义了一个数组,同时给这个数组中的变量赋了初值,tab[0]=0xfd、tab[1]=0x61、tab[2]=0xdb、tab[3]=0xf3。这里没有指定数组的长度,相当于大括号{}中有多少个数值就定义了数组的长度是多少。

(2) 取数据

有时需要将一个字节中的某一位取出来,比如想知道无符号字符型变量a的第0位是0还是1,以便于进行其他控制。通常采用与运算,例如,

```
f = a&0x01;//0x01 的二进制为 0000 0001
```

如果f为0就说明a的最低位是0,如果f等于1就说明a的最低位为1。再如

```
f = a&0x40;//0x30 的二进制为 0100 0000
```

如果f等于0就说明a的第6位为0,如果等于0x40就说明a的第6位为1。这里的第6位是把最低位当成第0位,从右向左数得到的第6位,这也是单片机和数字电路里通常的做法。

(3) 整　除

单片机通常不能做浮点运算,比较常见的除法运算是整数除法,也就是两个整数进行相除运算,结果仍为整数,比如"5/4=1"。通常单片机中没有硬件乘法器,除法运算速度比较慢,如果能用移位的方法实现除法就要用移位的方法,比如右移一位等价于整除的除以2,右移2位等价于整除的除以4,于是就写做"b = a>>2;",而不

要写成“b = a/4;”,写成移位的方法要比整除的速度快很多。

整除通常可以用来取十进制数据的十位、百位、千位的最高位数值,比如 a 是一个 3 位的十进制数,最高位是百位,要想知道它的百位是几,就可以“b = a/100;”,b 就是要知道的百位的数值。

(4) 取 余

取余是取出除法运算的余数,例如,

```
b = 35 % 10;     //求出 35 除以 10 的余数
```

b 应该等于 5。

取余可以和整除相结合取出十进制整数的任何一位数值来,比如想知道 4 位十进制数的百位到底是几,可以用

b = a/100; b = b%10;

来实现。

3.3.8 练习项目

项目要求:

① 通过互联网查找 74LS164 的数据手册,熟悉其主要参数。

② 使用定时器构成较为准确的秒表并通过数码管显示,用按键切换显示内容。

功能设计:通过按键控制数码管的显示内容,设计按键效果,可以自行发挥;

设计电路:将发光二极管放到其他 I/O 口点亮;

设计软件:画出程序流程图,编写 C 语言源程序并编译。

③ 将编译后的.hex 文件下载到单片机中。

④ 安装单片机电路,连接电源并测试,将测试结果记录在项目报告中。

⑤完成项目报告。

3.4 项目四 实现 A/D 转换

1) 学习目标

学习用单片机进行 A/D 转换,了解单片机端口的第二功能,巩固数码管显示方法,学习利用按键控制单片机的方法。

2) 项目导学

本项目建立在本章前 3 个项目基础之上,在学习 A/D 转换相关知识的同时,对前面所学知识进行复习和提高。自动轮流测量两路电压的例子较简单,只是在 3.3 节的基础上验证了 A/D 转换的应用,用按键控制测量的例子较复杂,包括了外部中断的应用。学习指导如下:

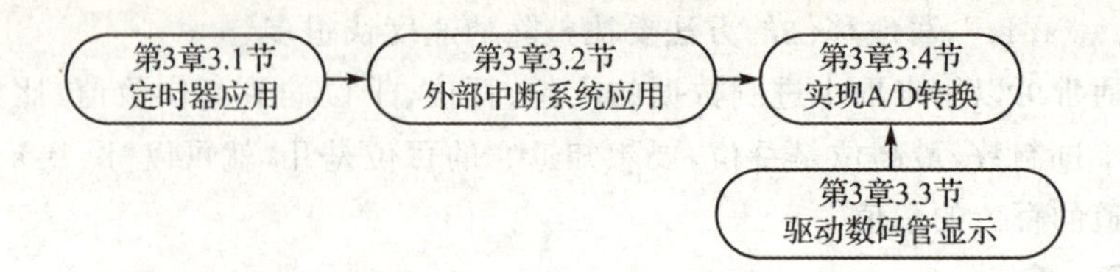

3.4.1 单片机端口的第二功能

单片机的引脚数量有限，为了提高单片机的应用灵活性，除了通用数字 I/O 功能之外，大多数端口引脚都具有第二功能。在外部中断系统应用中，INT0 和 INT1 就是利用的端口第二功能。

端口 B 的第二功能如表 3.4.1 所列。

端口 C 的第二功能如表 3.4.2 所列。

端口 D 的第二功能如表 3.4.3 所列。

表 3.4.1 端口 B 的第二功能表

端口引脚	第二功能
PB7	XTAL2(芯片时钟振荡器引脚 2) TOSC2(定时振荡器引脚 2)
PB6	XTAL1(芯片时钟振荡器引脚 1 或外部时钟输入) TOSC1(定时振荡器引脚 1)
PB5	SCK(SPI 总线的主机时钟输入)
PB4	MISO(SPI 总线的主机输入/从机输出信号)
PB3	MOSI(SPI 总线的主机输出/从机输入信号) OC2(T/C2 输出比较匹配输出)
PB2	$\overline{\text{SS}}$(SPI 总线主从选择) OC1B(T/C1 输出比较匹配 B 输出)
PB1	OC1A(T/C1 输出比较匹配 A 输出)
PB0	ICP1(T/C1 输入捕获引脚)

表 3.4.2 端口 C 的第二功能表

端口引脚	第二功能
PC6	$\overline{\text{RESET}}$(复位引脚)
PC5	ADC5(ADC 输入通道 5) SCL(两线串行总线时钟线)
PC4	ADC4(ADC 输入通道 4) SDA(两线串行总线数据输入/输出线)
PC3	ADC3(ADC 输入通道 3)
PC2	ADC2(ADC 输入通道 2)
PC1	ADC1(ADC 输入通道 1)
PC0	ADC0(ADC 输入通道 0)

表 3.4.3　端口 D 的第二功能表

端口引脚	第二功能
PD7	AIN1(模拟比较器负输入)
PD6	AIN0(模拟比较器正输入)
PD5	T1(T/C1 外部计数器输入)
PD4	XCK(USART 外部时钟输入/输出)T0(T/C0 外部计数器输入)
PD3	INT1(外部中断 1 输入)
PD2	INT0(外部中断 0 输入)
PD1	TXD(USART 输出引脚)
PD0	RXD(USART 输入引脚)

3.4.2　A/D 转换的基本知识

A/D 转换是将模拟量转换为数字量。常见的温度、压力、流量等参数都是模拟量，不便于存储和处理，通常通过 A/D 转换把它们变为数字量，然后进行存储、处理或传输。实现 A/D 转换的设备称为 A/D 转换器或 ADC。

A/D 转换器在结构上可以分为逐次逼近式、双积分式和并行式等多种类型。其中，逐次逼近式的优点是速度较快、精度较高，完成一次转换大约需几十微秒；双积分式则转换精度高，抗干扰性好，但转换速度较慢，完成一次转换需几百毫秒左右。

A/D 转换器的主要参数包括转换时间、转换频率、分辨率和转换精度等。转换时间指 A/D 转换器完成一次模拟量到数字量转换所需要的时间。转换频率是转换时间的倒数，转换时间和转换频率都表示转换速度的高低，反映实时性能。分辨率指 A/D 转换器对输入电压微小变化响应能力的度量，一般用二进制位数或仪表显示器的位数表示。转换精度是用 A/D 转换器实际输出的数字量和理论上输出的数字量之间的差别来表示的误差，常用最低有效位(LSB，Least Significant Bit)的倍数表示。

A/D 转换可以使用专门的 A/D 转换芯片进行，也可以采用具有 A/D 转换功能的单片机进行转换。ATmega8 具有 A/D 转换功能，利用 ATmega8 进行 A/D 转换，可以方便地把数据存储在 EEPROM 中，也可以通过数码管把测量结果显示出来，还可以方便地传输。

3.4.3　单片机内的 A/D 转换器结构和性能

1. A/D 转换器结构

A/D 转换器内部结构如图 3.4.1 所示。ATmega8 有一个 10 位的逐次逼近型 ADC。ADC 与一个 8 通道的模拟多路复用器连接，能对来自端口 C 的 8 路单端输入电压进行采样。单端电压输入以 0 V (GND)为基准。

ADC 包括一个采样保持电路，可以确保在转换过程中输入到 ADC 的电压保持恒定。ADC 由 AVCC 引脚单独提供电源。AVCC 与 V_{CC}之间的偏差不能超过±0.3 V。A/D 转换的参考电压源(V_{REF})可以选择 2.56 V 的内部基准电压、AVCC 或外接于 AREF 的电压。

双列直插的 ATmega8 中有 6 路 10 位的 A/D 转换器，表贴的有 8 路 10 位 A/D 转换器。在这里要注意学习 A/D 转换部分的初始化、中断、通道选择等内容。

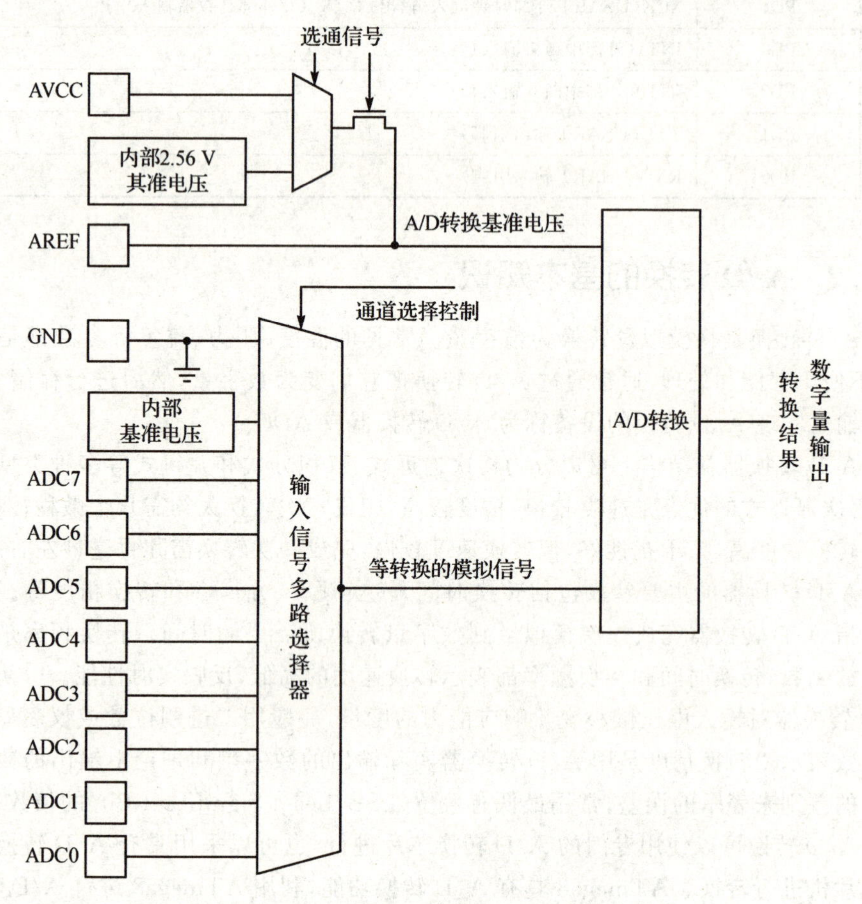

图 3.4.1　A/D 转换器内部结构示意图

2. ADC 基准电压源

标称值为 2.56 V 的基准电压以及 AVCC 都位于器件之内。基准电压可以通过在 AREF 引脚上加一个电容进行解耦，以更好地抑制噪声。

ADC 的参考电压源(V_{REF})反映了 ADC 的转换范围。若单端通道电平超过了 V_{REF}，则其结果将接近 0x3FF。V_{REF} 可以是 AVCC、内部 2.56 V 基准或外接于 AREF 引脚的电压。

AVCC通过一个无源开关与ADC相连。片内的2.56 V参考电压由能隙基准源(VBG)通过内部放大器产生。无论是哪种情况，AREF都直接与ADC相连，通过在AREF与地之间外加电容可以提高参考电压的抗噪性。V_{REF}可通过高输入内阻的伏特表在AREF引脚测得。由于V_{REF}的阻抗很高，因此只能连接容性负载。

如果将一个固定电源接到AREF引脚，那么就不能选择其他的基准源了，因为这会导致片内基准源与外部参考源的短路。如果AREF引脚没有连接任何外部参考源，用户可以选择AVCC或2.56 V作为基准源。改变参考源后的第一次ADC转换结果可能不准确，建议不要使用这一次的转换结果。

3. A/D转换器性能

- 10位精度；
- 0.5 LSB的非线性度；
- ±2 LSB的绝对精度；
- 13～260 μs的转换时间；
- 最高分辨率时采样率高达15 kSPS；
- 6路复用的单端输入通道；
- 2路附加复用的单端输入通道（TQFP与MLF封装）；
- 可选的左对齐ADC读数；
- 0～V_{CC}的ADC输入电压范围；
- 可选的2.56 V ADC参考电压；
- 连续转换或单次转换模式；
- ADC转换结束中断；
- 基于睡眠模式的噪声抑制器。

3.4.4 A/D转换器寄存器与设置

1. A/D转换器寄存器

ADMUX为ADC多工选择寄存器，位定义如下：

Bit	7	6	5	4	3	2	1	0	
	REFS1	REFS0	ADLAR	–	MUX3	MUX2	MUX1	MUX0	ADMUX
读/写	R/W	R/W	R/W	R	R/W	R/W	R/W	R/W	
初始值	0	0	0	0	0	0	0	0	

REFS[1：0]为参考电压选择，如表3.4.4所列，通过这几位可以选择参考电压。如果在转换过程中改变了它们的设置，则只有等到当前转换结束(ADCSRA寄存器的ADIF置位)之后改变才会起作用。如果在AREF引脚上施加了外部参考电压，则内部参考电压就不能被选用了。

表 3.4.4　ADC 参考电压选择

REFS1	REFS0	参考电压选择
0	0	AREF,内部 V_{REF} 关闭
0	1	AVCC,AREF 引脚外加滤波电容
1	0	保留
1	1	2.56 V 的片内基准电压源,AREF 引脚外加滤波电容

ADLAR 影响 ADC 转换结果在 ADC 数据寄存器中的存放形式。ADLAR 置位时转换结果为左对齐,否则为右对齐。ADLAR 的改变将立即影响 ADC 数据寄存器的内容,不论是否有转换正在进行。

MUX[3∶0]为模拟通道选择位,通过这几位的设置,可以对连接到 ADC 的模拟输入进行选择,详见表 3.4.5。如果在转换过程中改变这几位的值,那么只有到转换结束(ADCSRA 寄存器的 ADIF 置位)后新的设置才有效。

表 3.4.5　输入通道选择

MUX[3∶0]	单端输入	MUX[3∶0]	单端输入
0000	ADC0	1000	保留
0001	ADC1	1001	
0010	ADC2	1010	
0011	ADC3	1011	
0100	ADC4	1100	
0101	ADC5	1101	
0110	ADC6	1110	1.23 V(内部)
0111	ADC7	1111	0 V(GND)

2. ADC 控制和状态寄存器 A

ADCSRA 为 ADC 控制和状态寄存器 A,位定义如下:

Bit	7	6	5	4	3	2	1	0	
	ADEN	ADSC	ADFR	ADIF	ADIE	AOPS2	AOPS1	AOPS0	ADCSRA
读/写	R/W	R/W	R/W	R/W	R/W	R/W	R/W	R/W	
初始值	0	0	0	0	0	0	0	0	

ADEN 为 ADC 使能,其置位即启动 ADC;否则,ADC 功能关闭。在转换过程中关闭 ADC 将立即终止正在进行的转换。

ADSC 为 ADC 开始转换标识位,在单次转换模式下,ADSC 置位将启动一次 ADC 转换。在连续转换模式下,ADSC 置位将启动首次转换。第一次转换(在 ADC 启动之后置位 ADSC,或者在使能 ADC 的同时置位 ADSC)需要 25 个 ADC 时钟周期，而不是正常情况下的13个。第一次转换执行ADC初始化的工作。

在转换进行过程中读取ADSC的返回值为“1”，直到转换结束。ADSC清零不产生任何动作。

ADFR为ADC连续转换选择，该位置位时，运行在连续转换模式。该模式下，ADC不断对数据寄存器进行采样与更新。若该位清零，则终止连续转换模式。

ADIF为ADC中断标志，在ADC转换结束，且数据寄存器更新后，ADIF置位。如果ADIE及SREG中的全局中断使能位I也置位，ADC转换结束中断服务程序即得以执行，同时ADIF硬件清零。此外，还可以通过向此标志写1来清ADIF。要注意的是，如果对ADCSRA进行“读-修改-写”操作，那么待处理的中断会被禁止。这也适用于SBI及CBI指令。

ADIE为ADC中断使能位，若ADIE及SREG的位I置位，则ADC转换结束中断即被使能。

ADPS[2:0]为ADC预分频器选择位，由这几位来确定XTAL与ADC输入时钟之间的分频因子，如表3.4.6所列。

表3.4.6 ADC预分频选择

ADPS2	ADPS1	ADPS0	分频因子
0	0	0	2
0	0	1	2
0	1	0	4
0	1	1	8
1	0	0	16
1	0	1	32
1	1	0	64
1	1	1	128

3. ADC数据寄存器

ADCH为ADC数据寄存器的高位，ADCL为ADC数据寄存器的低位。它们都是只读存储器，初始值全为0。

ADLAR=0时，位定义如下：

Bit	15	14	13	12	11	10	9	8	
	–	–	–	–	–	–	ADC9	ADC8	ADCH
	ADC7	ADC6	ADC5	ADC4	ADC3	ADC2	ADC1	ADC0	ADCL
	7	6	5	4	3	2	1	0	
读/写	R	R	R	R	R	R	R	R	

ADLAR=1时，位定义如下：

Bit	15	14	13	12	11	10	9	8	
	ADC9	ADC8	ADC7	ADC6	ADC5	ADC4	ADC3	ADC2	ADCH
	ADC1	ADC0	–	–	–	–	–	–	ADCL
	7	6	5	4	3	2	1	0	
读/写	R	R	R	R	R	R	R	R	

ADC[9：0]为ADC转换结果。ADC转换结束后，转换结果存于这两个寄存器之中。如果采用差分通道，结果由2的补码形式表示。

读取ADCL之后，ADC数据寄存器一直要等到ADCH也被读出才可以进行数据更新。因此，如果转换结果为左对齐，且要求的精度不高于8比特，那么仅读取ADCH就足够了。否则，必须先读出ADCL再读ADCH。

ADMUX寄存器的ADLAR及MUXn会影响转换结果在数据寄存器中的表示方式。如果ADLAR为1，那么结果为左对齐；反之(系统缺省设置)，结果为右对齐。

4. 启动一次A/D转换

向ADC启动转换位ADSC位写"1"可以启动单次转换。在转换过程中此位保持为高，直到转换结束，然后被硬件清零。如果在转换过程中选择了另一个通道，那么ADC会在改变通道前完成这一次转换。

使用ADC中断标志作为触发源，可以在正在进行的转换结束后即开始下一次ADC转换。之后ADC便工作在连续转换模式，持续地进行采样并对ADC数据寄存器进行更新。第一次转换通过向ADCSRA寄存器的ADSC写1来启动。在此模式下，后续的ADC转换不依赖于ADC中断标志ADIF是否置位。

5. A/D转换需要的时间

ADCSRA寄存器的ADSC置位后，单端转换在下一个ADC时钟周期的上升沿开始启动。正常转换需要13个ADC时钟周期。为了初始化模拟电路，ADC使能(ADCSRA寄存器的ADEN置位)后的第一次转换需要25个ADC时钟周期。

在普通的ADC转换结束后，ADC结果被送入ADC数据寄存器，且ADIF标志置位。ADSC同时清零(单次转换模式)。之后软件可以再次置位ADSC标志，从而启动一次新的转换。

在连续转换模式下，当ADSC为高时，只要转换一结束，下一次转换马上开始。第一次转换，转换时间需要25个周期，后面的正常转换需要13个周期。

6. 通道选择

工作于单次转换模式时，总是在启动转换之前选定通道。在ADSC置位后的一个ADC时钟周期就可以选择新的模拟输入通道了。但是最简单的办法是等待转换结束后再改变通道。

在连续转换模式下，总是在第一次转换开始之前选定通道。在ADSC置位后的一个ADC时钟周期就可以选择新的模拟输入通道了。但是最简单的办法是等待转换结束后再改变通道。然而,此时新一次转换已经自动开始了,下一次的转换结果反映的是以前选定的模拟输入通道。以后的转换才是针对新通道的。

7. 安全地改变通道或基准源

在转换启动之前通道及基准源的选择可随时进行。一旦转换开始就不允许再选择通道和基准源了,从而保证 ADC 有充足的采样时间。在转换完成(ADCSRA 寄存器的 ADIF 置位)之前的最后一个时钟周期,通道和基准源的选择又可以重新开始。转换的开始时刻为 ADSC 置位后下一个时钟的上升沿。因此,在置位 ADSC 之后的一个 ADC 时钟周期里,建议不要操作 ADMUX 以选择新的通道及基准源。

若 ADFR 及 ADEN 都置位,则中断事件可以在任意时刻发生。如果在此期间改变 ADMUX 寄存器的内容,那么就无法判别下一次转换是基于旧的设置还是最新的设置。在以下时刻可以安全地对 ADMUX 进行更新:

- ADFR 或 ADEN 为 0;
- 在转换过程中,但是在触发事件发生后至少一个 ADC 时钟周期;
- 转换结束之后,但是在作为触发源的中断标志清零之前。

如果在上面提到的任一种情况下更新 ADMUX,那么新设置将在下一次 ADC 时生效。

3.4.5　实现 A/D 转换的硬件电路

硬件电路与 3.3 节的驱动数码管电路相似,只需要在原电路上增加少量元件就可以。电路原理图如图 3.4.2 所示,电路实物图如图 3.4.3 所示。

电路中 ATmega8 的 20 脚(AVCC)是单片机内部 A/D 转换的电源,与单片机电源 7 脚的电压相差不能超过 0.3 V,通常它们可以直接连接在一起。

21 脚(AREF)为参考电压的输入引脚。在做 A/D 转换的时候必须有一个参考电压,需要做 A/D 转换的输入信号电压必须小于或等于这个参考电压;当输入信号电压等于这个参考电压的时候,A/D 转换的结果会达到最大值。A/D 转换结果可以用下面的表达式计算:

$$\mathrm{ADC}=\frac{V_{\mathrm{IN}}\times 1\,024}{V_{\mathrm{REF}}}$$

式中,V_{IN} 为输入信号,V_{REF} 为参考电压,ADC 为 A/D 转换结果。参考电压可以有 3 种选择:第一种是 20 脚的 AVCC,也就是+5 V;第二种是内部的+2.56 V 基准电压源;第三种是外接其他电压。前两种需要在 21 脚(AREF)加一个小电容防止干扰。

23 脚和 24 脚为 ADC0 和 ADC1 的输入端,它们分别接两个电位器的滑动端。后面在进行 A/D 转换的时候,可以调节电位器来获得不同的电压,以便于观察 A/D 转换结果的变化。

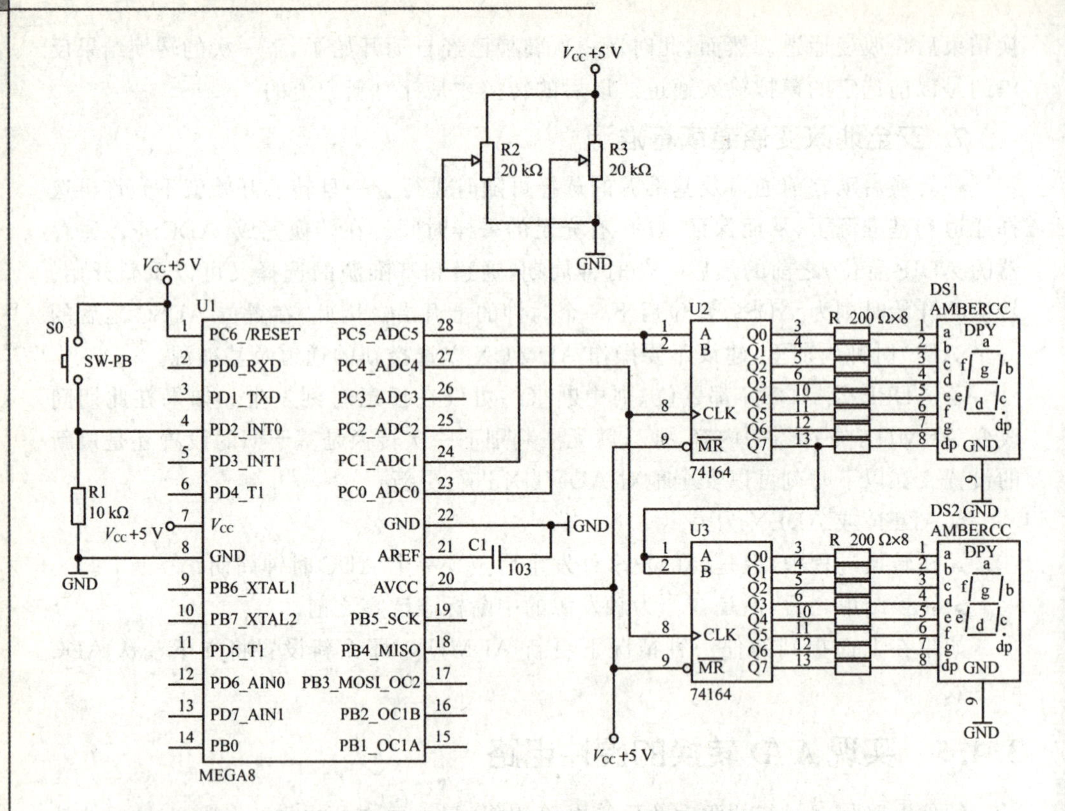

图 3.4.2 实现 A/D 转换的电路图

图 3.4.3 实现 A/D 转换的电路实物图

3.4.6 自动轮流测量两路电压的简单例子

1. 项目要求

- 参考图 3.4.2 制作实现 A/D 转换的硬件电路；
- 编写程序，轮流对 A/D 通道 0 和通道 1 的电压进行 A/D 转换，将转换结果转换为 7 段码并进行显示。

2. 程序设计

根据项目要求，拟定主函数程序流程图，如图 3.4.4所示。在主函数中主要进行端口初始化、ADC 初始化、A/D 通道选择、启动 A/D 转换、调用函数进行数据转换和显示等工作。

在程序设计中，A/D 转换采用中断方式，即当 A/D 转换完成后会产生中断，然后在中断服务程序中做出响应。中断服务程序一般不长，如果中断服务程序过长，往往会产生一些意想不到的错误。

在 A/D 转换中断服务程序中主要完成两件事，第一件是要读取 A/D 转换结果，这个结果放在寄存器 ADC 中，只要直接利用 ADC 进行赋值就可以读出转换结果；第二件事是要修改中断标记，中断标记是一个变量，用它的值是否变化来表示程序是否进入过中断服务程序，在这里主要是表示是否有新的 A/D 转换结果产生，主函数中对这个变量的值不断查询，什么时候这个变量的值变化了，说明发生过 A/D 转换中断了，可以对 A/D 转换结果进行处理。

有时还要在 A/D 转换中断服务程序中进行通道选择，以轮流对多个通道的输入信号进行转换。

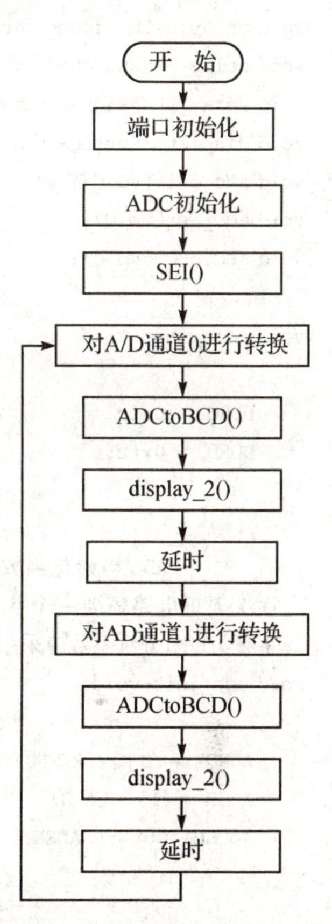

图 3.4.4 主函数程序流程图

C 语言源程序如下：

```
/*****************************************************/
/*              自动轮流显示两路电压测量值            */
/*      目标 MCU:MEGA8     晶振:内部振荡器         */
/* 文件名称:ADC.c                                    */
/* 完成日期:20090824                                  */
/* 章节:第 3 章 项目四                               */
/*****************************************************/
// 自动轮流显示两路电压测量值
#include <iom8v.h>
```

```
#include <macros.h>
unsigned int adc_rel;          //读取 AD 转换结果
unsigned int adc_old;          //上一次 AD 转换结果
unsigned char adc_mux;     //选择 ADC 转换通道
unsigned int temp;    //临时变量,用于存储转换成十进制的 AD 转换结果
//子函数声明
void port_init(void);
void delay_us(unsigned int n);
void delay_ms(unsigned int n);
void delay_s(unsigned int n);
void display_2(unsigned int k);
void adc_init(void);
void adc_isr(void);
void ADCtoBCD(void);
// 端口定义
void port_init(void)
{
    DDRC = 0xfc;        //C 口 1111 1100 PC0,PC1 设为输入,其余为输出
    DDRD = 0xfb;        //D 口 1111 1011 PD2(INT0)设为外部中断输入,其余为输出
}

/*          ADC 初始化函数           */
//逐次逼近电路需要一个从 50 kHz～200 kHz 的输入时钟
//主频 1 MHz,分频系数应采用 5～20,根据数据手册给定表格 Table 76,可以选 16 或 8,此处选 16
void adc_init(void)
{
    ADMUX = (1<<REFS0)|(adc_mux&0x0f);  //选择内部 AVCC 为基准
    ACSR = (1<<ACD);                      //关闭模拟比较器
    ADCSRA = (1<<ADEN)|(1<<ADSC)|(1<<ADFR)|(1<<ADIE)|(1<<ADPS2);
                        //ADEN:ADC 使能;ADSC:ADC 开始转换(初始化);
                        //ADFR:ADC 连续转换;ADIE:ADC 中断使能;16 分频
}
/*          ADC 完成中断处理函数          */
//当 iv_adc 中断请求时,执行 adc_isr()子函数,<iom8v.h>中已定义 15 号中断用 iv_adc 助记
#pragma interrupt_handler adc_isr:iv_ADC//当 iv_ADC 中断请求时,执行 adc_isr()子函数
void adc_isr(void)
{
    adc_rel = ADC&0x3ff;
                        //读取 ADC 结果,ADC 为地址指针指向的 16 位的无符号整型寄存器
    ADMUX = (1<<REFS0)|(adc_mux&0x0f);    //选择内部 AVCC 为基准,选择对应通道
    ADCSRA |= (1<<ADSC);                  //启动 A/D 转换
}
```

```
//将 A/D 转换结果变成对应电压值
//并不是总在转换,只有数值发生改变的时候才进行转换,以免浪费资源
void ADCtoBCD(void)
{
    if (adc_old! = adc_rel)
    {
        adc_old = adc_rel;
        temp = (unsigned int)((unsigned long)((unsigned long )adc_old * 50)/0x3ff);
    }
}
void main(void)
{
    port_init();
    adc_init();         //ADC 初始化
    SEI();
    while(1)
    {
        adc_mux = 0;    //对 AD 通道 0 进行转换
        ADCtoBCD();
        display_2(temp);
        delay_s(10);    //延时刷新数据
        adc_mux = 1;    //对 AD 通道 1 进行转换
        ADCtoBCD();
        display_2(temp);
        delay_s(10);    //延时刷新数据
    }
}
```

将 3.3 节中 LED_DT1.c(3.3.6 进行计数的例子)的 display_1()子函数部分单独编为 display_2.c 文件,十位数采用带小数点的表示方法,个位数采用不带小数点的表示方法,将一个几十几的整数表示为几点几的带小数点形式;和 display_1()的主要区别就是数组 tab_dp[]的不同。源程序如下所示:

```
//两位 7 段数码管显示函数
//将一个无符号整数显示成 * . * 的形式(如 1.2 或 3.5 这类形式)
#include <iom8v.h>
#include <macros.h>
void delay_us(unsigned int n);
unsigned char K0 = 0,MM0 = 0,MM1;
//带小数点的字符表,a 为最高位,分别表示 0~9,最末一个字符表示全灭
unsigned char tab_dp[] = {0xfd,0x61,0xdb,0xf3,0x67,0xb7,0x3f,0xe1,0xff,0xe7,0x00};
//不带小数点的字符表,a 为最高位,分别表示 0~9,最末一个字符表示全灭
```

```
unsigned char tab_ndp[] = {0xfc,0x60,0xda,0xf2,0x66,0xb6,0x3e,0xe0,0xfe,0xe6,0x00};
unsigned char num1,num0;
void display_2(unsigned int k)
{
    num1 = k/10;//取十位
    num0 = k % 10;//取个位
    num1 = tab_dp[num1];//将十位数变成数组中的数据,有小数点
    num0 = tab_ndp[num0];//将个位数变成数组中的数据,没有小数点
    //先按顺序送个位的 dp, g,f,e,d,c,b,a
    for (MM0 = 0;MM0< = 7;MM0 ++ )
    {
        PORTC = PINC&(~(1<<PC4));              //PC4 = 0
        if ((num0&0x01) = = 0)
    //将最末位取出,看是 1 还是 0,是什么就向 PC5 送什么
            PORTC = PINC&(~(1<<PC5));          //送数 0 给 PC5
        else
            PORTC = PINC|(1<<PC5);             //送数 1 给 PC5
        delay_us(1);
        PORTC = PINC|(1<<PC4);//PC4 = 1
        num0 = num0>>1;                        //向右移一位,取次末尾位
    }
    //再按顺序送十位的 dp, g,f,e,d,c,b,a
    for (MM0 = 0;MM0< = 7;MM0 ++ )
    {
        PORTC = PINC&(~(1<<PC4));              //PC4 = 0
        if ((num1&0x01) = = 0)
            PORTC = PINC&(~(1<<PC5));          //送数 0 给 PC5
        else
            PORTC = PINC|(1<<PC5);             //送数 1 给 PC5
        delay_us(1);
        PORTC = PINC|(1<<PC4);                 //PC4 = 1
        num1 = num1>>1;
    }
}
```

3.4.7 用按键控制测量的例子

1. 项目要求

- 参考图 3.4.2,制作实现 A/D 转换的硬件电路;
- 编写程序:按一下按键,对 A/D 通道 0 的电压进行 A/D 转换,将转换结果转换为 7 段码并进行显示;再按一下按键,对 A/D 通道 1 的电压进行 A/D 转

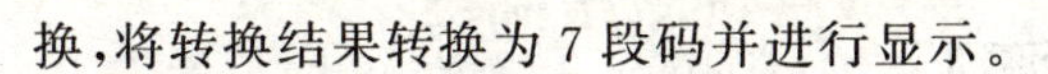

换,将转换结果转换为7段码并进行显示。

2. 程序设计

在这个例子中,用按键对两路电压的测量进行控制,并可以控制显示的内容。在显示子函数中采用了定时器定时的方法对移位进行控制,这样比用延时程序更准确并且更快速,能有效降低数据移位带来的数码管闪烁问题;当然,如果能够同时采用更高的单片机主时钟频率,则更不容易看见数码管的闪烁。

为了区别按键对应的通道,可以在程序中设置一个变量专门记录按键的次数,用这个变量控制A/D转换的通道,从而实现按键对通道的选择。例如,按一下按键,变量等于0,再按一下按键,变量变为1,再按一下按键,变量又变回0,让这个变量改变寄存器ADMUX,从而实现通道选择。

为了便于观察显示结果,在程序中设定,按一下按键会显示0.0,0.0闪烁几次之后显示通道0的A/D转换结果,再次按下按键就会显示0.1,同样在0.1闪烁几次之后显示通道1的A/D转换结果。

程序的主函数流程图如图3.4.5所示,显示子函数display_3的程序流程图如图3.4.6所示,中断服务程序流程图如图3.4.7所示,定时器0中断服务程序流程图如图3.4.8所示。

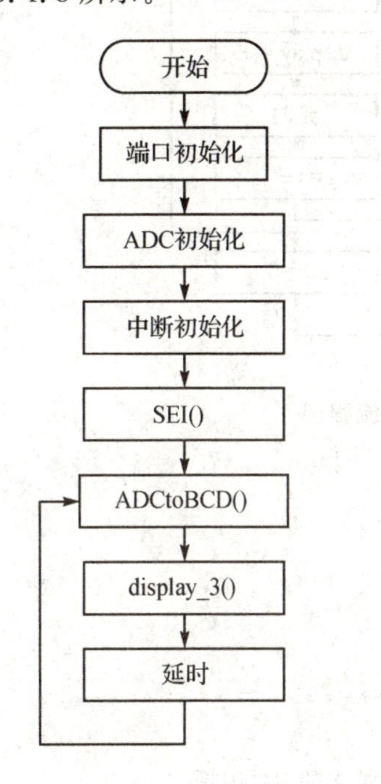

图3.4.5　主函数流程图

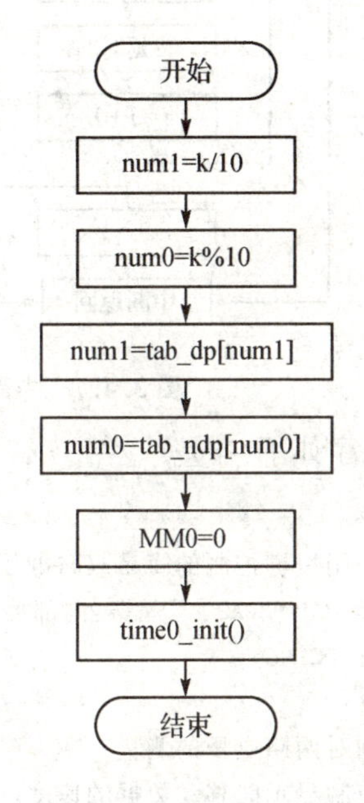

图3.4.6　显示子函数display_3的程序流程图

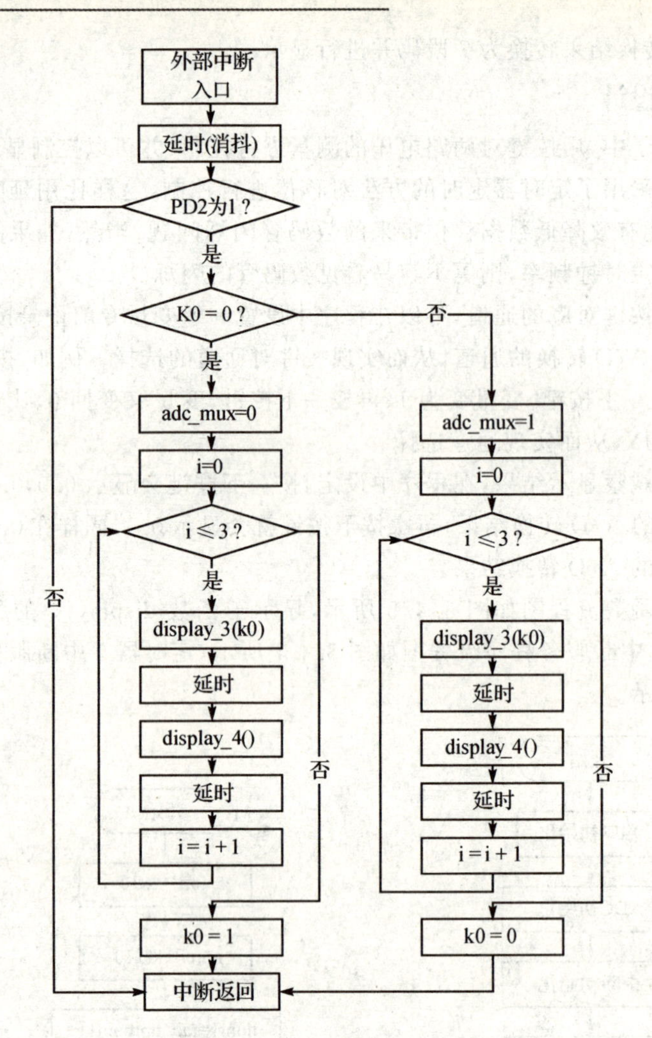

图 3.4.7 中断服务程序流程图

例子的源程序如下：

```
/**************************************************************/
/*              用按键控制的简易双路电压表                      */
/*         目标 MCU:MEGA8    晶振:内部振荡器              */
/*文件名称:ADC1.c                                          */
/**************************************************************/
//用按键控制对两路电压的测量
//用定时器控制显示时移动数据的速度,减少送数时带来的 LED 闪烁
//用按键控制显示的内容
#include <iom8v.h>
#include <macros.h>
unsigned int adc_rel;            //读取 A/D 转换结果
```

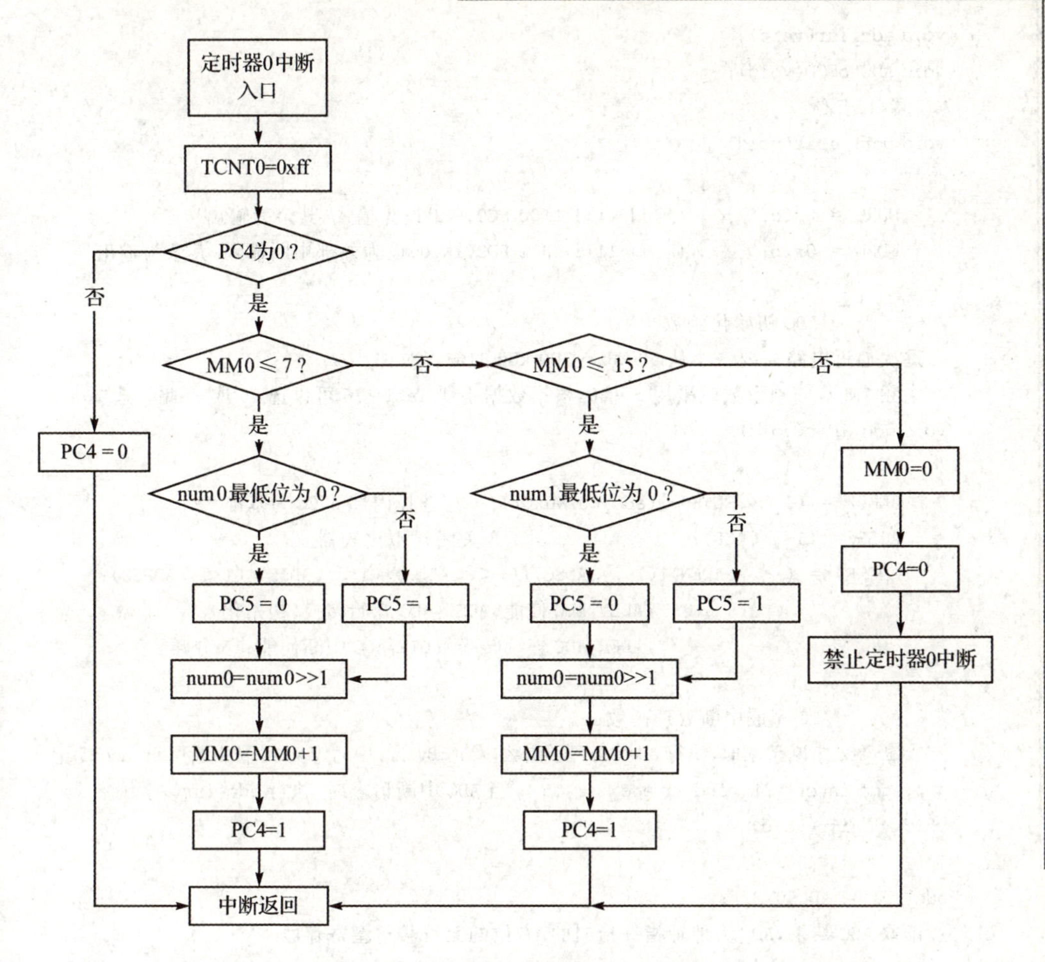

图 3.4.8　定时器 0 中断服务程序流程图

```
unsigned int adc_old;          //上一次 A/D 转换结果
unsigned char adc_mux;         //选择 ADC 转换通道
unsigned int temp;             //临时变量,用于存储转换成十进制的 A/D 转换结果
unsigned char k0 = 0;          //记录按键状态
unsigned char k1 = 0;          //显示的测量通道号
unsigned char i = 0;           //循环变量
//子函数声明
void port_init(void);
void delay_us(unsigned int n);
void delay_ms(unsigned int n);
void delay_s(unsigned int n);
void display_3(unsigned int k);
void display_4(void);
void adc_init(void);
```

```
void adc_isr(void);
void ADCtoBCD(void);
// 端口定义
void port_init(void)
{
    DDRC = 0xfc;        //C口 1111 1100 PC0,PC1设为输入,其余为输出
    DDRD = 0xfb;        //D口 1111 1011 PD2(INT0)设为外部中断输入,其余为输出
}
/*          ADC初始化函数              */
//逐次逼近电路需要一个从50 kHz~200 kHz的输入时钟
//主频1MHz,分频系数应采用5~20,根据数据手册Table 76可以选16或8,此处选16
void adc_init(void)
{
    ADMUX = (1<<REFS0)|(adc_mux&0x0f);  //选择内部AVCC为基准
    ACSR = (1<<ACD);                   //关闭模拟比较器
    ADCSRA = (1<<ADEN)|(1<<ADSC)|(1<<ADFR)|(1<<ADIE)|(1<<ADPS2);
                          //ADEN:ADC使能;ADSC:ADC开始转换(初始化)
                          //ADFR:ADC连续转换;ADIE:ADC中断使能;16分频
}
/*         ADC完成中断处理函数              */
//当iv_adc中断请求时,执行adc_isr()子函数,<iom8v.h>中已定义15号中断用iv_adc助记
#pragma interrupt_handler adc_isr:15 //当ADC中断请求时,执行adc_isr()子函数
void adc_isr(void)
{
adc_rel = ADC&0x3ff;
//读取ADC结果,ADC为地址指针指向的16位的无符号整型寄存器
    ADMUX = (1<<REFS0)|(adc_mux&0x0f);    //选择内部AVCC为基准,选择对应通道
    ADCSRA |= (1<<ADSC);//启动AD转换
}
//将A/D转换结果变成电压是几点几伏的形式
//并不是总在转换,只有数值发生改变的时候才进行转换,以免浪费资源
void ADCtoBCD(void)
{
    if (adc_old != adc_rel)
    {
        adc_old = adc_rel;
        temp = (unsigned int)((unsigned long)((unsigned long )adc_old*50)/0x3ff);
    }
}
//外部中断初始化
void INT_init(void)
{
```

```
    MCUCR = MCUCR|0x0F;
//寄存器低4位置1,高4位不变,外部中断0000 1111上升沿触发中断
    GICR = GICR|0x40;//使能INT0
}
//当外部中断INT0请求中断时,执行INT0_isr()子函数
#pragma interrupt_handler INT0_isr:2
//按下按键0,数码管会闪烁显示当前的电压数据通道
void INT0_isr(void)
{
    CLI();//关闭中断,防止别的中断影响这段程序执行
    delay_ms(20);
    SEI();//打开中断,允许别的中断
    if((PIND&0x04) == 0x04)//看PD2(INT0)是否为1,消除抖动
    {
        if(k0 == 0)
        {
            adc_mux = 0;   //对AD通道0进行转换

            for (i = 0;i< = 3;i + + )
            {
                display_3(k0);//数码管显示0.0
                delay_s(10);
                display_4();//熄灭数码管
                delay_s(10);
            }
            k0 = 1;
        }
        else
        {
            adc_mux = 1;          //对A/D通道1进行转换
            for (i = 0;i< = 3;i + + )
            {
                display_3(k0);     //数码管显示0.1
                delay_s(10);
                display_4();       //熄灭数码管
                delay_s(10);
            }
            k0 = 0;
        }
    }
}
void main(void)
```

```
{
    port_init();
    INT_init();
    adc_init();                          //ADC初始化
    SEI();
    while(1)
    {
        ADCtoBCD();
        display_3(temp);
        delay_s(40);                     //延时刷新数据
    }
}
```

display_3.c是利用定时器0定时移位,以保证移位的速度,源程序的内容如下:

```
//两位7段数码管显示函数
//将一个无符号整数显示成5.5的形式
//使用定时器0中断方式送数,这样基本看不出送数时字段的闪烁
//也可以用提高主频频率的方法
#include <iom8v.h>
#include <macros.h>
void delay_us(unsigned int n);
unsigned char MM0 = 0;
//带小数点的字符表,a为最高位,分别表示0~9,最末一个字符表示全灭
unsigned char tab_dp[] = {0xfd,0x61,0xdb,0xf3,0x67,0xb7,0x3f,0xe1,0xff,0xe7,0x00};
//不带小数点的字符表,a为最高位,分别表示0~9,最末一个字符表示全灭
unsigned char tab_ndp[] = {0xfc,0x60,0xda,0xf2,0x66,0xb6,0x3e,0xe0,0xfe,0xe6,0x00};
unsigned char num1,num0;
//定时器0初始化
void time0_init(void)
{
   TCCR0 = 0x00;//无时钟,定时器0不工作
   TCNT0 = 0x00;//初始值定为0000 0000,每次在此基础上进行加1计数,直至溢出进中断
   TCCR0 = 1<<CS00;//定义时钟,没有预分频
   TIFR &= ~(1<<TOV0);  //清除溢出标志,令TOV0 = 0
   TIMSK = (1<<TOIE0);//允许定时器timer0中断,在开全局中断情况下有效
}
//当定时器timer0中断请求时,执行time0_isr()子函数
#pragma interrupt_handler time0_isr:10
// time0中断服务程序,通过IF语句形成PC4的脉冲
void time0_isr(void)
{
   TCNT0 = 0xff;//初始值定为1111 1111,每次加1之后溢出进中断
```

```
    if((PINC&(1<<PC4)) == 0) //PC4为0,送数,然后给PC4高电平形成上升沿
    {
        if(MM0 <= 7)                //先按顺序送个位的dp, g,f,e,d,c,b,a
        {
            if ((num0&0x01) == 0)
                                    //将最末位取出,看是1还是0,是什么就向PC5送什么
                PORTC = PINC&(~(1<<PC5));//送数0给PC5
            else
                PORTC = PINC|(1<<PC5);//送数1给PC5
            num0 = num0>>1;         //向右移一位,取次末尾位
            MM0 = MM0 + 1;
            PORTC = PINC|(1<<PC4);//PC4 = 1 形成上升沿
        }
        else if(MM0 <= 15)          //再按顺序送十位的dp, g,f,e,d,c,b,a
        {
            if ((num1&0x01) == 0)
            //将最末位取出,看是1还是0,是什么就向PC5送什么
                PORTC = PINC&(~(1<<PC5));//送数0给PC5
            else
                PORTC = PINC|(1<<PC5);//送数1给PC5
            num1 = num1>>1;         //向右移一位,取次末尾位
            MM0 = MM0 + 1;
            PORTC = PINC|(1<<PC4);//PC4 = 1 形成上升沿
        }
        else        //传送完16bit数据后将定时器,PC4,MM0复位,便于下次送数据
        {
            MM0 = 0;
            PORTC = PINC&(~(1<<PC4));//PC4 = 0,若PC4 = 1,将其置0
            TIMSK &= ~(1<<TOIE0);//禁止定时器中断
        }
    }
    else
    {
        PORTC = PINC&(~(1<<PC4));//PC4 = 0,若PC4 = 1,将其置0
    }
}
void display_3(unsigned int k)
{
    num1 = k/10;//取十位
    num0 = k%10;//取个位
    num1 = tab_dp[num1];//将十位数变成数组中的数据,有小数点
    num0 = tab_ndp[num0];//将个位数变成数组中的数据,没有小数点
```

```
    MM0 = 0;
    time0_init();
}
```

display_4.c是熄灭两个数码管的程序，主要用来形成闪烁的效果，程序与display_3.c类似，只是采用了定时器1(timer1)，以防止同时调用display_3和display_4时，两者因为使用同一定时器而发生冲突。display_4.c源程序的内容如下：

```
//两位7段数码管显示函数
//灭灯,全都不显示,用来达到闪烁的效果
//使用定时器1中断方式送数,这样基本看不出送数时字段的闪烁
//也可以用提高主频频率的方法
#include <iom8v.h>
#include <macros.h>
void delay_us(unsigned int n);
unsigned char MM1 = 0;
//定时器1初始化
void time1_init(void)
{
    TCCR1A = 0x00;          //普通模式
    TCNT1 = 0xffff; //初始值定为0xffff,每次在此基础上进行加1计数,直至溢出进中断
    TCCR1B = 1<<CS10;       //定义时钟,没有预分频
    TIFR &= ~(1<<TOV1);     //清除溢出标志,令TOV0 = 0
    TIMSK = 1<<TOIE1;       //允许定时器timer1中断,在开全局中断情况下有效
}
//当定时器timer1中断请求时,执行time1_isr()子函数
#pragma interrupt_handler time1_isr:9
// timer1中断服务程序,通过IF语句形成PC4的脉冲
void time1_isr(void)
{
    TCNT1 = 0xffff;//初始值定为0xffff,每次在此基础上进行加1计数,直至溢出进中断

    if((PINC&(1<<PC4)) == 0) //PC4为0,送数,然后给PC4高电平形成上升沿
    {
        if(MM1 <= 15)
        {
            PORTC = PINC&(~(1<<PC5)); //送数0给PC5
            MM1 = MM1 + 1;
            PORTC = PINC|(1<<PC4);    //PC4 = 1  形成上升沿
        }
        else              //传送完16bit数据后将定时器,PC4,MM0复位,便于下次送数据
        {
```

```
            MM1 = 0;
            PORTC = PINC&(~(1<<PC4));//PC4 = 0,若 PC4 = 1,将其置 0
            TIMSK &= ~(1<<TOIE1);     //禁止定时器中断
        }
    }
    else
    {
        PORTC = PINC&(~(1<<PC4));     //PC4 = 0,若 PC4 = 1,将其置 0
    }
}
void display_4(void)
{
    MM1 = 0;
    time1_init();
}
```

3.4.8　C 语言要点

有时不同类型的数据之间要进行运算，或者对运算结果有类型的要求，这就需要进行类型的强制转换，比如要进行长整型的除法，以保证运算精度。在进行除法运算前就要把整型转换为长整型，比如 a 是整型，将其转换为长整型的格式如下所示：

```
(unsigned long)a
```

在前面的 C 语言源程序中有这样一句：

```
temp = (unsigned int)((unsigned long)((unsigned long )adc_old * 50)/0x3ff);
```

这里面进行了多次类型的强制转换，最后 temp 应该是无符号的整型数据。

3.4.9　练习项目

实现两路 A/D 转换的测量，用数码管显示测量结果，尽量使数码管的显示清晰稳定。用按键切换 A/D 转换通道或显示内容。

项目要求：

① 通过 ATmega8 数据手册查看 ADC 的参数和初始化寄存器的含义。

② 设计系统功能：比如按键的控制和采样的通道等。

③ 设计硬件电路。

④ 设计软件。

⑤ 将编译后的.hex 文件下载到单片机中。

⑥ 安装单片机电路，连接电源并进行测试，在项目报告中记录测试结果。

⑦ 完成项目报告。

3.5 项目五 按键与数码管驱动

1) 学习目标

学习按键和数码管驱动集成电路 CH452 的使用；了解 I^2C 总线；学习单片机利用 I^2C 总线与外围集成电路的通信方法。

2) 项目导学

本项目在学习 CH452 使用的同时复习了外部中断的使用和数码管显示的相关知识。本项目的前一个例子只使用了显示功能，后一个例子增加了按键控制功能。本项目制作的线路板在后面要屡次使用，相关内容也比较复杂，需要格外认真学习。学习指导如下：

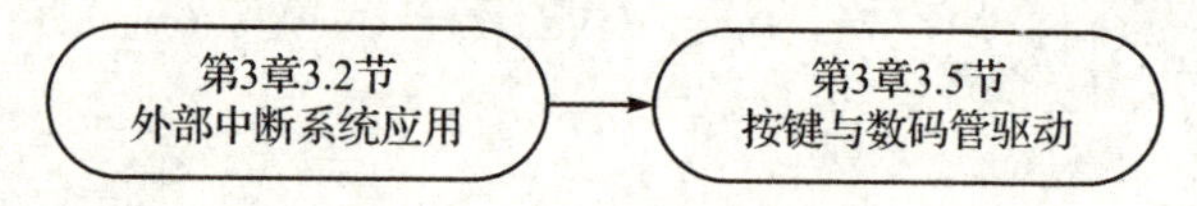

3.5.1 I^2C 总线协议

I^2C(Inter－Integrated Circuit)总线是一种由 NXP 公司开发的两线式串行总线，用于连接微控制器及其外围设备。I^2C 总线最主要的优点是其简单性和有效性。总线中的控制单元或设备分为主机和从机，主机是启动和停止传输的设备，主机同时要产生 SCL 时钟，从机被主机寻址，数据可以在主机和从机间进行双向传输。总线必须由主机(通常为微控制器)控制，支持多主机。其中，任何能够进行发送和接收的设备都可以成为主机，但在任何时间点上只能有一个主机，也就是不能同时出现两个主机。I^2C 总线的设备连接如图 3.5.1 所示。

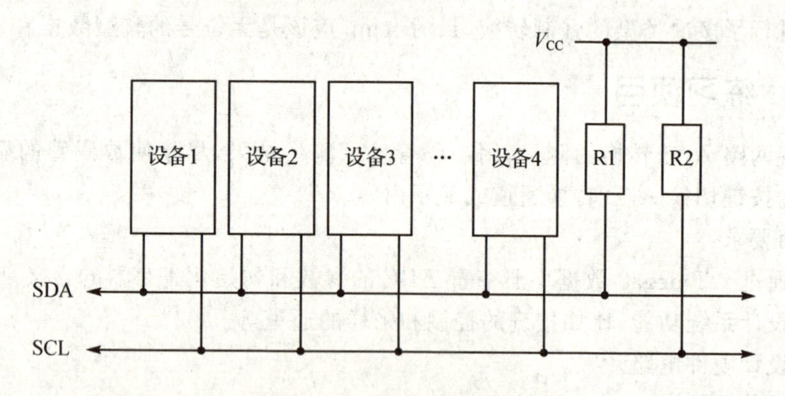

图 3.5.1 I^2C 总线的连接

I^2C 总线是由数据线 SDA 和时钟 SCL 构成的串行总线，可发送和接收数据，传送速率有标准模式(100 kbps)、低速模式(10 kbps)、快速模式(400 kbps)和高速模式(3.4 Mbps)等。

I^2C总线在传送数据过程中共有3种类型信号,分别是开始信号、结束信号和应答信号。

开始信号:SCL为高电平时,SDA由高电平向低电平跳变,开始传送数据。

结束信号:SCL为高电平时,SDA由低电平向高电平跳变,结束传送数据。

应答信号:接收数据的设备(接收器)在接收到8 bit数据后,向发送数据的设备(发送器)发出特定的低电平脉冲,表示已收到数据。

这些信号中,起始信号是必需的,结束信号和应答信号都可以不要。

3.5.2 ATmega8中的两线串行接口TWI

AVR单片机的两线串行接口兼容I^2C总线协议。

1. TWI控制寄存器TWCR

TWCR为TWI控制寄存器,用来控制TWI操作。

Bit	7	6	5	4	3	2	1	0	
	TWINT	TWEA	TWSTA	TWSTO	TWWC	TWEN	–	TWIE	TWCR
读/写	R/W	R/W	R/W	R/W	R	R/W	R	R/W	
初始值	0	0	0	0	0	0	0	0	

TWINT为TWI中断标志,当TWI完成当前工作,希望应用程序介入时TWINT置位。若SREG的I标志以及TWCR寄存器的TWIE标志也置位,则MCU执行TWI中断服务程序。当TWINT置位时,SCL信号的低电平被延长。TWINT标志的清零必须通过软件写"1"来完成。执行中断时硬件不会自动将其改写为"0"。要注意的是,只要这一位被清零,TWI立即开始工作。因此,在清零TWINT之前一定要首先完成对地址寄存器TWAR、状态寄存器TWSR以及数据寄存器TWDR的访问。

TWEA为TWI使能应答位,TWEA标志控制应答脉冲的产生。若TWEA置位,则出现如下条件时接口发出ACK脉冲:

- 芯片的从机地址与主机发出的地址相符合。
- TWAR的TWGCE置位时接收到广播呼叫。
- 在主机/从机接收模式下接收到一个字节的数据。

将TWEA清零可以使器件暂时脱离总线。置位后器件重新恢复地址识别。

TWSTA为TWI START状态标志,当CPU希望自己成为总线上的主机时需要置位TWSTA。TWI硬件检测总线是否可用,若总线空闲,则接口就在总线上产生START状态;若总线忙,则接口一直等待,直到检测到一个STOP状态,然后产生START以声明自己希望成为主机。发送START之后软件必须清零TWSTA。

TWSTO为TWI的STOP状态位,在主机模式下,如果置位TWSTO,则TWI接口将在总线上产生STOP状态,然后TWSTO自动清零;在从机模式下,置位TWSTO可以使接口从错误状态恢复到未被寻址的状态,此时总线上不会有STOP状态产生,但

TWI 返回一个定义好的未被寻址的从机模式且释放 SCL 与 SDA 为高阻态。

TWWC 为 TWI 的写冲突标志，当 TWINT 为低时写数据寄存器 TWDR 将置位 TWWC。当 TWINT 为高时，每一次对 TWDR 的写访问都将更新此标志。

TWEN 为 TWI 的使能控制位，TWEN 用于使能 TWI 操作与激活 TWI 接口。当 TWEN 位被写为"1"时，TWI 引脚将 I/O 引脚切换到 SCL 与 SDA 引脚，使能 TWI 操作；如果该位清零，TWI 接口模块将被关闭，所有 TWI 传输将被终止。

TWIE 为 TWI 的中断使能位，当 SREG 的 I 以及 TWIE 置位时，只要 TWINT 为"1"，TWI 中断就激活。

2. TWI 比特率寄存器

TWBR 为 TWI 比特率寄存器，用于设置数据传输速率。

Bit	7	6	5	4	3	2	1	0	
	TWBR7	TWBR6	TWBR5	TWBR4	TWBR3	TWBR2	TWBR1	TWBR0	TWBR
读/写	R/W	R/W	R/W	R/W	R/W	R/W	R/W	R/W	
初始值	0	0	0	0	0	0	0	0	

TWBR 中存放比特率发生器的分频因子。比特率发生器是一个分频器，在主机模式下产生 SCL 时钟频率。

TWI 工作于主机模式时，比特率发生器控制时钟信号 SCL 的周期。具体由 TWI 状态寄存器 TWSR 的预分频系数以及比特率寄存器 TWBR 设定。当 TWI 工作在从机模式时，不需要对比特率或预分频进行设定，但从机的 CPU 时钟频率必须大于 TWI 时钟线 SCL 频率的 16 倍。注意，从机可能会延长 SCL 低电平的时间，从而降低 TWI 总线的平均时钟周期。

SCL 的频率根据以下的公式产生：

$$\text{SCL 频率} = \frac{\text{CPU 时钟频率}}{16 + 2(\text{TWBR}) \times 4^{\text{TWPS}}}$$

式中，TWBR 为 TWI 比特率寄存器中存放的数值；TWPS 为 TWI 状态寄存器中存放的预分频数值，参见表 3.5.3。TWI 工作在主机模式时，TWBR 值应该不小于 10；否则，主机会在 SDA 与 SCL 产生错误输出作为提示信号。

3. TWI 状态寄存器

TWSR 为 TWI 状态寄存器，里面包括 5 位状态值与 2 位预分频值。

Bit	7	6	5	4	3	2	1	0	
	TWS7	TWS6	TWS5	TWS4	TWS3	–	TWPS1	TWPS0	TWSR
读/写	R	R	R	R	R	R	R/W	R/W	
初始值	1	1	1	1	1	0	0	0	

TWS[7：3]为只读位，用来反映 TWI 逻辑和总线的状态。状态代码的含义参见表 3.5.1 和表 3.5.2。注意，检测状态位时，应将预分频位屏蔽为"0"，这样状态检测就独立于预分频器设置。

表 3.5.1 主机的状态码(TWSR 中预分频位为"0")

主机发送模式		主机接收模式	
状态码	TWI 总线状态	状态码	TWI 总线状态
0x08	START 已发送	0x08	START 已发送
0x10	重复 START 已发送	0x10	重复 START 已发送
0x18	SLA+W 已发送;接收到 ACK	0x38	SLA+R 或 NOT ACK 的仲裁失败
0x20	SLA+W 已发送;接收到 NOT ACK	0x40	SLA+R 已发送;接收到 ACK
0x28	数据已发送;接收到 ACK	0x48	SLA+R 已发送;接收到 NOT ACK
0x30	数据已发送;接收到 NOT ACK	0x50	接收到数据;ACK 已返回
0x38	SLA+W 或数据的仲裁失败	0x58	接收到数据;NOT ACK 已返回

表 3.5.2 从机的状态码(TWSR 中预分频位为"0")

从机发送模式		从机接收模式	
状态码	TWI 总线状态	状态码	TWI 总线状态
0xA8	自己的 SLA+W 已经被接收 ACK 已返回	0x60	自己的 SLA+W 已经被接收 ACK 已返回
0xB0	SLA+R/W 作为主机的仲裁失败;自己的 SLA+R 已经被接收 ACK 已返回	0x68	SLA+R/W 作为主机的仲裁失败;自己的 SLA+W 已经被接收 ACK 已返回
0xB8	TWDR 里数据已经发送接收到 ACK	0x70	接收到广播地址 ACK 已返回
0xC0	TWDR 里数据已经发送接收到 NOT ACK	0x78	SLA+R/W 作为主机的仲裁失败;接收到广播地址 ACK 已返回
0xC8	TWDR 的一字节数据已经发送(TWAE="0");接收到 NOT ACK	0x80	以前以自己的 SLA+W 被寻址;数据已被接收 ACK 已返回
		0x88	以前以自己的 SLA+W 被寻址;数据已被接收 NOT ACK 已返回
		0x90	以前以广播方式被寻址;数据已被接收 ACK 已返回
		0x98	以前以广播方式被寻址;数据已被接收 NOT ACK 已返回
		0xA0	在以从机工作时接收到 STOP 或重复 START

TWPS1 和 TWPS0 为 TWI 预分频位,可读/写,用于控制比特率预分频因子,参见表 3.5.3。

表 3.5.3 TWI 比特率预分频器

TWPS1	TWPS0	预分频器的值(TWPS)
0	0	1
0	1	4
1	0	16
1	1	64

4. TWI 数据寄存器—TWDR

TWDR 为 TWI 的数据寄存器，在发送模式，TWDR 包含了要发送的字节；在接收模式，TWDR 包含了接收到的数据。

Bit	7	6	5	4	3	2	1	0	
	TWD7	TWD6	TWD5	TWD4	TWD3	TWD2	TWD1	TWD0	TWDR
读/写	R/W	R/W	R/W	R/W	R/W	R/W	R/W	R/W	
初始值	1	1	1	1	1	1	1	1	

当 TWI 接口没有进行移位工作（TWINT 置位）时，这个寄存器是可写的。在第一次中断发生之前不能初始化数据寄存器。只要 TWINT 置位，TWDR 的数据就是稳定的。在数据移出时，总线上的数据同时移入寄存器。TWDR 总是包含了总线上出现的最后一个字节，除非 MCU 是从掉电或省电模式被 TWI 中断唤醒，此时 TWDR 的内容没有定义。总线仲裁失败时，主机将切换为从机，但总线上出现的数据不会丢失。ACK 的处理由 TWI 逻辑自动管理，CPU 不能直接访问 ACK。

5. TWI(从机)地址寄存器

TWAR 为 TWI(从机)地址寄存器，TWAR 的高 7 位为从机地址，最低位用于识别广播地址。

Bit	7	6	5	4	3	2	1	0	
	TWA6	TWA5	TWA4	TWA3	TWA2	TWA1	TWA0	TWGCE	TWAR
读/写	R/W	R/W	R/W	R/W	R/W	R/W	R/W	R/W	
初始值	1	1	1	1	1	1	1	0	

TWI 工作于从机模式时，根据 TWAR 中高 7 位的地址进行响应。主机模式不需要此地址。在多主机系统中，TWAR 需要进行设置以便其他主机访问自己。

TWAR 的 LSB(最低位)置 1 后，可以识别广播地址（0x00）。芯片内有一个地址比较器。一旦接收到的地址和本机地址一致，芯片就请求中断。

6. 使用 TWI

当 TWI 完成一次操作并等待反馈时，TWINT 标志置位。直到 TWINT 清零，时钟线 SCL 才会拉低。

TWINT 标志置位时，用户必须用于下一个 TWI 总线周期相关的值更新 TWI 寄存器。例如，TWDR 寄存器必须载入下一个总线周期中要发送的值。

当所有的 TWI 寄存器得到更新，而且其他挂起的应用程序也已经结束时，TWCR 被写入数据。写 TWCR 时，TWINT 位应置位（对 TWINT 写“1”，清除此标志）。TWI 将开始执行由 TWCR 设定的操作。

3.5.3 数码管驱动及键盘控制芯片 CH452

1. CH452 简介

CH452 是数码管显示驱动和键盘扫描控制芯片，内置时钟振荡电路，可以动态驱动 8 位数码管或者 64 位 LED，具有 BCD 译码、闪烁、移位、段位寻址、光柱译码等功能；同时还可以进行 64 键的键盘扫描；通过可以级联的 4 线串行接口或者 2 线串行接口与单片机等交换数据；并且可以对单片机提供上电复位信号。图 3.5.2 为 CH452 的应用系统框图。

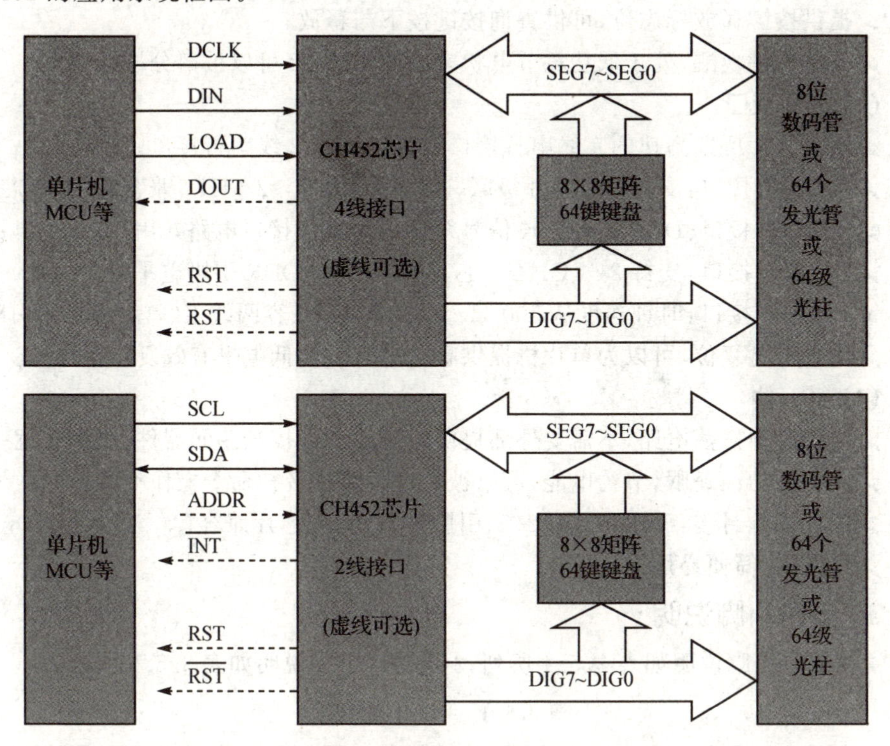

图 3.5.2　CH452 应用框图

2. CH452 的特点

(1) 显示驱动

➢ 内置电流驱动级，段电流不小于 15 mA，字电流不小于 80 mA；

- 动态显示扫描控制,直接驱动8位数码管、64位发光管LED或者64级光柱;
- 可选数码管的段与数据位相对应的不译码方式或者BCD译码方式;
- BCD译码支持一个自定义的BCD码,用于显示一个特殊字符;
- 数码管的字数据左移、右移、左循环、右循环;
- 各数码管的数字独立闪烁控制,可选快慢两种闪烁速度;
- 任意段位寻址,独立控制各个LED或者各数码管的各个段的亮与灭;
- 64级光柱译码,通过64个LED组成的光柱显示光柱值;
- 扫描极限控制,支持1~8个数码管,只为有效数码管分配扫描时间;
- 可以选择字驱动输出极性,便于外部扩展驱动电压和电流。

(2) 键盘控制

- 内置64键的键盘控制器,基于8×8矩阵键盘扫描;
- 内置按键状态输入的下拉电阻,内置去抖动电路;
- 键盘中断,可以选择低电平有效输出或者低电平脉冲输出;
- 提供按键释放标志位,可供查询按键按下与释放;
- 支持按键唤醒,处于低功耗节电状态中的CH452可以被部分按键唤醒。

(3) 外部接口

- 同一芯片可选高速的4线串行接口或者经济的2线串行接口;
- 4线串行接口:支持多个芯片级联,时钟速度从0~2 MHz,兼容CH451芯片;
- 4线串行接口:DIN和DCLK信号线可以与其他接口电路共用,节约引脚;
- 2线串行接口:支持2个CH452芯片并联(由ADDR引脚电平设定地址);
- 2线串行接口:时钟速度从500 Hz~200 kHz,兼容两线I^2C总线,节约引脚;
- 内置上电复位,可以为单片机提供高电平有效和低电平有效复位输出。

(4) 其 他

- 内置时钟振荡电路,不需要外部提供时钟或者外接振荡元器件,更抗干扰;
- 支持低功耗睡眠,节约电能,可以被按键唤醒或者被命令操作唤醒;
- 可选两种封装:SOP28、DIP24S,引脚与CH451芯片兼容;
- 低成本,简便易用。

3. 接口引脚说明

4线接口引脚说明如表3.5.4所列,2线接口引脚说明如表3.5.5所列。

表3.5.4 4线接口引脚

28脚封装的引脚号	24脚封装的引脚号	引脚名称	类 型	引脚说明
25	4	LOAD	输入	4线串行接口的数据加载,内置上拉电阻
26	5	DIN	输入	4线串行接口的数据输入,内置上拉电阻
27	6	DCLK	输入	4线串行接口的数据时钟,内置上拉电阻

续表 3.5.4

28脚封装的引脚号	24脚封装的引脚号	引脚名称	类　型	引脚说明
24	3	DOUT	内置上拉 开漏输出	4线串行接口的数据输出 键盘中断输出,低电平有效

表 3.5.5　2线接口引脚

28脚封装的引脚号	24脚封装的引脚号	引脚名称	类　型	引脚说明
25	4	ADDR	输入	2线串行接口的地址选择,内置上拉电阻
26	5	SDA	内置上拉开漏 输出及输入	2线串行接口的数据输入和输出
27	6	SCL	输入	2线串行接口的数据时钟,内置上拉电阻
24	3	$\overline{INT}$	内置上拉 开漏输出	2线串行接口的中断输出 键盘中断输出,低电平有效

4. CH452的时序

CH452中的2线串行接口兼容I²C总线,单片机向CH452输出串行数据的过程如图3.5.3所示。图中为单片机通过2线串行接口向CH452发送12位数据的波形示意图,数据是001000000001B,ADDR用于选择设备地址,图中以虚线表示。

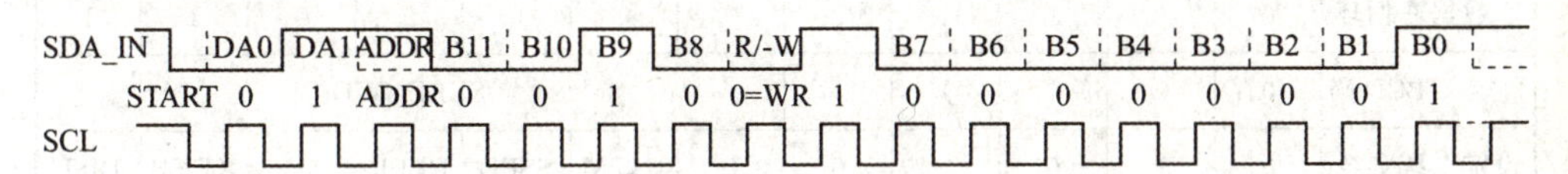

图 3.5.3　单片机向CH452输出串行数据

单片机从CH452获得按键代码的过程如图3.5.4所示,$\overline{INT}$用于键盘中断输出,默认是高电平。当CH452检测到有效按键时,$\overline{INT}$输出低电平有效的键盘中断;单片机被中断后,发出读取按键代码命令,CH452将$\overline{INT}$恢复为高电平,并从SDA输出按键代码。图3.5.4是单片机向CH452发送命令并接收按键代码的波形示意图,命令数据是0111xxxxxxxxB,接收的按键代码是01100011B。

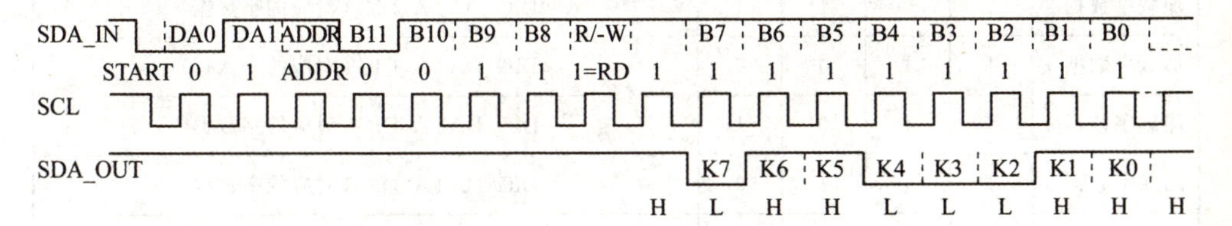

图 3.5.4　单片机从CH452获得按键代码

5. 操作命令

CH452的操作命令均为12位,各12位串行数据如表3.5.6所列。其中,标注为x的位表示可以是任意值;标有名称的位表示该位在CH452芯片内部具有相应的寄存器,其数据根据操作命令的不同而变化。CH452的操作命令各位内容如表3.5.6所列,设置系统参数的说明如表3.5.7所列。

表3.5.6 操作命令表

操作命令	位11	位10	位9	位8	位7	位6	位5	位4	位3	位2	位1	位0
空操作	0	0	0	0	x	x	x	x	x	x	x	x
加载光柱值	0	0	0	1	0	LEVEL						
段位寻址清0	0	0	0	1	1	0	BIT_ADDR					
段位寻址置1	0	0	0	1	1	1	BIT_ADDR					
芯片内部复位	0	0	1	0	0	0	0	0	0	0	0	1
进入睡眠状态	0	0	1	0	0	0	0	0	0	0	1	0
字数据左移	0	0	1	1	0	0	0	0	0	0	0	0
字数据右移	0	0	1	1	0	0	0	0	0	0	1	0
字数据左循环	0	0	1	1	0	0	0	0	0	0	0	1
字数据右循环	0	0	1	1	0	0	0	0	0	0	1	1
自定义BCD码	0	0	1	1	1	SELF_BCD						
设定系统参数	0	1	0	0	0	0	INTM	SSPD	DPLR	0	KEYB	DISP
设定显示参数	0	1	0	1	MODE	LIMIT			0	0	0	0
设定闪烁控制	0	1	1	0	D7S	D6S	D5S	D4S	D3S	D2S	D1S	D0S
加载字数据0	1	0	0	0	DIG_DATA,DIG0对应的字数据							
加载字数据1	1	0	0	1	DIG_DATA,DIG1对应的字数据							
加载字数据2	1	0	1	0	DIG_DATA,DIG2对应的字数据							
加载字数据3	1	0	1	1	DIG_DATA,DIG3对应的字数据							
加载字数据4	1	1	0	0	DIG_DATA,DIG4对应的字数据							
加载字数据5	1	1	0	1	DIG_DATA,DIG5对应的字数据							
加载字数据6	1	1	1	0	DIG_DATA,DIG6对应的字数据							
加载字数据7	1	1	1	1	DIG_DATA,DIG7对应的字数据							
读取按键代码	0	1	1	1	x	x	x	x	x	x	x	x

设定系统参数命令用于设定 CH452 的系统级参数:显示驱动使能 DISP、键盘扫描使能 KEYB、字驱动输出极性 DPLR、闪烁速度 SSPD、中断输出方式 INTM。各个参数均通过 1 位数据控制,如表 3.5.7 所列。例如,命令数据 010000000001B 表示关闭键盘扫描的功能、启用显示扫描驱动的功能。

设定显示参数命令用于设定 CH452 的显示参数:译码方式 MODE,扫描极限 LIMIT。译码方式 MODE 通过 1 位数据控制,置 1 时选择 BCD 译码方式,置 0 时选择不译码方式(默认值)。扫描极限 LIMIT 通过 3 位数据控制,数据 001B～111B 和 000B 分别设定扫描极限为1～7 和 8(默认值)。例如,命令数据 010101110000B 表示选择不译码方式、扫描极限为 7;命令数据 010110000000B 表示选择 BCD 译码方式、扫描极限为 8。

表 3.5.7 设置系统参数

位	参数说明	简　写	位为 0(默认)	位为 1
0	显示驱动功能的使能	DISP	关闭显示驱动	允许显示驱动
1	键盘扫描功能的使能	KEYB	关闭键盘扫描	启用键盘扫描
3	字驱动 DIG 输出极性	DPLR	低电平有效	高电平有效
4	闪烁速度/频率	SSPD	低速(约 1 Hz)	快速(约 2 Hz)
5	按键中断输出方式	INTM	低电平有效(电平或边沿中断)	低电平脉冲(边沿中断)

3.5.4 按键与数码管驱动的硬件电路

电路如图 3.5.5 所示,其主要参考了 CH452 数据手册中关于两线接口的参考电路图。图中 ADDR 悬空表示高电平(内部有上拉电阻),也就是说该芯片的地址为 1。实物图如图 3.5.6 所示,元器件清单如表 3.5.8 所列。

3.5.5 驱动数码管显示的例子

1. 项目要求

➢ 参考图 3.5.5,制作按键和数码管驱动硬件电路;

➢ 编写程序,令数码管显示递增的数据。

2. 程序设计

根据项目要求,在主函数中通过循环来不断增大临时变量 temp 的值,利用驱动 CH452 显示的子函数(display_ch452)来显示 temp 的值。当 temp 大于 99 时,将其归 0。这样,数码管显示的效果是:从 0 开始,不断增大显示数值,直到 99,然后归 0 并再次开始循环显示。为了观察程序是否运行,在主函数里点亮发光二极管 D6。主函数流程图如图 3.5.7 所示。

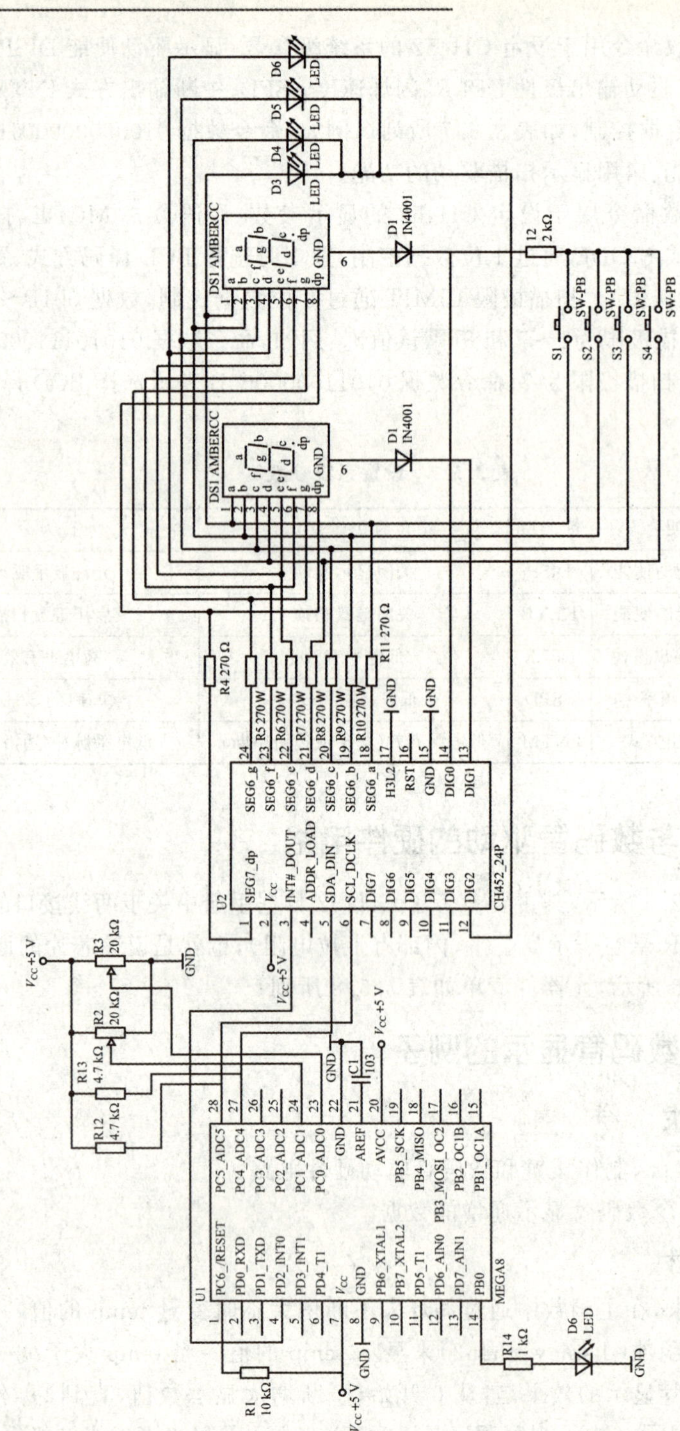

图 3.5.5　按键和数码管驱动电路

图 3.5.6　按键和数码管驱动电路实物图

表 3.5.8　元器件清单

序　号	名　称	型　号	数　量	备　注
1	单片机	ATmega8	1片	ATmega8L 也可以
2	电阻	10 kΩ	1个	
3	电阻	1 kΩ	1个	
4	电阻	2 kΩ	1个	
5	电阻	4.7 kΩ	2个	
6	电阻	270 Ω	8个	
7	LED 数码管		2个	共阴极
8	发光二极管		5个	
9	二极管	1N4001	2个	其他反向漏电流小的二极管也可以
10	电容	103	1个	
11	电位器	20 kΩ	2个	
12	细导线		若干	直径 0.5 mm
13	焊锡丝		若干	
14	小按钮		4个	按下闭合，松手断开
15	集成电路插座	窄 28 脚	1个	PDIP，ATmega8 用
16	集成电路	CH452	1片	双列直插

display_ch452 子函数流程图如图 3.5.8 所示。这个函数主要完成显示功能，它把 temp 代表的数分解成个位和十位，然后分别送到 CH452 中显示在相应的数码管上，要显示在不同数码管上就要给 CH452 发送不同的命令参数，具体命令参数含义请查阅 CH452 的数据手册，给 CH452 发送参数需要调用专门的函数 iic_send。

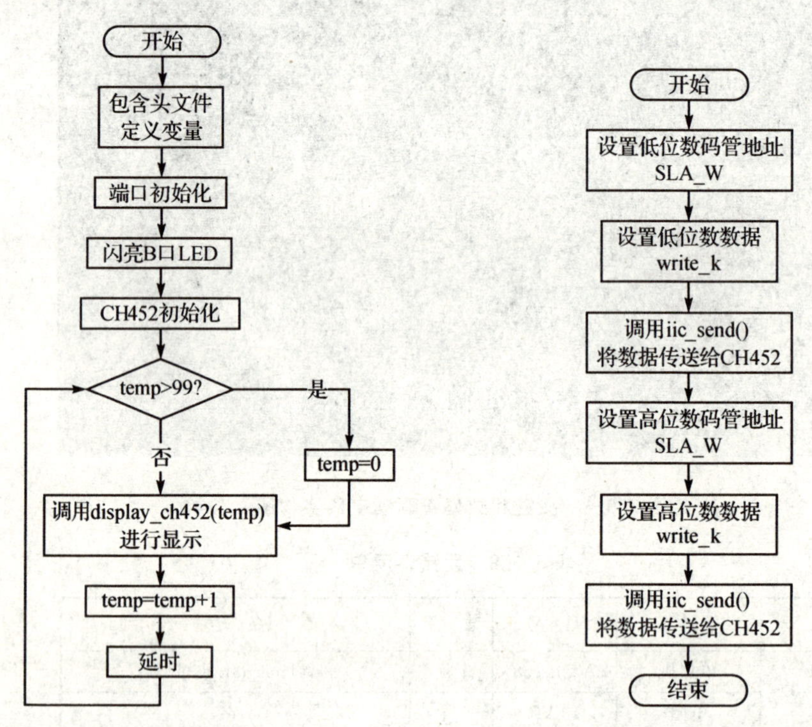

图 3.5.7　主函数流程图　　　　**图 3.5.8　display_ch452 子函数流程图**

void iic_send(void)子函数流程图如图 3.5.9 所示。这个函数主要功能就是把命令参数传送给 CH452，PC5 为时钟输出端，PC4 为数据输出端。因为 CH452 的 I^2C 功能不完善，没有 ACK 信号返回给 ATmega8，所以没有办法用中断方式，只能控制 I/O 端口形成高低电平的方法与 CH452 通信。这种模拟 I^2C 的方法占用单片机资源比较多，控制比较麻烦，需要对通信的时序图十分熟悉。在阅读程序的时候要对照图 3.5.3 和图 3.5.4 仔细阅读。C 语言源程序如下：

```
/**************************************************************/
/*                用 CH452 驱动数码管显示                      */
/*      目标 MCU:MEGA8     晶振:内部振荡器   1MHz              */
/*文件名称:ch452_moniI2C.c                                     */
/**************************************************************/
//模拟 I2C 通信控制 CH452 实现数码管显示
//mega8 的两线串行接口 TWI 就是 I2C 总线
//用程序控制两线串行接口形成高低电平
```

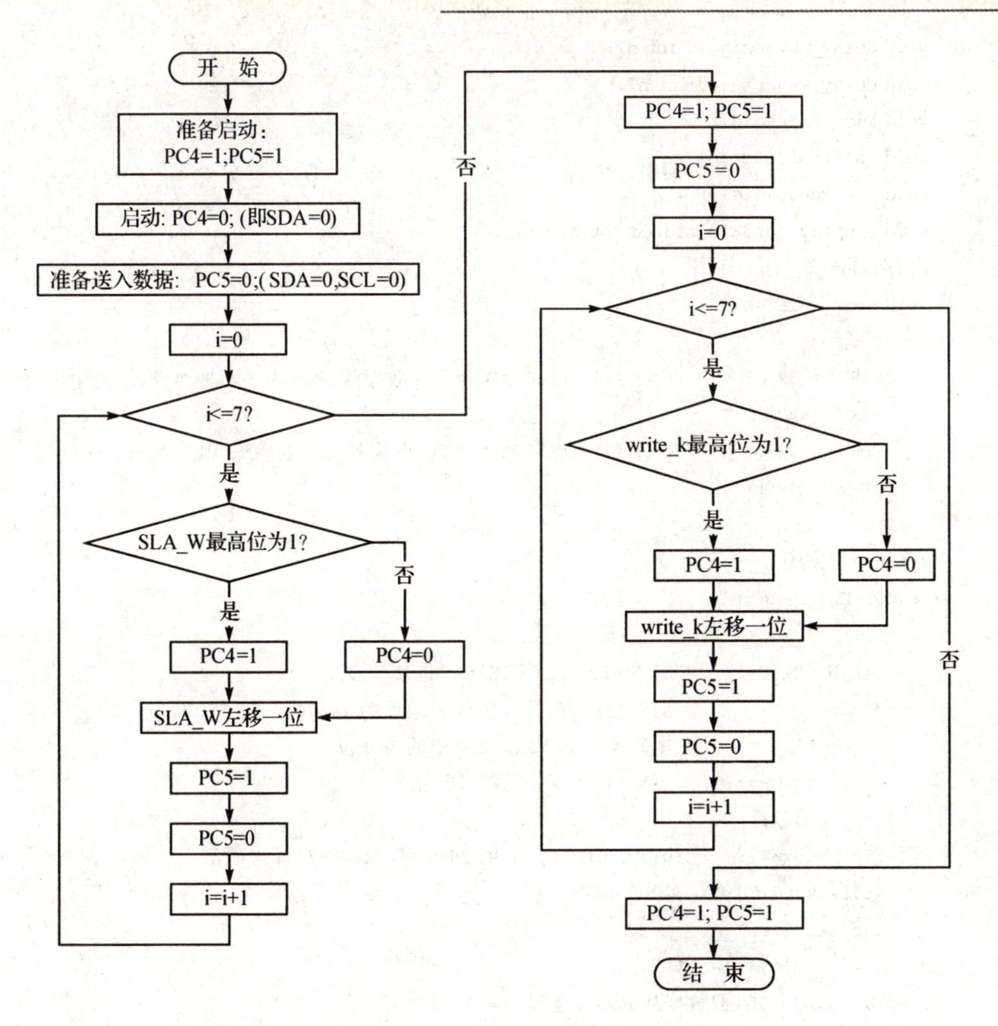

图 3.5.9 iic_send 子函数流程图

```
//PB0 接有发光二极管,用来观察程序运行状态,PORTB = 0xff;让发光二极管亮
#include <iom8v.h>
#include <macros.h>
unsigned int temp;      //临时变量
unsigned char k0 = 0;  //
unsigned char k1 = 0;  //
unsigned char i = 0;      //循环变量
unsigned char write_k;    //要写入 CH452 的 8 位数据
unsigned char read_k;      //从 CH452 读到的 8 位按键代码
unsigned char SLA_W;    //要写入 CH452 的命令代码
//子函数声明
void port_init(void);
void delay_us(unsigned int n);
```

```
void delay_ms(unsigned int n);
void delay_s(unsigned int n);
void iic_init(void);
void ch452_init(void);
void iic_send(void);
void display_ch452(unsigned int diaplay_k);
// 端口定义
void port_init(void)
{
    DDRC = 0xfc;     //C 口 1111 1100 PC4 为 SDA 数据线,PC5 为 SCL 时钟线,设为输出
    PORTC = 0xff;
    DDRD = 0xfb;     //D 口 1111 1011 PD2(INT0)设为外部中断输入,其余为输出
    DDRB = 0xff;
}
//CH452 初始化
void ch452_init(void)
{
    SLA_W = 0x68;     //01 1 0100 0  写 CH452  地址为 1
                      //前 2 位固定,第 3 位代表地址为 1,最后一位为 0 代表"写"
                      //中间 4 位为 12 位命令中的高 4 位
    write_k = 0x01;  // 0000 0001  关闭键盘扫描
    iic_send();
    SLA_W = 0x6A;     //011 0101 0    采用 CH452 自带的 BCD 译码显示
    write_k = 0x80;  //1000 0000
    iic_send();
}
//模拟 I2C 的方式,把数据从 mega8 送到 ch452
// SDA 线上的数据状态仅在 SCL 为低电平的期间才能改变
// SCL 为高电平的期间,SDA 状态的改变被用来表示起始和停止条件
void iic_send(void)
{
    PORTC = (1<<PC4)|(1<<PC5);                //准备启动 start SDA = 1,SCL = 1
    delay_us(1);
    PORTC = PINC&(~(1<<PC4));                 //启动 start    SDA = 0,SCL = 1
    delay_us(1);
    PORTC = PINC&(~(1<<PC5));                 //准备送入数据 SDA = 0,SCL = 0
    for(i = 0;i< = 7;i+ + )                   //先送 SLA + W
    {
        if((SLA_W&0x80) = = 0x80)             //SCL = 0 时送一位数据
        {
            PORTC = PINC|(1<<PC4);
```

```
        }
        else
        {
            PORTC = PINC&(~(1<<PC4));
        }
        SLA_W = (SLA_W<<1);
        PORTC = PINC|(1<<PC5);              // SCL = 1
        delay_us(1);
        PORTC = PINC&(~(1<<PC5));           //SCL = 0
    }
    delay_us(1);
    PORTC = PINC|(1<<PC4);                  //SDA = 1   CH452 要求这里有一个高电平
    delay_us(1);
    PORTC = PINC|(1<<PC5);                  // SCL = 1
    delay_us(1);
    PORTC = PINC&(~(1<<PC5));               //SCL = 0
    for(i = 0;i< = 7;i++)                   //送入 write_k,即后 8 位
    {
        if((write_k&0x80) == 0x80)          //SCL = 0 时送一位数据
        {
            PORTC = PINC|(1<<PC4);
        }
        else
        {
            PORTC = PINC&(~(1<<PC4));
        }
        write_k = (write_k<<1);
        PORTC = PINC|(1<<PC5);              // SCL = 1
        delay_us(1);
        PORTC = PINC&(~(1<<PC5));           //SCL = 0
    }
    delay_us(1);
    PORTC = PINC|(1<<PC4);                  //SDA = 1
    delay_us(1);
    PORTC = PINC|(1<<PC5);                  // SCL = 1
}
//让 CH452 显示数据
void display_ch452(unsigned int display_k)
{
        SLA_W = 0x70;                       //011 1000 0  低位数码管
        write_k =  display_k % 10;
```

```
        iic_send();
        SLA_W = 0x72;                   //011 1001 0   高位数码管
        write_k = display_k /10;
        iic_send();
}
void main(void)
{
    port_init();                        //端口初始化
    PORTB = 0xff;
    delay_s(30);
    PORTB = 0x00;
    delay_s(20);     //让 B 口的发光二极管 D6 亮一下,表示主函数已经开始运行

    ch452_init();                       // CH452 初始化
    temp = 0;
    while(1)
    {
        if(temp>99)                     //若 temp 大于 99 则归 0
        {
            temp = 0;
        }
        display_ch452(temp);            //调用子函数显示 temp
        temp = temp + 1;                // temp 递增
        delay_s(10);                    //延时,防止因为状态变化太快,眼睛无法识别
    }
}
```

3.5.6 实现按键处理的例子

1. 项目要求

- 参考图 3.5.5 制作按键和数码管驱动硬件电路;
- 编写程序,读取按键代码,并用发光二极管表示按键是否按下。

2. 程序设计

根据项目要求,要实现读取按键、进行识别并处理,这里包括从 CH452 读取按键代码和驱动 CH452 显示发光二极管两个部分。

根据电路图 3.5.5,当有按键按下时,CH452 会输出中断信号触发 ATmega8 外部中断 INT0,在 INT0 的中断服务函数中读取按键代码并做中断标记,在主函数中对进入中断的标记进行检查。当发现进入过中断后:首先,调用函数显示按键代码,也就是可以通过数码管观察到按下的是哪个按键;然后,消除中断标记以便再次进入

中断后仍然能及时发现;最后,针对不同的按键进行相应处理,这里是点亮对应的发光二极管。主函数流程图如图 3.5.10 所示。

按键处理函数的流程图如图 3.5.11 所示,这里可以根据不同要求做出不同的处理,这个例子仅仅是点亮了对应按键的发光二极管,只需要修改这个子函数,在 case 后面增加语句就可以实现很多复杂的控制。

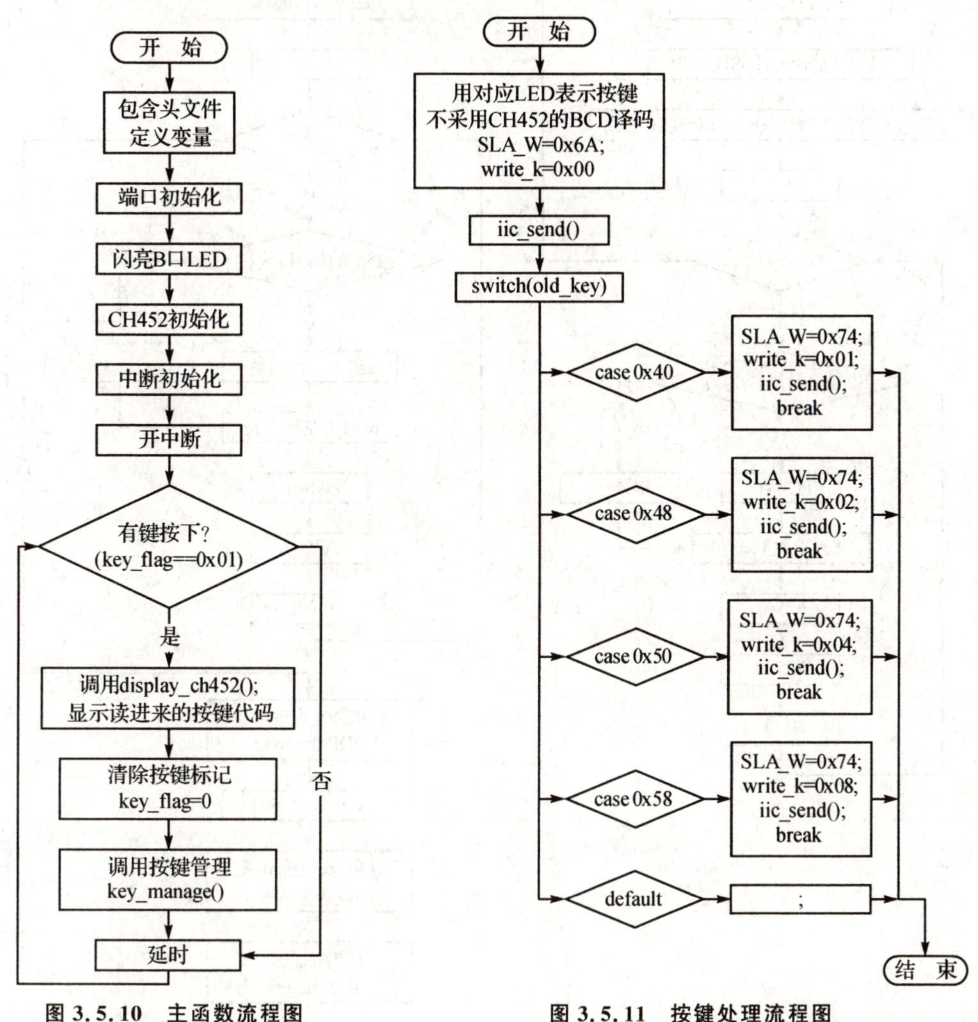

图 3.5.10　主函数流程图　　　　**图 3.5.11　按键处理流程图**

INT0 中断服务函数流程图如图 3.5.12 所示。中断服务函数就是读取按键代码的程序,参照时序图 3.5.4 可知,单片机要先给 CH452 发送地址(在程序中为 SLA_R),然后才读取按键的代码。

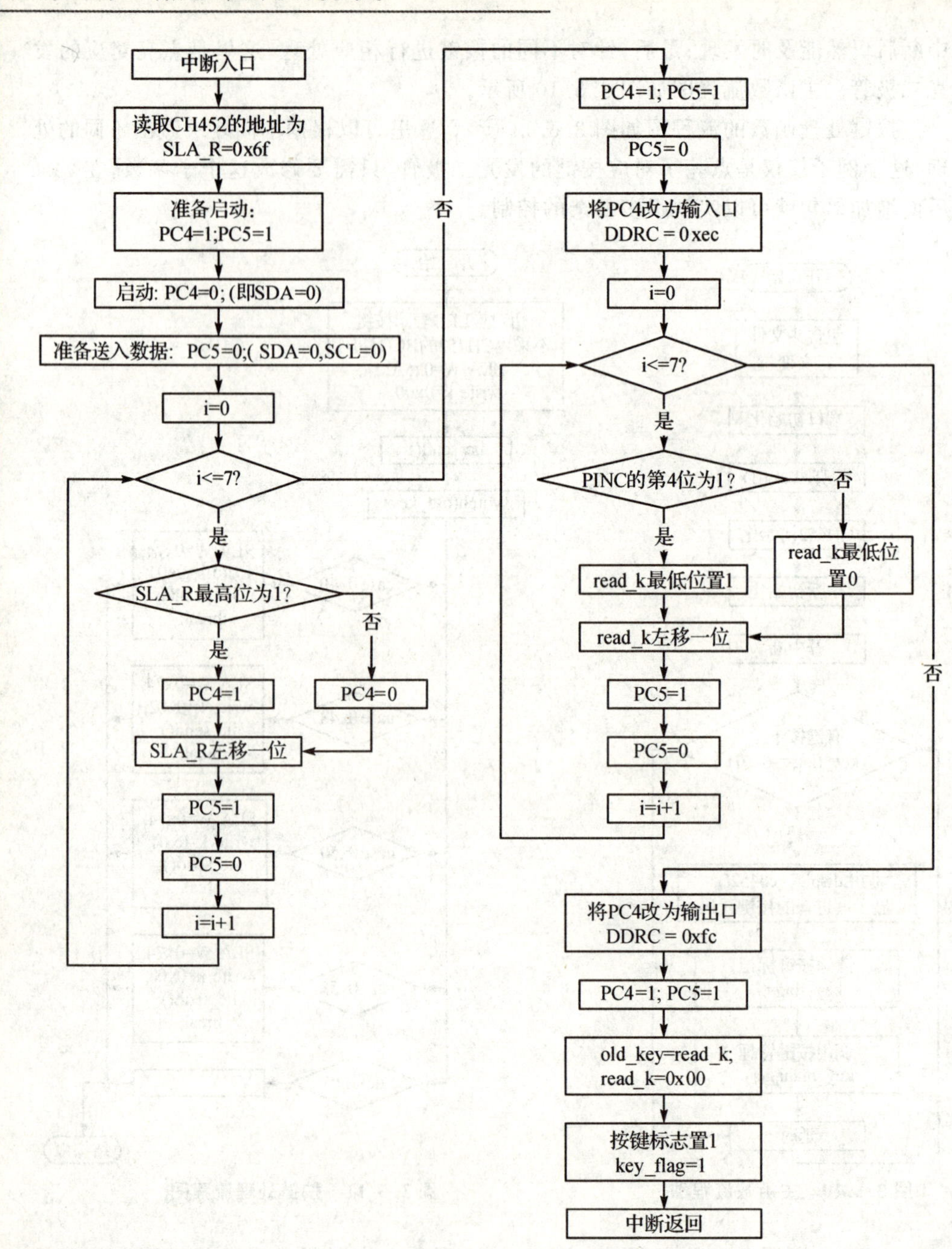

图 3.5.12 INT0 中断服务函数流程图

C 语言源程序如下:

```
/**************************************************************/
/*           同时实现 CH452 按键和显示功能                   */
```

```
/*      目标MCU:MEGA8    晶振:内部振荡器  1 MHz           */
/*文件名称:CH452_KEY.c                                    */
/*************************************************************/
//模拟I2C通信控制CH452实现数码管显示
//mega8的两线串行接口TWI就是I2C总线
//用程序控制两线串行接口形成高低电平
//PB0接有发光二极管,用来观察程序运行状态,PORTB = 0xff;让发光二极管亮
//按键代码是代码表中的数加上40H
//数码管能显示按键代码(十六进制),对应按键的LED能发光
#include <iom8v.h>
#include <macros.h>
unsigned int temp;//临时变量
unsigned char k0 = 0;//
unsigned char k1 = 0;//
unsigned char i = 0;//循环变量
unsigned char key_flag = 0;//按键更新标志,为1表示有新按键按下
unsigned char old_key = 0;//旧的按键代码
unsigned char write_k;//要写入CH452的8位数据
unsigned char read_k;//从CH452读到的8位按键代码
unsigned char SLA_W;//要写入CH452的命令代码
unsigned char SLA_R = 0x6f;  //011 0111 1  读CH452  地址为1
//子函数声明
void port_init(void);
void delay_1us(void);
void delay_us(unsigned int n);
void delay_ms(unsigned int n);
void delay_s(unsigned int n);
void iic_init(void);void ch452_init(void);
void iic_send(void);
void key_manage(void);
void display_ch452(unsigned int diaplay_k);
// 端口定义
void port_init(void)
{
    DDRC = 0xfc;       //C口 1111 1100 PC4为SDA数据线,PC5为SCL时钟线,设为输出
    PORTC = 0xff;
    DDRD = 0xfb;       //D口 1111 1011 PD2(INT0)设为外部中断输入,其余为输出
    DDRB = 0xff;
}
//CH452初始化
void ch452_init(void)
{
```

```
    SLA_W = 0x68;  //01 1 0100 0  写 CH452  地址为 1
 //前 2 位固定,第 3 位代表地址为 1,最后一位为 0 代表"写",中间 4 位为 12 位命令中的高 4 位
    write_k = 0x03;// 0000 0011  打开键盘扫描和数码管驱动
    iic_send();
}
//外部中断初始化
void INT_init(void)
{
    MCUCR = MCUCR&0xfc;//寄存器低 2 位置 0,外部中断 1111 1100  低电平触发中断
    GICR = GICR|0x40;//使能 INT0
}
//当外部中断 INT0 请求中断时,执行 INT0_isr()子函数
#pragma interrupt_handler INT0_isr:2
//读取按键,外部中断发生时说明有按键按下
void INT0_isr(void)
{
    CLI();   //关闭中断,防止别的中断影响这段程序执行
    SLA_R = 0x6f;  //0110 1111  读 CH452  地址为 1
    PORTC = (1<<PC4)|(1<<PC5);     //准备启动 start SDA = 1,SCL = 1
    delay_us(1);
    PORTC = PINC&(~(1<<PC4));     //启动 start    SDA = 0,SCL = 1
    delay_us(1);
    PORTC = PINC&(~(1<<PC5));     //准备送入数据 SDA = 0,SCL = 0
    for(i = 0;i<= 7;i++)          //先送 SLA + R SCL = 0 时送一位数据
    {
        if((SLA_R & 0x80) == 0x80)     //判别要送的数是 1 还是 0
        {
            PORTC = PINC|(1<<PC4);
        }
        else
        {
            PORTC = PINC&(~(1<<PC4));
        }
        SLA_R = SLA_R<<1;
        PORTC = PINC|(1<<PC5);          // SCL = 1
        delay_1us();
        PORTC = PINC&(~(1<<PC5));     //SCL = 0
    }
    delay_us(1);
    PORTC = PINC|(1<<PC4);     //SDA = 1   CH452 要求这里有一个高电平
    delay_us(1);
    PORTC = PINC|(1<<PC5);          // SCL = 1
```

```
    delay_us(1);
    PORTC = PINC&(~(1<<PC5));      //SCL = 0
                                   //PC5:SCL 为时钟,PC4:SDA 为数据
    DDRC = 0xec;       //C 口 1110 1100 PC4 为 SDA 数据线,改为输入
    for(i = 0;i< = 7;i ++ )     //读入 read_k,
    {
        delay_us(1);
        PORTC = PINC|(1<<PC5);      // SCL = 1 时读入一位数据
        delay_us(1);
        read_k = (read_k<<1);
        if((PINC&0x10) == 0x10)       //PINC & 0001 0000 判别要读入的是 0 还是 1
        {
            read_k = read_k |0x01;     //read_k | 0000 0001
        }
        else
        {
            read_k = read_k&(~(0x01));    //read_k & 1111 1110
        }
        PORTC = PINC&(~(1<<PC5));      //SCL = 0
    }
    DDRC = 0xfc;              //C 口 1111 1100 PC4 为 SDA 数据线,改为输出
    PORTC = PINC|(1<<PC4);    //SDA = 1
    delay_us(1);
    PORTC = PINC|(1<<PC5);    // SCL = 1
    old_key = read_k;
    read_k = 0x00;
    key_flag = 0x01;     //按键标记
    SEI();               //打开中断,允许别的中断
}
//模拟 I²C 的方式,把数据从 mega8 送到 ch452
void iic_send(void)
{
    PORTC = (1<<PC4)|(1<<PC5);    //准备启动 start SDA = 1,SCL = 1
    delay_1us();
    PORTC = PINC&(~(1<<PC4));    //启动 start    SDA = 0,SCL = 1
    delay_1us();
    PORTC = PINC&(~(1<<PC5));    //准备送入数据 SDA = 0,SCL = 0
    for(i = 0;i< = 7;i ++ )                 //先送 SLA + W
    {
        if((SLA_W&0x80) == 0x80)      //SCL = 0 时送一位数据
        {
            PORTC = PINC|(1<<PC4);
```

```
            }
            else
            {
                PORTC = PINC&(~(1<<PC4));
            }
            SLA_W = (SLA_W<<1);
            PORTC = PINC|(1<<PC5);       // SCL = 1
            delay_1us();
            PORTC = PINC&(~(1<<PC5));   //SCL = 0
        }
        delay_1us();
        PORTC = PINC|(1<<PC4);          //SDA = 1  CH452 要求这里有一个高电平
        delay_1us();
        PORTC = PINC|(1<<PC5);          // SCL = 1
        delay_1us();
        PORTC = PINC&(~(1<<PC5));       //SCL = 0
        for(i = 0;i<= 7;i++)            //送入 write_k,即后 8 位
        {
            if((write_k&0x80) == 0x80)      //SCL = 0 时送一位数据
            {
                PORTC = PINC|(1<<PC4);
            }
            else
            {
                PORTC = PINC&(~(1<<PC4));
            }
            write_k = (write_k<<1);
            PORTC = PINC|(1<<PC5);       // SCL = 1
            delay_1us();
            PORTC = PINC&(~(1<<PC5));   //SCL = 0
        }
        delay_1us();
        PORTC = PINC|(1<<PC4); //SDA = 1
        delay_1us();
        PORTC = PINC|(1<<PC5);  // SCL = 1
}
//让 CH452 显示数据
void display_ch452(unsigned int display_k)
{
    SLA_W = 0x6A;      //011 0101 0    采用 CH452 自带的 BCD 译码显示
    write_k = 0x80;      //1000 0000
    iic_send();
```

```
    SLA_W = 0x70;          //011 1000 0  低位数码管
    write_k = display_k % 16; //用16进制显示按键代码
    iic_send();
    SLA_W = 0x72;           //011 1001 0   高位数码管
    write_k = display_k /16;
    iic_send();
}
//按键处理程序
void key_manage(void)
{
    SLA_W = 0x6A;     //011 0101 0     不采用BCD译码显示
    write_k = 0x00;     //0000 0000
    iic_send();          // 0000 0000
    switch(old_key)
    {
        case 0x40://按键代码表中的数要加上40H才是读到的按键代码
        {
            SLA_W = 0x74;          //011 1010 0    高位数码管
            write_k = 0x01;           //0000 0001 a段亮
            iic_send();
            break;
        }
        case 0x48:
        {
            SLA_W = 0x74;          //011 1010 0    高位数码管
            write_k = 0x02;           //0000 0010 b段亮
            iic_send();
            break;
        }
        case 0x50:
        {
            SLA_W = 0x74;          //011 1010 0    高位数码管
            write_k = 0x04;           //0000 0100 c段亮
            iic_send();
            break;
        }
        case 0x58:
        {
            SLA_W = 0x74;          //011 1010 0    高位数码管
            write_k = 0x08;           //0000 1000 d段亮
            iic_send();
            break;
```

```
        }
        default：  ；    //空语句,什么也不做就退出 switch 语句
    }
}
void main(void)
{
    port_init()；    //端口初始化

    PORTB = 0xff；
    delay_s(30)；
    PORTB = 0x00；
    delay_s(20)；    //让 B 口的发光二极管 D6 亮一下,表示主函数已经开始运行
    ch452_init()；   //CH452 初始化
    temp = 0；
    INT_init()；     //外部中断初始化
    SEI()；          //开中断
    while(1)
    {
        if(key_flag = = 0x01)//如果有按键,则处理按键
        {
            display_ch452(old_key)；//显示读进来的按键代码,看对不对
            key_flag = 0x00；//清除按键标记
            delay_s(10)；
            key_manage()；//按键处理
        }
        delay_s(20)；
    }
}
```

3.5.7 C 语言要点

switch case 语句是多分支选择语句,具有以下形式:

```
    switch(old_key)
    {
        case 0x40：  //如果 old_key = 0x40 就执行语句 1
        {
            语句 1；
break；  // break 可以是程序跳出 switch case 语句
        }
        case 0x48：  // 如果 old_key = 0x48 就执行语句 2
        {
```

```
        语句 2;
        break;  //每条 case 的语句最后都要有 break
      }
    default: 语句 3;// 如果是前面没有列举出来的情况,就执行语句 3
}
```

3.5.8 练习项目

项目要求:

① 通过互联网查找 CH452 的数据手册,熟悉其主要参数。

② 系统设计:将读取按键功能和显示功能结合起来实现比较复杂的功能,将发光二极管当作控制对象进行控制。

③ 设计硬件和软件来实现控制功能。

④ 将编译后的.hex 文件下载到单片机中。

⑤ 安装单片机电路,连接电源并进行测试,记录测试结果。

⑥ 完成项目报告。

3.6 项目六 片内 EEPROM 的使用

1) 学习目标

了解单片机内部存储器;学习使用单片机内部 EEPROM 存储数据;巩固按键处理程序的编写方法。

2) 项目导学

本项目在学习片内 EEPROM 使用的同时复习了 3.5 节按键与数码管驱动的相关知识。学习指导如下:

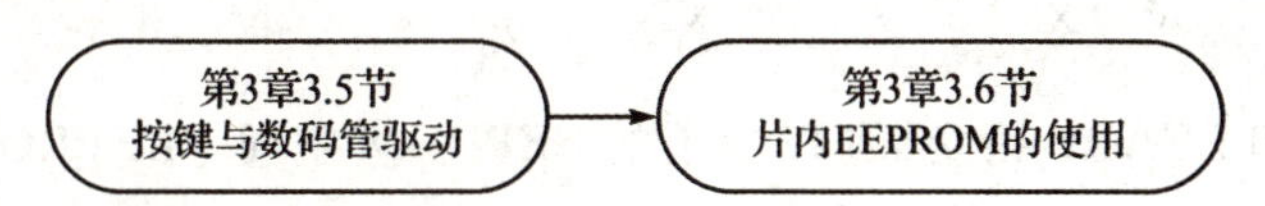

3.6.1 单片机内部的存储器

AVR 结构的单片机具有两个主要的存储器空间:数据存储器空间和程序存储器空间。此外,ATmega8 还有 EEPROM 存储器以保存数据。ATmega8 具有 8 KB 的在线编程 Flash,用于存放程序指令代码,即使掉电内容也不会消失。Flash 存储器至少可以擦写 10 000 次。ATmega8 还具有 1 024 字节的内部数据 SRAM,通常运算的中间结果都放在 SRAM 中,相当于计算机的内存,断电的时候存储的内容会消失。常数可以保存于整个程序存储器地址空间,ICCAVR 编译器中对 const 的概念进行了扩充,用 const 表示目标存放在程序存储器。例如,在驱动数码管显示就用到了数组，在第3章项目三的数组定义中：

unsigned char tab[]={0xfd,0x61,0xdb,0xf3,0x67,0xb7};

tab是存放在内部数据存储器SRAM中的，而如果用：

const unsigned char tab[]={0xfd,0x61,0xdb,0xf3,0x67,0xb7};

tab就存放于Flash存储器中，节省了SRAM空间。

ATmega8包含512字节的EEPROM数据存储器，断电时存储内容不会消失，是作为一个独立的数据空间而存在的，可以按字节读写。EEPROM的寿命至少为100 000次擦除周期。EEPROM的访问由地址寄存器、数据寄存器和控制寄存器决定。

执行EEPROM读操作时，CPU会停止工作4个周期，然后再执行后续指令；执行EEPROM写操作时，CPU会停止工作2个周期，然后再执行后续指令。因此，EEPROM的读写操作会比较慢，容易与其他操作相冲突而出错，这点要特别注意。

通常电源电压过低或波动容易造成EEPROM数据损坏，ATmega8有芯片内部的掉电检测电路，可以通过使能熔丝位BOD，来减少EEPROM数据损坏的问题。

3.6.2 读/写片内EEPROM

(1) EEPROM地址寄存器

EEARH和EEARL为EEPROM的地址寄存器，都是8位的寄存器。地址总共有9位，最高位放在EEARH中，低8位放在EEARL中。

Bit	15	14	13	12	11	10	9	8	
	–	–	–	–	–	–	–	EEAR8	EEARH
	EEAR7	EEAR6	EEAR5	EEAR4	EEAR3	EEAR2	EEAR1	EEAR0	EEARL
	7	6	5	4	3	2	1	0	
读/写	R	R	R	R	R	R	R	R/W	
	R/W	R/W	R/W	R/W	R/W	R/W	R/W	R/W	
初始值	0	0	0	0	0	0	0	X	
	X	X	X	X	X	X	X	X	

EEARH和EEARL指定了512字节的EEPROM空间。EEPROM地址是线性的，从0～511。地址寄存器的初始值没有定义。在访问EEPROM之前必须为其赋予正确的数据。

(2) EEPROM数据寄存器

EEDR为EEPROM数据寄存器，存放从EEPROM读取的8位数据或准备写入EEPROM的数据。

Bit	7	6	5	4	3	2	1	0	
	MSB							LSB	EEDR
读/写	R/W	R/W	R/W	R/W	R/W	R/W	R/W	R/W	
初始值	0	0	0	0	0	0	0	0	

对于 EEPROM 写操作，EEDR 是需要写到 EEAR 单元的数据；对于读操作，EEDR 是从地址 EEAR 读取的数据。

(3) EEPROM 控制寄存器

EECR 为 EEPROM 控制寄存器，高 4 位保留。

Bit	7	6	5	4	3	2	1	0	
	–	–	–	–	EERIE	EEMWE	EEWE	EERE	EECR
读/写	R	R	R	R	R/W	R/W	R/W	R/W	
初始值	0	0	0	0	0	0	X	0	

EERIE 为 EEPROM 就绪中断使能，若 SREG 的 I 为“1”，则置位 EERIE 将使能 EEPROM 就绪中断。EEWE 清零时 EEPROM 就绪中断即可发生。清零 EERIE 则禁止此中断。

EEMWE 为 EEPROM 主机写使能，EEMWE 决定了 EEWE 置位是否可以启动 EEPROM 写操作。当 EEMWE 为“1”时，在 4 个时钟周期内置位 EEWE 将把数据写入 EEPROM 的指定地址；若 EEMWE 为“0”，则操作 EEWE 不起作用。EEMWE 置位后 4 个周期，硬件对其清零。见 EEPROM 写过程中对 EEWE 位的描述。

EEWE 为 EEPROM 写使能，当 EEPROM 数据和地址设置好之后，须置位 EEWE 以便将数据写入 EEPROM。此时 EEMWE 必须置位，否则 EEPROM 写操作将不会发生。写时序如下(第③步和第④步的次序并不重要)：

① 等待 EEWE 位变为零。

② 等待 SPMCSR 中的 SPMEN 位变为零。

③ 将新的 EEPROM 地址写入 EEAR(可选)。

④ 将新的 EEPROM 数据写入 EEDR(可选)。

⑤ 对 EECR 寄存器的 EEMWE 写“1”，同时清零 EEWE。

⑥ 在置位 EEMWE 的 4 个周期内，置位 EEWE。

CPU 不写 Flash 时步骤②可省略。注意，如果在步骤⑤和⑥之间发生了中断，写操作将失败，建议此时关闭全局中断标志 I。经过写访问时间之后，EEWE 硬件清零。EEWE 置位后，CPU 要停止两个时钟周期才会运行下一条指令。

EERE 为 EEPROM 读使能，当 EEPROM 地址设置好之后，须置位 EERE 以便将数据读入 EEAR。EEPROM 数据的读取只需要一条指令，且无须等待。读取 EEPROM 后 CPU 要停止 4 个时钟周期才可以执行下一条指令。

用户在读取 EEPROM 时应该检测 EEWE。如果一个写操作正在进行，就无法读取 EEPROM，也无法改变寄存器 EEAR。

(4) 写入 EEPROM 的函数

```
void EEPROM_write(unsigned int uiAddress, unsigned char ucData)
{
while(EECR & (1<<EEWE))       /* 等待上一次写操作结束 */
```

```
;
EEAR = uiAddress;      /* 设置地址寄存器 */
EEDR = ucData;         /* 设置数据寄存器 */
EECR |= (1<<EEMWE);    /* 置位 EEMWE */
EECR |= (1<<EEWE);     /* 置位 EEWE 以启动写操作 */
}
```

(5) 读出 EEPROM 的函数

```
unsigned char EEPROM_read(unsigned int uiAddress)
{
while(EECR & (1<<EEWE))  /* 等待上一次写操作结束 */
;
EEAR = uiAddress;          /* 设置地址寄存器 */
EECR |= (1<<EERE);         /* 设置 EERE 以启动读操作 */
return EEDR;               /* 自数据寄存器返回数据 */
}
```

3.6.3 存储按键代码的例子

1. 项目要求

① 采用第3章项目五的电路，参考图3.5.5，制作硬件电路；

② 编写程序，令数码管能够显示按键代码，并将按键代码存储到EEPROM中；断电后，重新上电能显示断电前存储的按键代码。

2. 程序设计

在这个例子中要实现在EEPROM中存储数据和读出数据的功能，当按下按键1、按键2和按键3中的一个时，将按键代码写入EEPROM的0x000，按下按键4可以知道刚才最后的按键是哪个键，也就是从EEPROM的地址0x000处读出按键的代码，并显示出来。断电并再次上电后仍然能通过按下按键4来知道断电前最后一次按的是哪个键，并显示出来。

主函数流程图如图3.6.1所示，按键处理函数流程图如图3.6.2所示，它们都与第3章项目五的第二个例子(3.5.6小节)相似。

ATmega8发送数据到CH452的子函数void iic_send、中断服务函数(读取按键)INT0_isr与第3章项目五第二个例子(3.5.6)的子函数完全相同，下面为节约篇幅就不再重复。C语言源程序如下：

```
/***********************************/
/*          内部 EEPROM 读写          */
/*  目标 MCU:MEGA8  晶振:内部振荡器 1 MHz  */
/*文件名称:eeprom.c        */
```

```
/*完成日期:20090908      */
/*章节:第 3 章项目六      */
/**********************************/
#include <iom8v.h>
#include <macros.h>
//#include <eeprom.h>

unsigned int temp;//临时变量
unsigned char k0 = 0;//
unsigned char k1 = 0;//
unsigned char i = 0;                  //循环变量
unsigned char key_flag = 0;          //按键更新标志
unsigned char old_key = 0;           //旧的按键代码
unsigned char write_k;    //要写入 CH452 的 8 位数据
unsigned char read_k;//从 CH452 读到的 8 位按键代码
unsigned char SLA_W;    //要写入 CH452 的命令代码
unsigned char SLA_R = 0x6f;//011 0111 1 读 CH452 地址为 1
unsigned int address;
unsigned char data;
//子函数声明
void port_init(void);
void delay_1us(void);
void delay_us(unsigned int n);
void delay_ms(unsigned int n);
void delay_s(unsigned int n);
void iic_init(void);
void ch452_init(void);
void iic_send(void);
void key_manage(void);
void display_ch452(unsigned int diaplay_k);
void EEPROM_write(unsigned int uiAddress, unsigned char ucData);
unsigned char EEPROM_read(unsigned int uiAddress);
// 端口定义
void port_init(void)
{
    DDRC = 0xfc;        //C 口 1111 1100 PC4 为 SDA 数据线,PC5 为 SCL 时钟线,设为输出
    PORTC = 0xff;
    DDRD = 0xfb;        //D 口 1111 1011 PD2(INT0)设为外部中断输入,其余为输出
    DDRB = 0xff;
}
//CH452 初始化
void ch452_init(void)
```

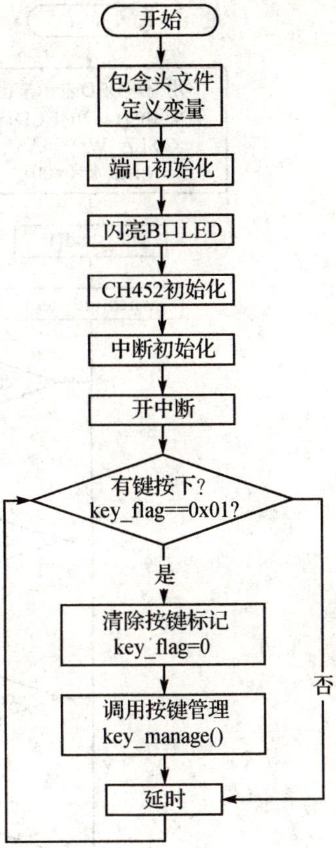

图 3.6.1 主函数流程图

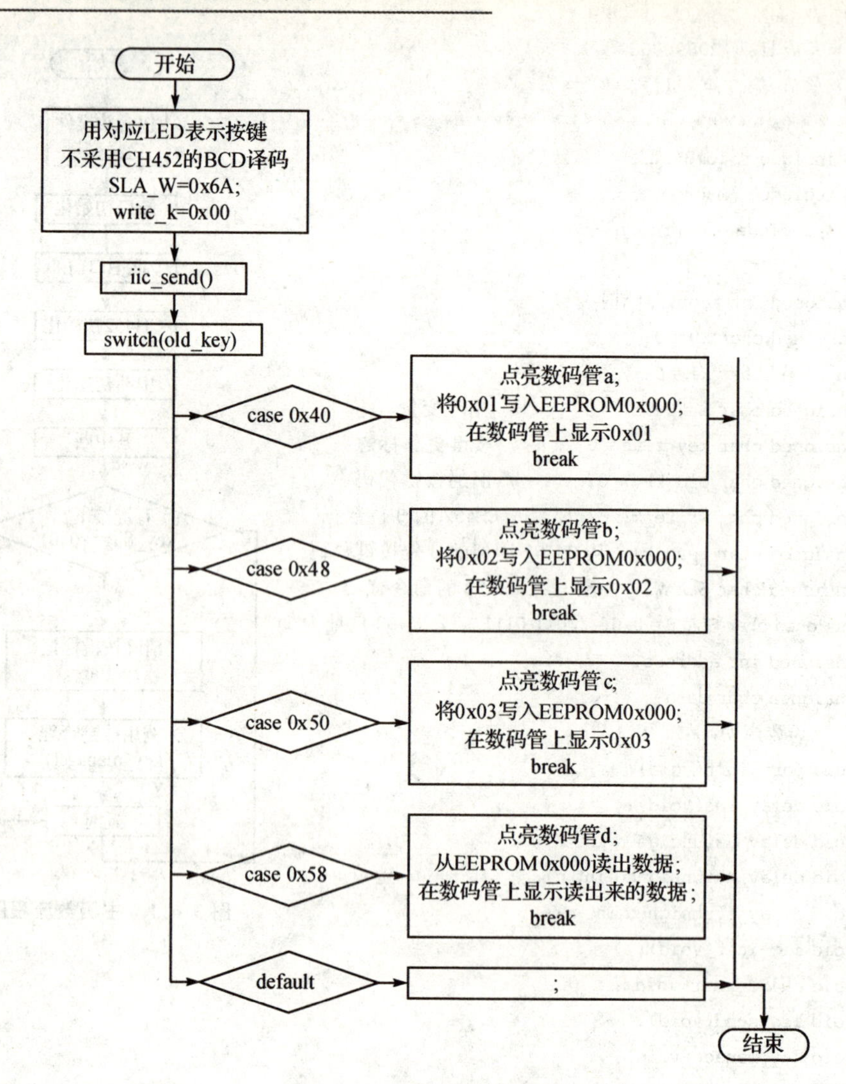

图 3.6.2 按键处理流程图

```
{
    SLA_W = 0x68;   //01 1 0100 0 写 CH452 地址为 1
//前两位固定,第三位代表地址为 1,最后一位为 0 代表"写",中间 4 位为 12 位命令中的高 4 位
    write_k = 0x03;// 0000 0011  打开键盘扫描和数码管驱动
    iic_send();
}
//外部中断初始化
void INT_init(void)
{
    MCUCR = MCUCR&0xfc;   //寄存器低 2 位置 0,外部中断 1111 1100  低电平触发中断
    GICR = GICR|0x40;//使能 INT0
```

```
}
//当外部中断 INT0 请求中断时,执行 INT0_isr()子函数,
#pragma interrupt_handler INT0_isr:2
//让 CH452 显示数据
void display_ch452(unsigned int display_k)
{
    SLA_W = 0x6A;    //011 0101 0  采用 CH452 自带的 BCD 译码显示
    write_k = 0x80;     //1000 0000
    iic_send();
    SLA_W = 0x70;              //011 1000 0  低位数码管
    write_k =  display_k % 16;  //用 16 进制显示按键代码
    iic_send();
    SLA_W = 0x72;              //011 1001 0    高位数码管
    write_k =  display_k /16;
    iic_send();
}
//按键处理程序
void key_manage(void)
{
    SLA_W = 0x6A;      //011 0101 0     不采用 BCD 译码显示
    write_k = 0x00;      //0000 0000
    iic_send();           // 0000 0000
    switch(old_key)
    {
        case 0x40:         //按键代码表中的数要加上 40H 才是读到的按键代码
        {
            SLA_W = 0x74;          //011 1010 0    高位数码管
            write_k = 0x01;           //0000 0001 a 段亮
            iic_send();
            data = 0x01;
            address = 0x001;
            EEPROM_write(address,data);
            display_ch452(data);
            break;
        }
        case 0x48:
        {
            SLA_W = 0x74;          //011 1010 0    高位数码管
            write_k = 0x02;           //0000 0010 b 段亮
            iic_send();
            data = 0x02;
            address = 0x001;
```

```
                EEPROM_write(address,data);
                display_ch452(data);
                break;
            }
            case 0x50:
            {
                SLA_W = 0x74;       //011 1010 0    高位数码管
                write_k = 0x04;         //0000 0100 c段亮
                iic_send();
                data = 0x03;
                address = 0x001;
                EEPROM_write(address,data);
                display_ch452(data);
                break;
            }
            case 0x58:
            {
                SLA_W = 0x74;       //011 1010 0    高位数码管
                write_k = 0x08;         //0000 1000 d段亮
                iic_send();
                address = 0x001;
                data = EEPROM_read(address);
                display_ch452(data);
                break;
            }
            default:    ;
        }
    }

//把8位的数据ucData写入到EEPROM的uiAddress地址中去
void EEPROM_write(unsigned int uiAddress, unsigned char ucData)
{
    CLI();      //关闭全局中断
    while(EECR & (1<<EEWE))     //等待上一次写操作结束
        ;
    EEAR = uiAddress;       //设置地址和数据寄存器
    EEDR = ucData;
    EECR |= (1<<EEMWE);     //置位EEMWE
    EECR |= (1<<EEWE);      //置位EEWE 以启动写操作
    SEI();      //打开全局中断
}
//读取EEPROM中uiAddress中所存储的数据
```

```
unsigned char EEPROM_read(unsigned int uiAddress)
{
    CLI();          //关闭全局中断
    while(EECR & (1<<EEWE))         //等待上一次写操作结束
      ;
    EEAR = uiAddress;       // 设置地址寄存器
    EECR |= (1<<EERE);   // 设置 EERE 以启动读操作
    SEI();          //打开全局中断
    return EEDR;            //自数据寄存器返回数据
}
void main(void)
{
    port_init();      //端口初始化
    PORTB = 0xff;
    delay_s(30);
    PORTB = 0x00;
    delay_s(20);
    ch452_init();
    temp = 0;
    INT_init();
    SEI();
    while(1)
    {
        if(key_flag == 0x01)      //如果有按键,则处理按键
        {
            key_flag = 0x00;    //清除按键标记
            key_manage();     //按键处理
        }
        delay_s(20);
    }
}
```

3.6.4　C语言要点

C语言的函数通常可以分为带返回值的和不带返回值的两类,不带返回值的通常函数定义为:

```
void no1(char a , char b)    // void 表示没有返回值
{
}
```

在调用这类函数时使用

```
c = 0x01;
d = 0x02;
no1(c,d);                  //比如延时函数
```

的形式。这类函数中比较典型的是延时函数,另外,也可以在这类函数中修改全局变量,然后在别的函数中使用这个全局变量,从而起到类似带返回值函数的作用。

带返回值的函数定义为:

```
int no2(char a , char b)    // int 表示返回值是整型的数据
{
    int x;
    x = int(a + b);
    return x;              // return 语句后面的变量就是返回去的数据
}
```

的形式,int 的位置可以用其他类型关键字代替,表示调用这个函数的时候返回的数据的类型。在调用这类函数时通常使用

```
int y;          //要用整型的函数 no2()给 y 赋值,它们的类型就要匹配
c = 0x01;
d = 0x02;
y = no2(c,d); // no2(c,d)就等于前面函数中的 x
```


的形式。

3.6.5 练习项目

项目要求:

① 阅读 ATmega8 的数据手册,了解其存储空间。

② 系统设计:结合第 3 章项目五,利用 EEPROM 存储功能实现比较复杂的系统,要求断电并重启后仍然能读取断电前存储的内容。

③ 设计硬件和软件来实现以上功能。

④ 将编译后的.hex 文件下载到单片机中。

⑤ 安装单片机电路,连接电源并进行测试,记录测试结果。

⑥ 完成项目报告。

第4章

实战一 简单数字电压表

1）学习目标

学习看门狗的使用，进一步学习片内 EEPROM 的使用方法，综合巩固第 3 章所学知识，了解综合项目的设计方法。

2）项目导学

本章是对第 3 章所学内容的综合运用，是将 3.2、3.4、3.5 和 3.6 节的项目进行简单综合。本项目很多函数都是前面项目的子函数，难度并不大，主要目的是熟悉综合项目的设计流程。本章是后面各章的基础，尤其是第 5 章。学习指导如下：

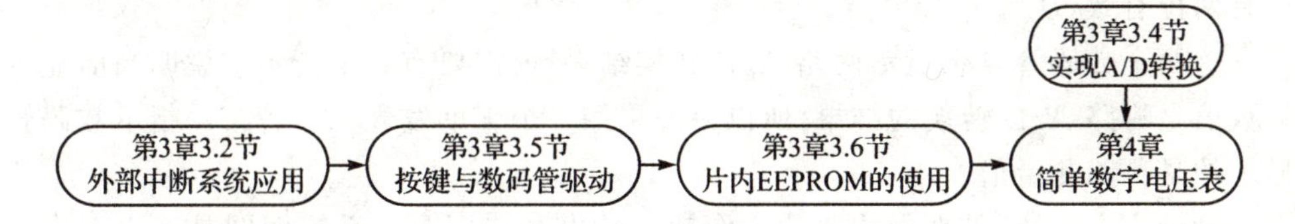

4.1 项目要求

对两路在 0～5 V 之间的电压信号进行测量，用数码管显示测量结果；用按键切换选择测量的通道和显示的通道；把测量结果存储在片内 EEPROM 中，当断电重启后，通过按键调出断电前两个通道的最后一次测量值。

4.2 项目分析

通常在大型企业中做设计人员，遇到的实际项目不像 4.1 节所描述的那样粗略，一般都会有很具体的技术指标，比如测量精度、误差、速度、显示的有效位数、功耗和设备体积等，甚至还会有电磁兼容、可靠性、绝缘等级和重量等方面的要求。

在很多小企业做设计或大企业里与甲方接触的前期工程师都会遇到不懂专业的客户，这些客户提出的要求甚至不如 4.1 节描述的详细，这就需要设计人员与客户沟通，帮助客户制定详细的技术指标，完善项目合同。

本书中的项目要求都是比较粗略的，这是因为不同的读者需求不同，每位读者可以针对自身情况对题目进行细化，只要自己能独立完成，能力就能得到提高，之后还可以再逐步提高技术指标，以进一步提高自己的技术水平。

通过本章项目要求可以了解到：对电压信号进行测量，需要用到 A/D 转换的知识；用数码管显示测量结果，需要用到数码管显示的知识；用按键切换测量通道，一般需要用到外部中断的知识；断电重启还能发现断电前的状态，一般要用到 EEPROM 方面的知识。这些内容都是第 3 章学习过的，在这里仅仅是一个综合应用。这个系统是典型的测量系统，单片机设计中最常见的系统之一。

4.3　系统设计与系统框图

系统设计要对项目要求进行细化，也就是如何实现项目要求。很多时候这部分内容需要设计人员与客户进行协商。这里给出一种设计作为例子，仅供参考，每位读者都可以根据自己的情况简化或改进。

根据项目要求，利用 4 个按键对测量和显示进行控制。为简便起见，采用两个 LED 数码管显示测量结果，也就是这两路信号共用这两个数码管，每路 A/D 转换结果有两位有效数字。

这两个数码管要想显示两路 A/D 转换结果，就需要有一个指示或说明当前显示的数值是哪路 A/D 转换的结果，所以另外采用 4 个辅助发光二极管帮助指示数码管显示的是哪路测量值。

设计一个系统，前期最重要的工作就是画出系统框图。系统框图是确定下来的设计方案，给出了整个系统的概貌，理清了各个组成部分之间的关系，便于多名设计人员的分工合作，便于设计人员整理思路，所以画出系统框图是十分重要的工作。

本项目根据项目要求和功能设计采用具有内部 A/D 转换功能的 ATmega8 单片机，按键和数码管驱动采用专用集成电路 CH452，系统框图如图 4.3.1 所示。

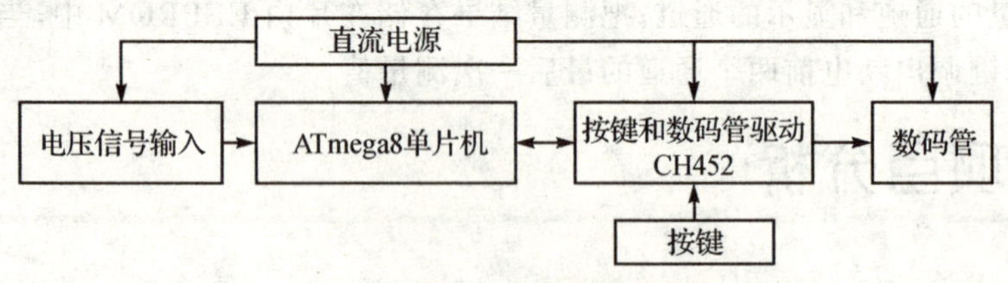

图 4.3.1　系统框图

4.4 硬件设计

在大型企业里,设计人员较多,分工较细,有些设计人员主要从事硬件设计,有些设计人员主要从事软件设计。一个项目的系统框图确定后,硬件设计的人员和软件设计的人员可以同时开始工作,在工作中互相沟通,由项目负责人进行协调。

通常在小型企业,做设计工作的人员不多,这些设计人员软件硬件都必须非常熟练。在设计的时候,设计人员在完成系统框图之后就会进行硬件设计,最起码也要搭建一个验证平台,然后进行软件设计,并不断完善软件和硬件。

本项目是第3章内容的综合应用,第3章项目五的电路就符合项目要求,可以直接拿来用,请读者参考图3.5.5。

4.5 软件设计

4.5.1 程序流程图

根据功能要求进行功能细化,确定主函数各个子函数和中断负责的功能,然后画出主函数流程图,最后画出各个子函数的流程图。

本项目的主函数还是负责观察是否有键按下,然后调用按键处理程序,主函数流程图如图4.5.1所示。为防止长时间运行程序时,偶然的干扰或错误导致程序运行失败带来的死机,在主程序中加入了看门狗程序,当程序长时间没有响应时,看门狗会将系统复位,然后重新开始运行,相当于电脑的自动重启。

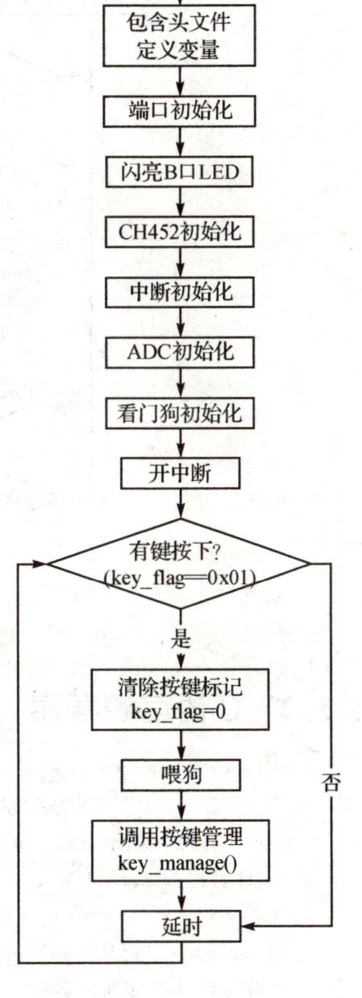

图4.5.1 主函数流程图

在头文件 eeprom.h 中定义了读/写 EEPROM 的函数,读 EEPROM 的函数为 EEPROMread,写 EEPROM 的函数为 EEPROMwrite。如果在前面包含了 eeprom.h,在程序中做如下声明:

```
int EEPROMwrite( int location, unsigned char);
unsigned char EEPROMread( int);
```

之后就可以使用了。

按键处理流程图如图 4.5.2 所示。按键按下导致的中断由中断服务程序完成，程序流程图与第 3 章项目三中的一样，这里不再重复。

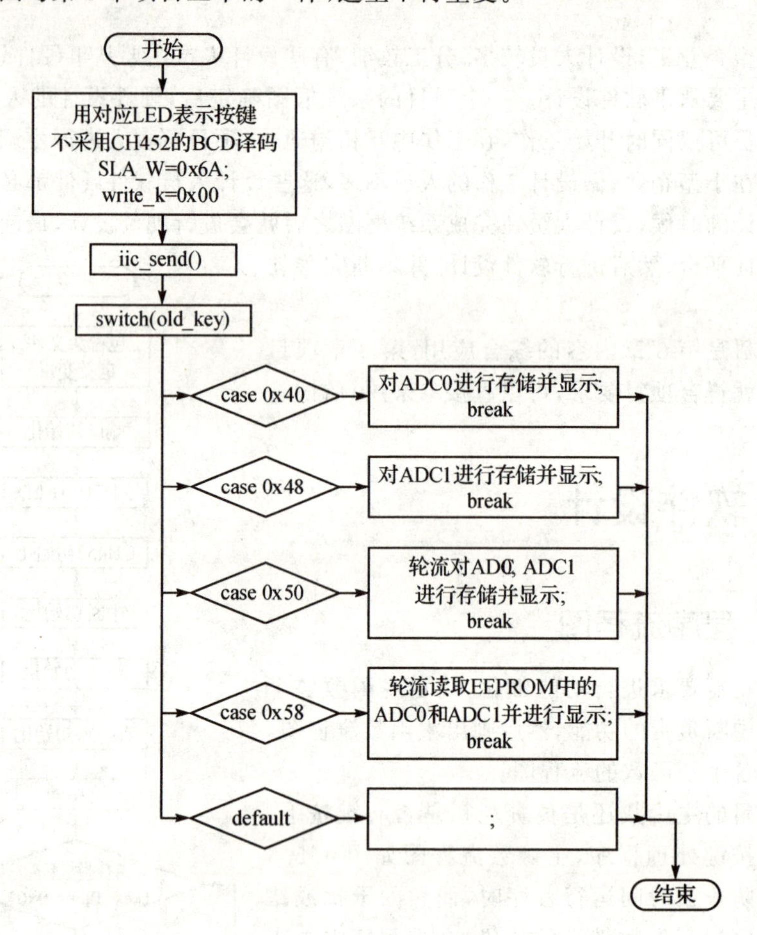

图 4.5.2　按键处理流程图

4.5.2　C 语言源程序

```
/*************************************************************/
/*                    电压测量并显示                       */
/*       目标 MCU:MEGA8      晶振:内部振荡器    1 MHz         */
/* 文件名称:eeprom_1.c                                      */
/*************************************************************/
//用 eeprom.h 中定义的函数读写 EEPROM
//有看门狗,A/D 转换并显示
//按键 1 存储并显示 ADC0;按键 2 存储并显示 ADC1;按键 3 轮流存储并显示两路 ADC
//按键 4 轮流显示最近的存储结果
//按键 3 时,LED3 先亮,然后显示哪路 ADC 结果亮哪个 LED,其他键是按哪个键哪个 LED 亮
```

```
//按键 4 时,数码管先用 0.0 和 0.1 分别表示随后显示的是 ADC0 还是 ADC1 的存储数据
#include <iom8v.h>
#include <macros.h>
#include <eeprom.h>
unsigned int temp;//临时变量
unsigned char k0 = 0;//按键轮流显示标记
unsigned char k1 = 0;//按键轮流显示标记
unsigned char i = 0;//循环变量
unsigned char key_flag = 0;//按键更新标志
unsigned char old_key = 0;//旧的按键代码
unsigned char write_k;//要写入 CH452 的 8 位数据
unsigned char read_k;//从 CH452 读到的 8 位按键代码
unsigned char SLA_W;//要写入 CH452 的命令代码
unsigned char SLA_R = 0x6f;   //011 0111 1  读 CH452 地址为 1
unsigned int address;    //EEPROM 的地址
unsigned char data;      //EEPROM 内的数据
unsigned int adc_rel; //读取 AD 转换结果
unsigned int adc_old; //上一次 AD 转换结果
unsigned char adc_mux;//选择 ADC 转换通道
//子函数声明
void port_init(void);
void delay_1us(void);
void delay_us(unsigned int n);
void delay_ms(unsigned int n);
void delay_s(unsigned int n);
void iic_init(void);
void ch452_init(void);
void iic_send(void);
void key_manage(void);
void display_ch452(unsigned int diaplay_k);
int EEPROMwrite( int location, unsigned char);
unsigned char EEPROMread( int);
void adc_init(void);
void adc_isr(void);
void ADCtoBCD(void);
// 端口定义
void port_init(void)
{
    DDRC  =  0xfc;      //C 口 1111 1100 PC4 为 SDA 数据线,PC5 为 SCL 时钟线,设为输出
    PORTC = 0xff;
    DDRD  =  0xfb;      //D 口 1111 1011 PD2(INT0)设为外部中断输入,其余为输出
    DDRB  =  0xff;
```

```
}
//CH452 初始化
void ch452_init(void)
{
    SLA_W = 0x68;  //01 1 0100 0  写 CH452 地址为 1
//前两位固定,第三位代表地址为1,最后一位为0代表"写",中间4位为12位命令中的高4位
    write_k = 0x03;// 0000 0011  打开键盘扫描和数码管驱动
    iic_send();
}
//外部中断初始化
void INT_init(void)
{
    MCUCR = MCUCR&0xfc;//寄存器低2位置0,外部中断 1111 1100  低电平触发中断
    GICR = GICR|0x40;//使能 INT0
}
//当外部中断 INT0 请求中断时,执行 INT0_isr()子函数
#pragma interrupt_handler INT0_isr:2
//读取按键,外部中断发生时说明有按键按下
void INT0_isr(void)
{
    CLI();//关闭中断,防止别的中断影响这段程序执行
    SLA_R = 0x6f;  //0110 1111  读 CH452 地址为 1
    PORTC = (1<<PC4)|(1<<PC5);//准备启动 start SDA = 1,SCL = 1
    delay_us(1);
    PORTC = PINC&(~(1<<PC4));//启动 start    SDA = 0,SCL = 1
    delay_us(1);
    PORTC = PINC&(~(1<<PC5)); //准备送入数据 SDA = 0,SCL = 0
    for(i = 0;i< = 7;i++)          //先送 SLA + R SCL = 0 时送一位数据
    {
        if((SLA_R & 0x80) = = 0x80)     //判别要送的数是 1 还是 0
        {
            PORTC = PINC|(1<<PC4);
        }
        else
        {
            PORTC = PINC&(~(1<<PC4));
        }
        SLA_R  =  SLA_R<<1;
        PORTC = PINC|(1<<PC5);// SCL = 1
        delay_1us();
        PORTC = PINC&(~(1<<PC5));//SCL = 0
    }
```

```
    delay_us(1);
    PORTC = PINC|(1<<PC4); //SDA = 1   CH452 要求这里有一个高电平
    delay_us(1);
    PORTC = PINC|(1<<PC5);// SCL = 1
    delay_us(1);
    PORTC = PINC&(~(1<<PC5));//SCL = 0
    //PC5:SCL 为时钟,PC4:SDA 为数据
    DDRC  =  0xec;        //C 口 1110 1100 PC4 为 SDA 数据线,改为输入
    for(i = 0;i< = 7;i++)         //读入 read_k
    {
        delay_us(1);
        PORTC = PINC|(1<<PC5);// SCL = 1 时读入一位数据
        delay_us(1);
        read_k = (read_k<<1);
        if((PINC&0x10) == 0x10)      //PINC & 0001 0000 判别要读入的是 0 还是 1
        {
            read_k  =  read_k |0x01; //read_k | 0000 0001
        }
        else
        {
            read_k  =  read_k&(~(0x01));//read_k & 1111 1110
        }
        PORTC = PINC&(~(1<<PC5));//SCL = 0
    }
    DDRC  =  0xfc;        //C 口 1111 1100 PC4 为 SDA 数据线,改为输出
    PORTC = PINC|(1<<PC4); //SDA = 1
    delay_us(1);
    PORTC = PINC|(1<<PC5);// SCL = 1
    old_key = read_k;
    read_k = 0x00;
    key_flag = 0x01;//按键标记
    SEI();//打开中断,允许别的中断
}
//模拟 I2C 的方式,把数据从 mega8 送到 ch452
void iic_send(void)
{
    CLI();
    PORTC = (1<<PC4)|(1<<PC5);//准备启动 start SDA = 1,SCL = 1
    delay_1us();
    PORTC = PINC&(~(1<<PC4));//启动 start    SDA = 0,SCL = 1
    delay_1us();
    PORTC = PINC&(~(1<<PC5)); //准备送入数据 SDA = 0,SCL = 0
```

```
    for(i = 0;i< = 7;i++)           //先送 SLA + W
    {
        if((SLA_W&0x80) = = 0x80)     //SCL = 0 时送一位数据
        {
            PORTC = PINC|(1<<PC4);
        }
        else
        {
            PORTC = PINC&(~(1<<PC4));
        }
        SLA_W = (SLA_W<<1);
        PORTC = PINC|(1<<PC5);// SCL = 1
        delay_1us();
        PORTC = PINC&(~(1<<PC5));//SCL = 0
    }
    delay_1us();
    PORTC = PINC|(1<<PC4); //SDA = 1   CH452 要求这里有一个高电平
    delay_1us();
    PORTC = PINC|(1<<PC5);// SCL = 1
    delay_1us();
    PORTC = PINC&(~(1<<PC5));//SCL = 0

    for(i = 0;i< = 7;i++)           //送入 write_k,即后 8 位
    {
        if((write_k&0x80) = = 0x80)     //SCL = 0 时送一位数据
        {
            PORTC = PINC|(1<<PC4);
        }
        else
        {
            PORTC = PINC&(~(1<<PC4));
        }
        write_k = (write_k<<1);
        PORTC = PINC|(1<<PC5);// SCL = 1
        delay_1us();
        PORTC = PINC&(~(1<<PC5));//SCL = 0
    }
    delay_1us();
    PORTC = PINC|(1<<PC4); //SDA = 1
    delay_1us();
    PORTC = PINC|(1<<PC5);// SCL = 1
    SEI();
}
```

```
//让 CH452 显示数据 高位带小数点
void display_ch452(unsigned int display_k)
{
    SLA_W = 0x6A;//011 0101 0     采用 CH452 自带的 BCD 译码显示
    write_k = 0x80;//1000 0000
    iic_send();
    SLA_W = 0x70;          //011 1000 0  低位数码管
    write_k =  display_k % 10; //用 10 进制显示数据
    iic_send();
    SLA_W = 0x72;          //011 1001 0   高位数码管
    write_k =  display_k /10;
    write_k = write_k |0x80;//带小数点显示
    iic_send();
}
//按键处理程序
void key_manage(void)
{
    SLA_W = 0x6A;    //011 0101 0     不采用 BCD 译码显示
    write_k = 0x00;      //0000 0000
    iic_send();     // 0000 0000
        switch(old_key)
        {
            case 0x40://对 ADC0 进行存储并显示
            {
                SLA_W = 0x74;          //011 1010 0    高位数码管
                write_k = 0x01;        //0000 0001 a 段亮
                iic_send();
                adc_mux = 0x00;     //对 AD 通道 0 进行转换
                delay_ms(1);//延时等待 AD 转换
                ADCtoBCD();  //将 16 位 AD 结果转换为 BCD 形式
                data = temp;
                address = 0x000;
                EEPROMwrite(address,data);//将 ADC0 结果存入 EEPROM 的 0x000
                delay_ms(1);//延时等待写入 EEPROM
                display_ch452(data);//数码管显示测量结果
                break;
            }
            case 0x48://对 ADC1 进行存储并显示
            {
                SLA_W = 0x74;          //011 1010 0    高位数码管
                write_k = 0x02;        //0000 0010 b 段亮
                iic_send();
                adc_mux = 0x01;     //对 AD 通道 1 进行转换
```

```
        delay_ms(1);      //延时等待 AD 转换
        ADCtoBCD();  //将 16 位 AD 结果转换为 BCD 形式
        data = temp;
        address = 0x001;
        EEPROMwrite(address,data);//将 ADC1 结果存入 EEPROM 的 0x001
        delay_ms(1);//延时等待写入 EEPROM
        display_ch452(data);
        break;
    }
    case 0x50://轮流对 ADC0 和 ADC1 进行存储并显示
    {
        SLA_W = 0x74;          //011 1010 0   高位数码管
        write_k = 0x04;        //0000 0100 c 段亮
        iic_send();
        delay_s(10);
        if(k0 = = 0)
        {
                SLA_W = 0x74;          //011 1010 0   高位数码管
                write_k = 0x01;        //0000 0001 a 段亮
                iic_send();
                adc_mux = 0;    //对 AD 通道 0 进行转换
                delay_ms(1);
                ADCtoBCD();  //将 16 位 A/D 结果转换为 BCD 形式
                data = temp;
                address = 0x000;
                EEPROMwrite(address,data);
                //将 ADC0 结果存入 EEPROM 的 0x000
                delay_ms(1);
                display_ch452(data);//数码管显示测量结果
                k0 = 1;              //轮流显示的标记
            }
            else
            {
                SLA_W = 0x74;          //011 1010 0   高位数码管
                write_k = 0x02;        //0000 0010 b 段亮
                iic_send();
                adc_mux = 1;    //对 A/D 通道 1 进行转换
                delay_ms(1);
                ADCtoBCD();  //将 16 位 A/D 结果转换为 BCD 形式
                data = temp;
                address = 0x001;
                EEPROMwrite(address,data);
                //将 ADC0 结果存入 EEPROM 的 0x001
```

```
                delay_ms(1);
                display_ch452(data);
                k0 = 0;          //轮流显示的标记
            }
            break;
        }
        case 0x58://流读取存储在 EEPROM 中的 ADC0 和 ADC1 进行显示
        {
            SLA_W = 0x74;        //011 1010 0   高位数码管
            write_k = 0x08;      //0000 1000 d 段亮
            iic_send();

            if(k1 == 0)
            {
                data = 0x00;//显示 ADC0 的时候先闪烁 0.0
                display_ch452(data);
                delay_s(10);
                address = 0x000;
                data = EEPROMread(address);
                display_ch452(data);
                k1 = 1;          //轮流显示的标记
            }
            else
            {
                data = 0x01;//显示 ADC1 的时候先闪烁 0.1
                display_ch452(data);
                delay_s(10);
                address = 0x001;
                data = EEPROMread(address);
                display_ch452(data);
                k1 = 0;          //轮流显示的标记
            }
            break;
        }
        default:    ;
    }
}

/*          ADC 初始化函数              */
//逐次逼近电路需要一个从 50 kHz～200 kHz 的输入时钟
//主频 1 MHz,分频系数应采用 5～20,根据数据手册 Table 76 可以选 16 或 8,此处选 16
void adc_init(void)
{
```

```
    ADMUX = (1<<REFS0)|(adc_mux&0x0f);  //选择内部 AVCC 为基准
    ACSR = (1<<ACD);                     //关闭模拟比较器
    ADCSRA = (1<<ADEN)|(1<<ADSC)|(1<<ADFR)|(1<<ADIE)|(1<<ADPS2);
  //ADEN:ADC 使能;ADSC:ADC 开始转换(初始化);ADFR:ADC 连续转换
//ADIE:ADC 中断使能;16 分频
}
/*        ADC 完成中断处理函数          */
//当 iv_adc 中断请求时,执行 adc_isr()子函数,<iom8v.h>中已定义 15 号中断用 iv_adc 助记
#pragma interrupt_handler adc_isr:15 //当 ADC 中断请求时,执行 adc_isr()子函数
void adc_isr(void)
{
    adc_rel = ADC&0x3ff;  //读取 ADC 结果,ADC 为地址指针指向的 16 位的无符号整型寄存器
    ADMUX = (1<<REFS0)|(adc_mux&0x0f);   //选择内部 AVCC 为基准,选择对应通道
    ADCSRA |= (1<<ADSC);//启动 A/D 转换
}
//将 A/D 转换结果变成十进制形式(BCD 码)
//并不是总在转换,只有数值发生改变的时候才进行转换,以免浪费资源
void ADCtoBCD(void)
{
    if (adc_old!= adc_rel)
    {
        adc_old = adc_rel;
        temp = (unsigned int)((unsigned long)((unsigned long )adc_rel * 50)/0x3ff);
    }
}
//使能看门狗  注意在延时程序中加入喂狗指令
void WDT_init(void)
{
    WDR();//使能看门狗前先喂狗
    WDTCR = 0x0f;//看门狗使能,复位时间 2.1 s
}
void main(void)
{
    port_init();     //端口初始化
    WDR();
    PORTB = 0xff;
    delay_s(30);
    PORTB = 0x00;
    delay_s(20);
    ch452_init();
    temp = 0;
    INT_init();
    adc_init();
```

```
    WDT_init();
    SEI();
    while(1)
    {
        WDR();//喂狗
        if(key_flag = = 0x01)//如果有按键,则处理按键
        {
            key_flag = 0x00;//清除按键标记
            WDR();//喂狗
            key_manage();//按键处理
        }
        delay_s(20);
    }
}
```

4.6 练习项目

仿照前面的示例自行设计一个电流的测量显示系统，被测信号是由电流大小表征的，也就是说，要测量电流的大小，而单片机的 ADC 是对电压进行 A/D 转换，所以需要将电流变换成电压。

将电流变换成电压的方法有很多，最简单的就是在电路中串联一个小电阻；这个小电阻的阻值要足够小，小到不影响原有电流的大小，这是一个测量系统的重要原则，即测量系统尽量不要对被测系统产生影响。这个小电阻一般用 1 Ω 的精密电阻，这样，根据欧姆定律，电压等于电流乘以电阻，可知，电压的数值等于电流的数值，这样就将电流信号转换为电压信号。如果这样得到的电压数值过小，不便于测量，还可以将其进行高输入阻抗的电压放大，将其转换为便于用单片机内部 ADC 测量的大小。

将信号的大小进行变换、进行阻抗匹配、将电流转换为电压或相反，这些处理称为信号调理，是测量系统通常要考虑的重要问题。

项目要求：

① 设计一个完整的电流测量系统。

② 系统设计：将电流转换成电压，利用单片机内部的 ADC 进行测量，测量结果通过数码管显示，并在片内 EEPROM 中存储最近几次的测量结果，要求断电并重启后，仍然能读取断电前存储的内容。

③ 设计硬件和软件来实现以上功能。

④ 将编译后的.hex 文件下载到单片机中。

⑤ 安装单片机电路，连接电源并进行测试，记录测试结果。

⑥ 完成项目报告。

第 5 章

实战二 温度采集控制系统

1）学习目标

了解温度测量的基本知识，熟悉测温集成电路 LM35，了解单片机数据的简单处理，综合巩固第 3 章所学知识，了解综合项目的设计方法。

2）项目导学

本章是在第 4 章的基础上进一步学习综合项目的设计方法，按键和显示部分采用 3.5 节按键与数码管驱动的电路和程序，对温度的测量需要用到 3.4 节实现 A/D 转换部分的知识。学习指导如下：

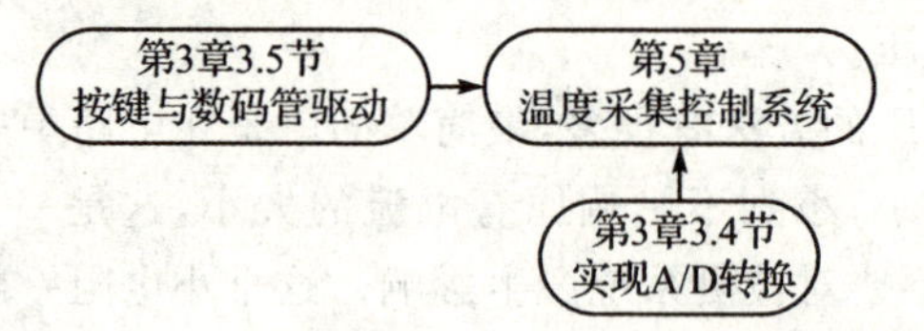

5.1 项目要求

用集成温度传感器 LM35 测量温度，并用数码管显示出测量结果；当温度超过一定限值时，用发光二极管和蜂鸣器报警，报警温度自定。

5.2 项目分析

通过项目要求可以了解到：对温度进行测量，需要将温度值转换为电压值，然后通过 A/D 转换将电压变换为数字量，最后用数码管显示。这里对电压进行 A/D 转换和驱动数码管显示部分与第 4 章的项目类似，新的任务主要是将温度值转换为电压值，这就需要了解项目中规定的集成温度传感器 LM35，并设计相关电路。

项目要求中的第二部分是对超出限定的温度值进行报警。当单片机完成数据采集功能后，要对某个值进行报警是十分容易的，只要通过比较语句比较大小，就能得出是否报警的结论。如果报警，就让某个 I/O 口输出高电平；如果不报警就让这个

I/O口输出低电平。当然反过来也可以,关键是如何设计外围报警电路。

5.2.1 温度测量的基本知识

在各类民用控制、工业控制以及航空航天技术等方面,温度测量和温度控制得到了广泛使用,是自动检测技术中发展最快、应用范围最广泛的技术之一。

温度是表征物体冷热程度的物理量,通常我们使用90国际温标(ITS-90)来表示温度的高低。90国际温标中有两种温度单位,一种是摄氏度(℃),另一种是开尔文(K),开尔文温度等于摄氏度温度加273.15。

常用的测量温度方法可以分为接触式测温和非接触式测温两大类,接触式测温比较常见,有热膨胀式、热电偶、热电阻和集成温度传感器等;非接触式测温主要有光纤式和辐射式等。

单片机运算速度比较慢,不适合对大量的数据进行高速处理,通常温度的变化比较缓慢,比较适合用单片机进行测量和处理。

5.2.2 测温集成电路LM35

LM35是一种集成电路温度传感器,具有很高的工作精度和较宽的线性工作范围,输出电压与摄氏温度线性成比例。LM35无需外部校准或微调,可以提供±1/4℃的常用的室温精度。特点如下:

- 工作电压:直流4~30 V;
- 工作电流:小于133 μA
- 输出电压:+6~-1.0 V
- 输出阻抗:1 mA负载时0.1 Ω;
- 精度:0.5℃精度(在+25℃时);
- 漏泄电流:小于60 μA;
- 比例因数:线性+10.0 mV/℃;
- 非线性值:±1/4℃;
- 校准方式:直接用摄氏温度校准;
- 封装:密封TO-46晶体管封装或塑料TO-92晶体管封装;
- 使用温度范围:-55~+150℃额定范围。

引脚排列:如图5.2.1所示,1脚为正电源($+V_S$);2脚为信号输出(V_{out});3脚为输出地和电源地(GND)。

0℃时输出为0 V,每升高1℃,输出电压增加10 mV,计算公式如下:

$$V_{out}=10T$$

式中,V_{out}为输出电压,单位为毫伏(mV);T为温度,单位为摄氏度(℃)。

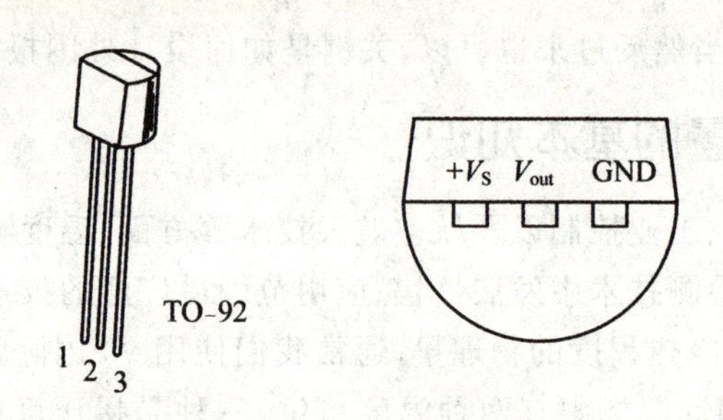

图 5.2.1 LM35 的引脚排列

5.2.3 数据的简单处理

单片机具有数据分析和处理的能力,在进行测量时要进行数据转换、数字滤波和误差校正等工作。

这里先简单介绍一下标度变换问题。首先,A/D 转换之后得到的结果是 10 位二进制数据,这个数据对应于多大的输入信号呢?最后要将输入信号的实际值表示出来,这就要进行数据处理,这方面 3.4.5 小节中有所介绍。

其次,传感器的输出信号幅度一般比较小,容易受到干扰,并且在 A/D 转换的时候不能充分利用参考电压提供的动态范围,导致测量结果精度不高。因此,通常对传感器的输出进行放大,使得信号的最大值接近于 A/D 转换器的参考电压,这样在单片机中就要做逆变换。比如前面模拟电路对传感器输出信号放大了 5 倍,在单片机中就要对测量结果缩小 5 倍。

最后,单片机的数据运算能力不是很强,尤其是在做乘除等复杂运算的时候。有时需要在编程时就对运算进行简化。比如去除小数部分进行近似;把乘以 2 用左移一位代替;把除以 2 用右移一位代替;把常数间的运算提前算出结果,在程序中直接使用这个结果。

例如,在程序中:

```
temp = (unsigned int)((unsigned long)((unsigned long )adc_old * 50)/0x3ff);
temp = temp * 2;
```

这样两句就可以合并简写为:

```
temp = adc_old/10;    //进行优化,减小单片机运算量:100/0x3ff = 10.23
```

5.3 系统设计与系统框图

根据对集成温度传感器 LM35 的了解,知道 LM35 能把温度的变化线性地转换为电压变化,则需要有一部分 LM35 测温电路使 LM35 能够正常完成转换工作。

LM35将温度变化转换为电压变化之后，需要用单片机完成A/D转换和驱动数码管显示工作，这部分可以参考第4章采用CH452驱动按键和数码管。

当温度超过限定值后需要报警，单片机程序很容易完成限定值的比较工作，并能输出1或0分别代表是否报警，这就需要一部分电路把1或0转换为数码管的亮暗和蜂鸣器是否鸣叫，这部分称为报警电路。

我们先完成一个比较简单的初始系统来实现前面分析的功能。在这个简单的系统里，温度报警的限定值是向单片机中烧写程序时烧写进去的，不能在工作中随时调整。简单系统完成后，读者可以在简单系统基础上再做一个比较复杂的系统，需要按键对温度的报警范围进行设定时，就需要有按键部分。在制作硬件电路部分时不妨先将按键加上去，便于对功能进行拓展。

假设温度正常时发光二极管亮、蜂鸣器不发声，则报警时发光二极管灭、蜂鸣器响。

系统设计后应该画出系统框图，这也是系统设计的阶段性成果。数码管驱动的部分可以采用CH452或74164串行驱动的方法，按键也可以采用中断的方式，这些都是系统设计时需要考虑的内容。图5.3.1是一个参考范例。

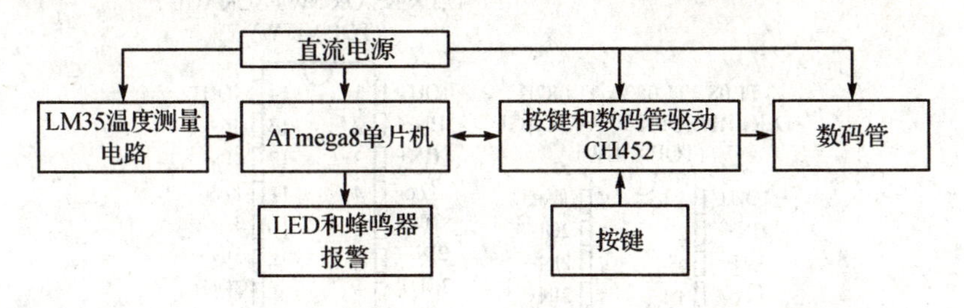

图5.3.1　系统框图

5.4　硬件设计

5.4.1　LM35的测温电路

在本例中假设温度在0～100℃，对应于LM35输出0～1 V电压。如前所述，为了充分利用ATmega8的A/D转换器动态范围，对LM35进行放大5倍的信号处理。LM35输出的模拟信号采用集成运算放大器进行放大，电路如图5.4.1所示。

图中R16和R17构成负反馈，R14和R15构成平衡电阻，实际应用时直接将LM35的2脚和TL082的3脚相连，省略R14和R15也不会有明显误差。

假设LM35的2脚电压为U_i，TL082的1脚电压为U_o，放大电路计算公式为：

$$U_o=\left(1+\frac{R_{17}}{R_{16}}\right)U_i$$

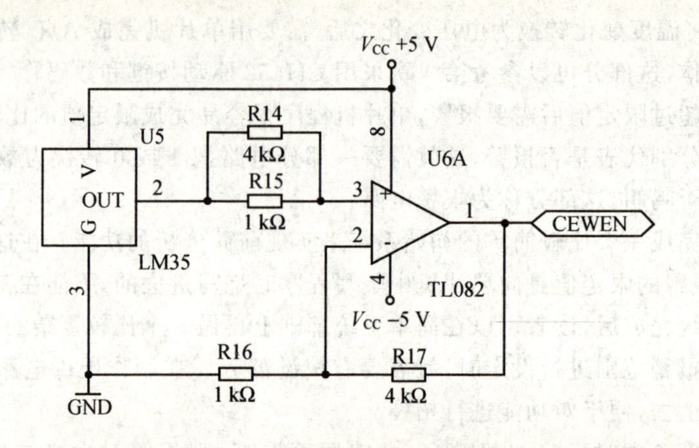

图 5.4.1 LM35 温度测量电路

这里采用集成运放 TL082 或 TL084,区别是每片 TL082 中有两个运放,而每片 TL084 中有 4 个运放,引脚如图 5.4.2 所示。

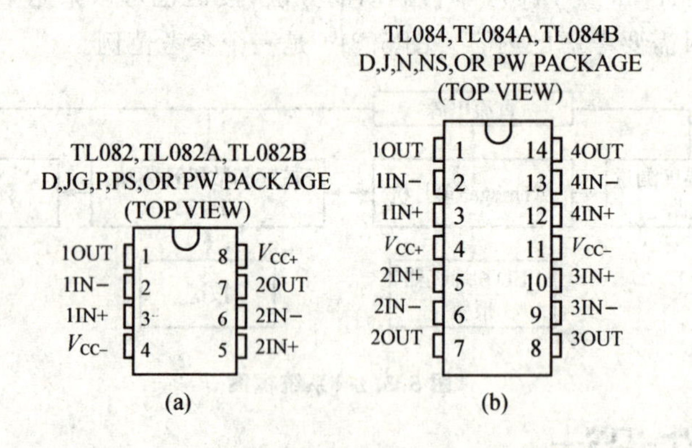

图 5.4.2 TL082 和 TL084 的引脚图

5.4.2 系统电路图

在图 3.5.5 的基础上加上 LM35 温度测量电路(图 5.4.1),再加上 LED 和蜂鸣器报警电路就构成本项目的总电路,如图 5.4.3 所示。图 5.4.4 为 LM35 测温小板实物图,图 5.4.5 为完整的 LM35 测温系统实物图。

LED 报警就借用 PB0 口所接的发光二极管 D6,PBO 为高电平时 D6 发光。蜂鸣器接在 PB1 口。由于蜂鸣器在工作时的电流比较大,所以通过一个三极管驱动,R18 为限流电阻。当 PB1 口输出高电平时,三极管饱和,蜂鸣器发声。

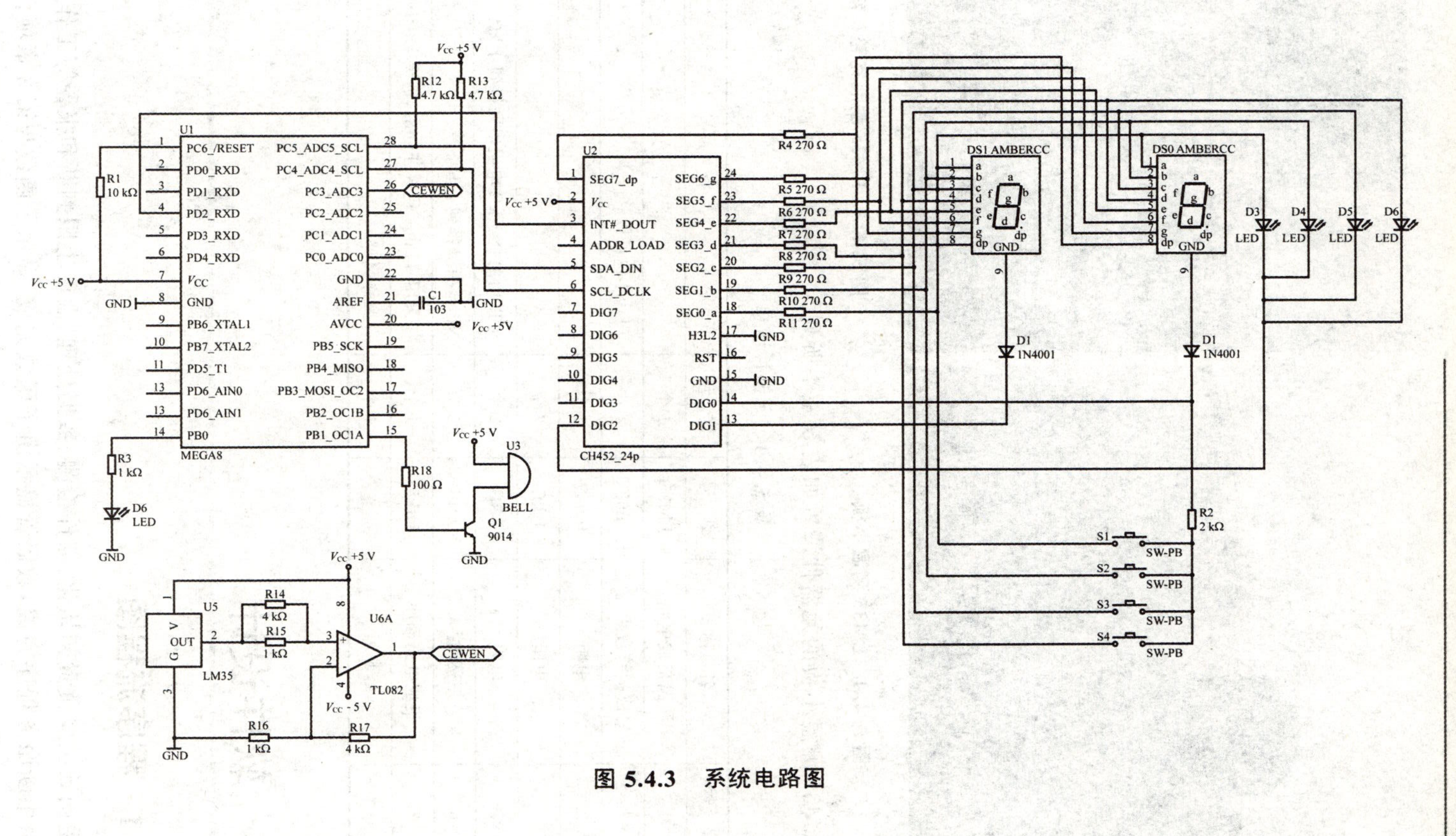
U1
MEGA8
PC6_/RESET
PD0_RXD
PD1_RXD
PD2_RXD
PD3_RXD
PD4_RXD
GND
PB6_XTAL1
PB7_XTAL2
PD5_T1
PD6_AIN0
PD6_AIN1
PB0
PC5_ADC5_SCL
PC4_ADC4_SCL
PC3_ADC3
PC2_ADC2
PC1_ADC1
PC0_ADC0
AREF
AVCC
PB5_SCK
PB4_MISO
PB3_MOSI_OC2
PB2_OC1B
PB1_OC1A
R1
10 kΩ
R12
4.7 kΩ
R13
4.7 kΩ
C1
103
CEWEN
R3
1 kΩ
D6
LED
R18
100 Ω
U3
BELL
Q1
9014
U2
CH452_24p
SEG7_dp
INT#_DOUT
ADDR_LOAD
SDA_DIN
SCL_DCLK
DIG7
DIG6
DIG5
DIG4
DIG3
DIG2
SEG6_g
SEG5_f
SEG4_e
SEG3_d
SEG2_c
SEG1_b
SEG0_a
H3L2
RST
DIG0
DIG1
R4 270 Ω
R5 270 Ω
R6 270 Ω
R7 270 Ω
R8 270 Ω
R9 270 Ω
R10 270 Ω
R11 270 Ω
DS1 AMBERCC
DS0 AMBERCC
D1
1N4001
D3
D4
D5
LED
R2
2 kΩ
S1
S2
S3
S4
SW-PB
U5
LM35
OUT
R14
4 kΩ
R15
1 kΩ
U6A
TL082
R16
1 kΩ
R17
4 kΩ

图 5.4.3　系统电路图

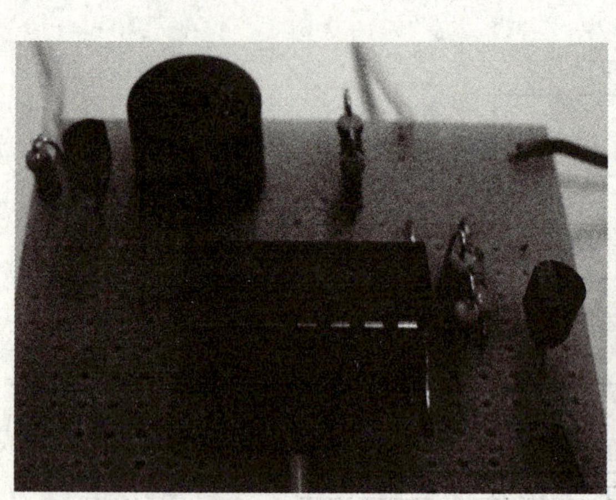

图 5.4.4 LM35 测温小板

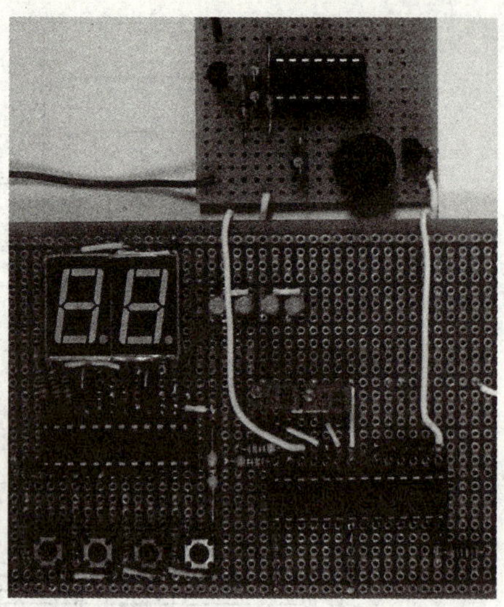

图 5.4.5 LM35 测温完整系统

LM35 测温小板的元器件清单如表 5.4.1 所列。

表 5.4.1 元器件清单

序 号	名 称	型 号	数 量	备 注
1	测温集成电路	LM35	1个	
2	集成运算放大器	TL082	1片	TL084 也可以
3	电阻	100 Ω	1个	
4	电阻	1 kΩ	2个	
5	电阻	4 kΩ	2个	可以用两个 2 kΩ 电阻串联得到 4 kΩ
6	三极管	9014	1个	NPN,引脚排列 e、b、c
7	集成电路插座	DIP8	1个	如果用 TL084 代替 TL082,需要 DIP14
8	蜂鸣器		1个	有源蜂鸣器

5.5 软件设计

5.5.1 程序流程图

主函数主要负责初始化、器件检测、数据处理、温度上限判断和报警等工作,A/D 转换由中断服务程序完成,数码管显示由子函数完成,显示子函数与第 3 章项目五相同,此处不赘述。主函数流程图如图 5.5.1 所示。

5.5.2 C语言源程序

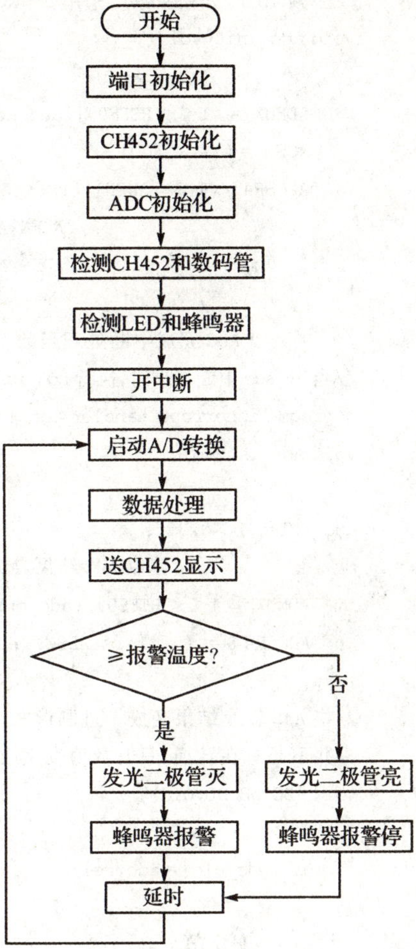

```
/******************************/
/*  LM35 温度测量       */
/*  目标 MCU:MEGA8 晶振:内部振荡器 1MHz  */
/*  文件名称:thermometer.c     */
/******************************/
//用 LM35 对温度测量,显示并对限定值进行
//报警温度测量并显示,当超过 26℃ 时蜂鸣器
//报警,当低于 26℃ 时发光二极管亮
//用 ADC 需要将相应 IO 口设置为输入端口
//PB1 口为 1: 蜂鸣器报警
//PB0 口为 1: 发光二极管亮
#include <iom8v.h>
#include <macros.h>
unsigned int adc_rel;  //读取 A/D 转换结果
unsigned int adc_old;  //上一次 ADC 结果
unsigned char adc_mux = 0x03; //选择 ADC 通道
unsigned int temp;//临时变量,用于存储转换
                  //成十进制的 AD 转换结果
//子函数声明
void port_init(void);
void delay_s(unsigned int n);
void adc_init(void);
void adc_isr(void);
void ADCtoBCD(void);
void ch452_init(void);
void iic_send(void);
void display_ch452(unsigned int diaplay_k);
void delay_1us(void);
// 端口定义
void port_init(void)
{
    DDRB = 0xff;        //B 口 1111 1111 PB1 为温度报警输出
    DDRC = 0xf0;        //C 口 1111 0000 PC0,PC1,PC2,PC3 设为输入,其余为输出
    DDRD = 0xfb;        //D 口 1111 1011 PD2(INT0)设为外部中断输入,其余为输出
}
/*          ADC 初始化函数             */
//逐次逼近电路需要一个从 50 kHz~200 kHz 的输入时钟
```

开始
端口初始化
CH452初始化
ADC初始化
检测CH452和数码管
检测LED和蜂鸣器
开中断
启动A/D转换
数据处理
送CH452显示
≥报警温度?
是 / 否
发光二极管灭 / 发光二极管亮
蜂鸣器报警 / 蜂鸣器报警停
延时

图 5.5.1 主函数流程图

```
//主频 1MHz,分频系数应采用 5~20,根据数据手册 Table 76 可以选 16 或 8,此处选 16
void adc_init(void)
{
    ADMUX = (1<<REFS0)|(adc_mux&0x0f);   //选择内部 AVCC 为基准
    ACSR = (1<<ACD);                     //关闭模拟比较器
    ADCSRA = (1<<ADEN)|(1<<ADSC)|(1<<ADFR)|(1<<ADIE)|(1<<ADPS2);
                    //ADEN:ADC 使能;ADSC:ADC 开始转换(初始化)
                    //ADFR:ADC 连续转换;ADIE:ADC 中断使能;16 分频
}
/*          ADC 完成中断处理函数            */
//当 iv_adc 中断请求时,执行 adc_isr()子函数,<iom8v.h>中已定义 15 号中断用 iv_adc 助记
#pragma interrupt_handler adc_isr:15 //当 ADC 中断请求时,执行 adc_isr()子函数
void adc_isr(void)
{
adc_rel = ADC&0x3ff;
            //读取 ADC 结果,ADC 为地址指针指向的 16 位的无符号整型寄存器
    ADMUX = (1<<REFS0)|(adc_mux&0x0f);   //选择内部 AVCC 为基准,选择对应通道
    ADCSRA &= (~(1<<ADSC));              //禁止 A/D 转换
}
//将 A/D 转换结果变成十进制形式(BCD 码)
//并不是总在转换,只有数值发生改变的时候才进行转换,以免浪费资源
void ADCtoBCD(void)
{
    if (adc_old!= adc_rel)
    {
        adc_old = adc_rel;
        temp = adc_old/10;//进行优化,减小单片机运算量:100/0x3ff = 10.23
    }
}
void main(void)
{
    port_init();        //端口初始化
    ch452_init();       //CH452 初始化
    adc_init();         //ADC 初始化
    SEI();
    temp = 0x0f;
    display_ch452(temp);      //显示一个固定数值(15),检测电路好坏
    PORTB = 0xff;             //检查发光二极管和蜂鸣器好坏
    delay_s(15);
    PORTB = 0x00;
```

```
    while(1)
    {
        ADCSRA |= (1<<ADSC);      //启动A/D转换
        ADCtoBCD();               //数据处理
        display_ch452(temp);      //调用显示函数进行显示
        if(temp>=26)              //以26摄氏度为报警界限调节
        {
            PORTB=PINB&(~(1<<PB0));     //发光二极管灭
            delay_1us();   /*写端口寄存器PORTx后应延时,然后再读取PINx*/
            PORTB=PINB|(1<<PB1);        //蜂鸣器报警
        }
        else
        {
            PORTB=PINB&(~(1<<PB1));     //蜂鸣器静音
            delay_1us();   /*若下一句改为"PORTB 1=(1<<PB0);",则不需要延时*/
            PORTB=PINB|(1<<PB0);        //发光二极管亮
        }
        delay_s(15);   //延时刷新数据
    }
}
```


5.6 练习项目

读者在前面例子的基础上可以进一步练习,开发出更接近具有实用价值的产品。下面给出一些进一步练习的选项,不同基础的读者可以根据自己的情况部分或全部完成以下功能:

① 用集成温度传感器LM35对两个地方的温度进行测量,用数码管显示出测量结果;当温度超过一定限值时,用点亮LED同时蜂鸣器发声的方法报警;用按键切换选择测量的通道和显示的通道。

② 把测量结果存储在片内EEPROM中,断电重启后能通过按键调出断电前两个通道的最后一次测量值。报警温度自定,按键的数量自定。

③ 增加继电器控制,用弱电控制强电。上电运行时,令继电器吸合,模拟电热炉加热。在蜂鸣器报警时,令继电器断开,模拟过热保护,停止加热。

④ 在按键处理中加入能改变报警温度的程序。比如按一个按键,则报警温度上调一度,按另一个键,报警温度下调一度,按一个键将设定内容存储在EEPROM中(相当于确认键),单片机断电后重新上电时,能自动从EEPROM中读取设定的报警温度。

项目要求:

① 设计一个完整的电流测量系统。

② 系统设计:参照前面建议自行设计功能,画出系统框图。

③ 设计硬件和软件来实现以上功能。

④ 将编译后的.hex文件下载到单片机中。

⑤ 安装单片机电路,连接电源并进行测试,记录测试结果。

⑥ 完成项目报告。

第6章

实战三　直流电动机控制系统

1）学习目标

了解直流电动机的基本知识，学习 PWM 的使用，综合巩固第 3 章所学知识，了解综合项目的设计方法。

2）项目导学

本章在 3.2 节和 3.6 节的基础之上学习综合系统的设计方法；并且要进一步学习定时器的 PWM 使用，这需要有 3.1 节定时器的应用基础。学习指导如下：

6.1　项目要求

通过按键对电动机进行控制，能够启动、停止电动机；能用 PWM 方式改变电动机转速；把电动机运行状态存储在片内 EEPROM 中，当断电重启后，能自动按照断电前的状态或速度运行。

6.2　项目分析

本项目要求对电动机进行控制，能够启动、停止电动机，显然这里需要用按键通过中断来干预单片机的运行。这就需要借鉴 3.2 节的相关知识。

项目要求中的第二部分是用 PWM 方式改变电动机转速，这里要求单片机必须能够产生 PWM 波，然后经过功率放大带动电动机运行。

项目要求的第三部分是存储电动机运行状态，这就要用到 3.6 节片内 EEPROM 使用的相关知识。

6.2.1　直流电动机的基本知识

电动机是一种将电能转换为机械能的设备，直流电动机能将直流电的电能转换为旋转的机械能。直流电动机具有优异的调速性能，应用广泛，在很多设备中都能找到直流电动机。

图 6.2.1 为电动玩具中的直流电动机，图 6.2.2 为电动剃须刀中的直流电动机。

图 6.2.1　电动玩具内的电动机

图 6.2.2　电动剃须刀内的电动机

直流电动机的结构通常分为前端盖、换向刷、转子、定子、后端盖和轴承等。图 6.2.3为打开的电动剃须刀的电动机，可以清楚地看到内部结构。

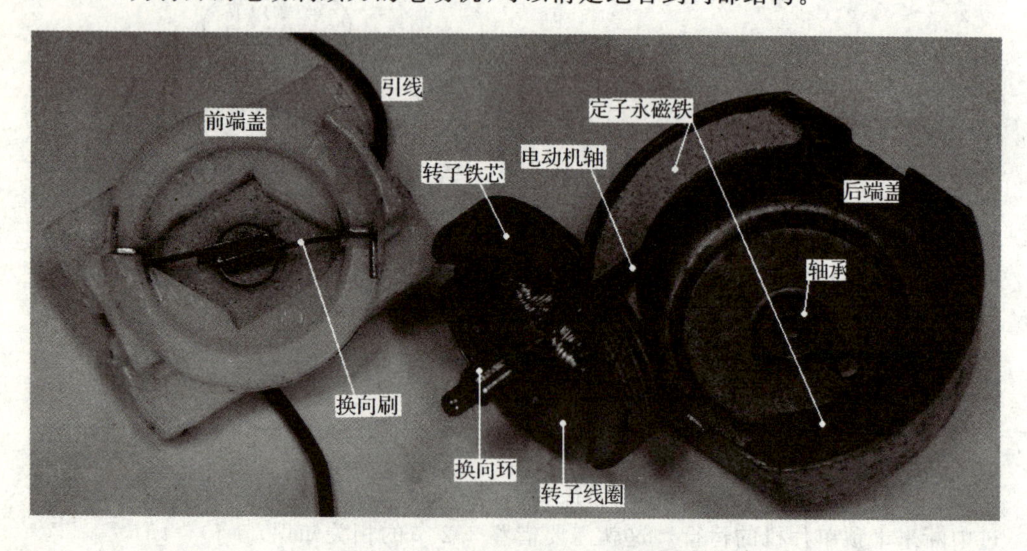

图 6.2.3　直流电动机的内部结构

直流电动机通常都有两个接线柱或引线，分别标明正负极，也有些只在正极标“+”号。必须指出的是，电动机正负号仅仅代表加电压时电动机轴的转动方向，也就是按照标明的极性加直流电压，电动机就会正转，反过来加直流电压，电动机就会反转。直流电动机的正转特性和反转特性完全一样,实际应用时要根据实际需要确定直流电压极性。

直流电动机的转动速度与所加电压的高低有直接关系,电压越高转动越快,但不能超过规定电压,以防击穿线圈或烧毁电动机。电压太低也不会使电动机转动,因为电动机轴的静摩擦力远比转动摩擦力大得多,启动的时候需要电流要比较大,这时可以给一个比较高的电压,使电动机转起来,然后根据转速要求确定工作电压。也就是说,控制直流电动机的电源电压高低是直流电动机调速的一个重要手段。

直流电动机输出的机械能大小与流过电动机线圈的电流大小直接相关,电流越大,输出机械能越大,但电动机发热也越厉害,严重时会烧毁电动机。大多数电动机的烧毁是因为阻止电动机转动的力量过大,导致电动机线圈中的电流过大,保护装置没有及时起作用,导致电动机烧毁。

6.2.2 脉冲宽度调制技术

脉冲宽度调制(Pulse Width Modulation,PWM),简称脉宽调制,是利用微处理器的数字输出来对模拟电路进行控制的一种非常有效的技术,具有经济、节约空间、抗噪性能强等优点,广泛应用在从测量、通信到功率控制与变换的许多领域中。在电动机控制领域里强调节能环保的变频技术,比如变频空调、变频洗衣机和变频电冰箱等,其实核心技术就是PWM技术。

PWM是利用直流脉冲序列的占空比变化来改变直流电的平均值。直流电压的高低是指脉冲的平均值大小,脉冲是由高电平和低电平构成的,高电平存在的时间在整个周期中所占的时间比例称为占空比。高电平时间越长,占空比越大,平均值越大,电压越高。低电平时间越长,占空比越小,电压越低,如图6.2.4所示。在图6.2.4中,高电平为10 V,低电平为0 V,图6.2.4(a)的占空比为70%,电压平均值为7 V;图6.2.4(b)的占空比为20%,电压平均值为2 V。通过控制高电平时间的长短就可以改变占空比,调节输出电压的高低,对电动机进行调速。

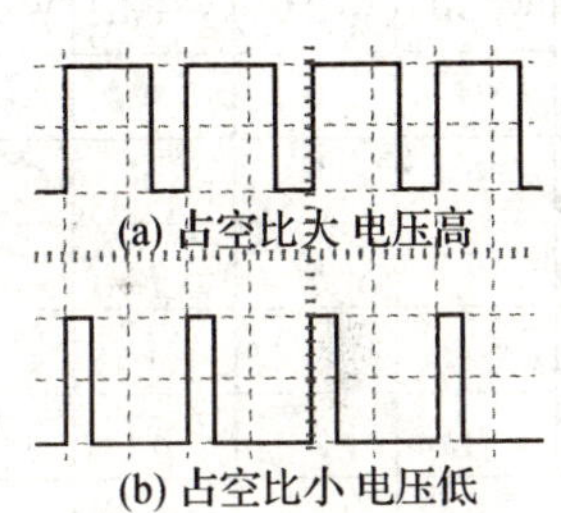

图6.2.4 不同占空比

通常,PWM的输出是脉冲序列,在要求严格直流的场合必须进行仔细地滤波,滤除其中的交流成分。在电动机调速的场合经常对滤波环节进行简化,主要原因在于,电动机的转动速度远比电脉冲频率低,而且机械阻尼会减少电动机的抖动;还有一个更重要的原因在于:电动机的转子绕组是一个很大的电感线圈,可以对脉冲序列进行很好的滤波作用。

6.2.3 单片机内的PWM模块

AVR单片机内部集成了PWM模块,这些PWM模块在运行时可以不占用

CPU 资源,不影响其他程序的运行。ATmega8 具有三通道 PWM,分别是 15 脚(OC1A)、16 脚(OC1B)和 17 脚(OC2)的第二功能。

定时器控制这些 PWM 模块产生 PWM 波,15 脚(OC1A)和 16 脚(OC1B)要受定时器 1 控制,17 脚(OC2)受定时器 2 控制。定时器 1 和定时器 2 有 4 种工作模式,分别是普通模式、CTC(比较匹配时清零定时器)模式、快速 PWM 模式和相位与频率修正 PWM 模式。

1. T/C1 控制寄存器 TCCR1A

TCCR1A 是 T/C1 控制寄存器,主要对工作模式进行控制,各位的名称如下:

Bit	7	6	5	4	3	2	1	0	
	COM1A1	COM1A0	COM1B1	COM1B0	FOC1A	FOC1B	WGM11	WGM10	TCCR1A
读/写	R/W	R/W	R/W	R/W	W	W	R/W	R/W	
初始值	0	0	0	0	0	0	0	0	

WGM11 和 WGM10 与位于 TCCR1B 寄存器的 WGM13、WGM12 相结合,用于控制计数器计数的上限值并确定波形发生器的工作模式,见表 6.2.1。T/C1 支持的工作模式有普通模式(计数器)、比较匹配时清零定时器(CTC)模式及 3 种脉宽调制(PWM)模式。

表 6.2.1 波形产生模式的位描述

模式	WGM13	WGM12	WGM11	WGM10	定时/计数器 1 工作模式	TOP	OCR1x 更新时刻	TOV1 置位时刻
0	0	0	0	0	普通模式	0xFFFF	立即更新	MAX
1	0	0	0	1	8 位相位修正 PWM	0x00FF	TOP	BOTTOM
2	0	0	1	0	9 位相位修正 PWM	0x01FF	TOP	BOTTOM
3	0	0	1	1	10 位相位修正 PWM	0x03FF	TOP	BOTTOM
4	0	1	0	0	CTC	OCR1A	立即更新	MAX
5	0	1	0	1	8 位快速 PWM	0x00FF	TOP	TOP
6	0	1	1	0	9 位快速 PWM	0x01FF	TOP	TOP
7	0	1	1	1	10 位快速 PWM	0x03FF	TOP	TOP
8	1	0	0	0	相位与频率修正 PWM	ICR1	BOTTOM	BOTTOM
9	1	0	0	1	相位与频率修正 PWM	OCR1A	BOTTOM	BOTTOM
10	1	0	1	0	相位修正 PWM	ICR1	TOP	BOTTOM
11	1	0	1	1	相位修正 PWM	OCR1A	TOP	BOTTOM
12	1	1	0	0	CTC	ICR1	立即更新	MAX
13	1	1	0	1	保留	—	—	—
14	1	1	1	0	快速 PWM	ICR1	TOP	TOP
15	1	1	1	1	快速 PWM	OCR1A	TOP	TOP

FOC1A 为通道 A 强制输出比较,FOC1B 为通道 B 强制输出比较。只有当 WGM[13:0]指定为非 PWM 模式时被激活。为与其他 AVR 单片机兼容,工作在 PWM 模式下对 TCCR1A 写入时,这两位必须清零。

COM1A[1:0]与 COM1B[1:0]分别控制 OC1A 与 OC1B 状态。如果 COM1A[1:0](COM1B[1:0])的一位或两位被写入 1,OC1A(OC1B)输出功能将取代 I/O 端口功能。此时 OC1A(OC1B)相应的输出引脚数据方向控制必须置位以使能输出驱动器。

OC1A(OC1B)与物理引脚相连时,COM1x[1:0]的功能由 WGM[13:0]的设置决定。表 6.2.2 给出当 WGM1[3:0]设置为比较输出模式与快速 PWM 模式时的各位说明。

表 6.2.2 比较输出模式与快速 PWM 模式

COM1A1/COM1B1	COM1A0/COM1B0	说 明
0	0	普通端口操作,OC1A/OC1B 未连接
0	1	WGM1[3:0]=15:比较匹配时 OC1A 取反,OC1B 未连接 WGM1[3:0]为其他值时为普通端口操作,OC1A/OC1B 未连接
1	0	比较匹配时清零 OC1A/OC1B,OC1A/OC1B 在 TOP 时置位
1	1	比较匹配时置位 OC1A/OC1B,OC1A/OC1B 在 TOP 时清零

2. T/C1 控制寄存器 TCCR1B

TCCR1B 是 T/C1 控制寄存器,主要对时钟选择(如表 6.2.3 所列)进行控制,各位的名称如下所示:

Bit	7	6	5	4	3	2	1	0	
	ICNC1	ICES1	–	WGM13	WGM12	CS12	CS11	CS10	TCCR1B
读/写	R/W	R/W	R	R/W	R/W	R/W	R/W	R/W	
初始值	0	0	0	0	0	0	0	0	

WGM13 和 WGM12 与位于 TCCR1A 寄存器的 WGM11、WGM10 相结合,用于控制计数器计数的上限值和确定波形发生器的工作模式,见表 6.2.1。

表 6.2.3 TCCR1B 时钟选择

CS12	CS11	CS10	说 明
0	0	0	无时钟,T/C 不工作
0	0	1	clk/1(无预分频)
0	1	0	clk/8(8 分频)
0	1	1	clk/64(64 分频)
1	0	0	clk/256(256 分频)

续表 6.2.3

CS12	CS11	CS10	说 明
1	0	1	clk/1 024(1 024 分频)
1	1	0	时钟由 T1 引脚输入,下降沿触发
1	1	1	时钟由 T1 引脚输入,上升沿触发

ICNC1 为输入捕捉噪声抑制器选择位,ICES1 为输入捕捉触发沿选择位。

3. T/C1 数据寄存器 TCNT1H 与 TCNT1L

Bit	7	6	5	4	3	2	1	0	
	TCNT1[15:8]								TCNT1H
	TCNT1[7:0]								TCNT1L
读/写	R/W	R/W	R/W	R/W	R/W	R/W	R/W	R/W	
初始值	0	0	0	0	0	0	0	0	

TCNT1H 与 TCNT1L 组成了 T/C1 的数据寄存器 TCNT1。通过它们可以直接对定时/计数器单元的 16 位计数器进行读/写访问。

在计数器运行期间修改 TCNT1 的内容有可能丢失一次 TCNT1 与 OCR1x 的比较匹配操作。写 TCNT1 寄存器将在下一个定时器周期阻塞比较匹配。

4. 输入捕捉寄存器 ICR1H 与 ICR1L

Bit	7	6	5	4	3	2	1	0	
	ICR1[15:8]								ICR1H
	ICR1[7:0]								ICR1L
读/写	R/W	R/W	R/W	R/W	R/W	R/W	R/W	R/W	
初始值	0	0	0	0	0	0	0	0	

当外部引脚 ICP1(或 T/C1 的模拟比较器)有输入捕捉触发信号产生时,计数器 TCNT1 中的值写入 ICR1 中。ICR1 的设定值可作为计数器的 TOP 值。

5. 输出比较寄存器 OCR

输出比较寄存器包括 OCR1A 和 OCR1B 两个 16 位寄存器,分别对应 15 脚(OC1A)和 16 脚(OC1B)。

该寄存器中的 16 位数据与 TCNT1 寄存器中的计数值进行连续比较,一旦数据匹配,则产生一个输出比较中断或改变 OC1x 的输出逻辑电平。

6. 使用快速 PWM

快速 PWM 模式(WGM[13:0]=5、6、7、14 或 15)可用来产生高频的 PWM 波形。计数器从 BOTTOM 计到 TOP,然后立即回到 BOTTOM 重新开始。由于使用了单边斜坡模式,快速 PWM 模式的工作频率比使用双斜坡的相位修正 PWM 模式高一倍。此高频操作特性使得快速 PWM 模式十分适合于功率调节、整流和 DAC 应用。高频可以减小外部元器件(电感、电容)的物理尺寸,从而降低系统成本。

工作于快速 PWM 模式时,PWM 分辨率可固定为 8、9 或 10 位,也可由 ICR1 或 OCR1A 定义。最小分辨率为 2 比特(ICR1 或 OCR1A 设为 0x0003),最大分辨率为 16 位(ICR1 或 OCR1A 设为 MAX)。

工作于快速 PWM 模式时,计数器的数值一直累加到固定数值 0x00FF、0x01FF、0x03FF(WGM[13:0]=5、6 或 7)、ICR1(WGM[13:0]=14)或 OCR1A(WGM[13:0]=15),然后在后面的一个时钟周期清零,具体的时序如图 6.2.5 所示。图中给出了当使用 OCR1A 或 ICR1 来定义 TOP 值时的快速 PWM 模式。其中,图中柱状的 TCNT1 表示这是单边斜坡操作。方框图同时包含了普通的 PWM 输出以及反向 PWM 输出。TCNT1 斜坡上的短水平线表示 OCR1x 和 TCNT1 的匹配比较。比较匹配后 OC1x 中断标志置位。

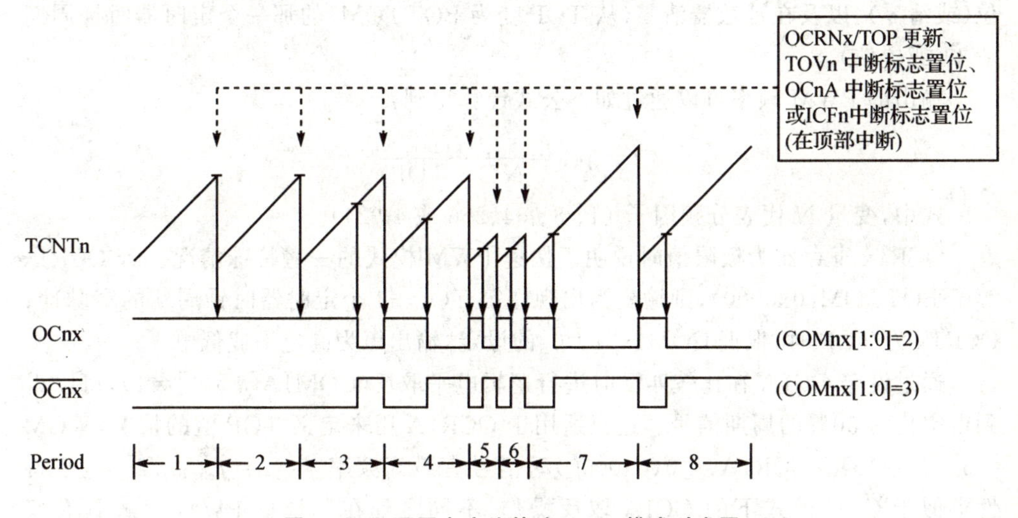

图 6.2.5 不同占空比快速 PWM 模式时序图

计时器数值达到 TOP 时 T/C 溢出标志 TOV1 置位。另外,若 TOP 值是由 OCR1A 或 ICR1 定义的,则 OC1A 或 ICF1 标志将与 TOV1 在同一个时钟周期置位。如果中断使能,则可以在中断服务程序里更新 TOP 以及比较数据。

改变 TOP 值时必须保证新的 TOP 值不小于所有比较寄存器的数值,否则,TCNT1 与 OCR1x 不会出现比较匹配。使用固定的 TOP 值时,向任意 OCR1x 寄存器写入数据时未使用的位将屏蔽为"0"。

定义 TOP 值时更新 ICR1 与 OCR1A 的步骤是不同的。ICR1 寄存器不是双缓冲寄存器,这意味着当计数器以无预分频器或很低的预分频工作的时候,给 ICR1 赋一个小的数值时存在着新写入的 ICR1 数值比 TCNT1 当前值小的危险,结果是计数器丢失一次比较匹配。在下一次比较匹配发生之前,计数器不得不先计数到最大值 0xFFFF,然后再从 0x0000 开始计数,直到比较匹配出现。而 OCR1A 寄存器则是双缓冲寄存器,这一特性决定 OCR1A 可以随时写入,且写入的数据放入 OCR1A 缓冲寄存器。在 TCNT1 与 TOP 匹配后的下一个时钟周期,OCR1A 比较寄存器的内容被缓冲寄存器的数据更新。在同一个时钟周期 TCNT1 被清零,而 TOV1 标志被设置。

使用固定 TOP 值时最好使用 ICR1 寄存器定义 TOP,这样 OCR1A 就可以用于在 OC1A 输出 PWM 波。但是,如果 PWM 基频不断变化(通过改变 TOP 值),OCR1A 的双缓冲特性使其更适合于这个应用。

工作于快速 PWM 模式时,比较单元可以在 OC1x 引脚上输出 PWM 波形。设置 COM1x[1:0]为 2,可以产生普通的 PWM 信号;为 3,则可以产生反向 PWM 波形。此外,要真正从物理引脚上输出信号还必须将 OC1x 的数据方向 DDR_OC1x 设置为输出。产生 PWM 波形的机理是 OC1x 寄存器在 OCR1x 与 TCNT1 匹配时置位(或清零),以及在计数器清零(从 TOP 变为 BOTTOM)的那一个定时器时钟周期清零(或置位)。

输出的 PWM 频率可以通过如下公式计算得到:

$$f_{\mathrm{OCnxPWM}}=\frac{f_{\mathrm{clk+I/O}}}{N(1+\mathrm{TOP})}$$

式中,变量 N 代表分频因子 (1、8、64、256 或 1 024)。

OCR1x 寄存器为极限值时说明了快速 PWM 模式的一些特殊情况。若 OCR1x 等于 BOTTOM(0x0000),则输出为出现在第 TOP+1 个定时器时钟周期的窄脉冲;OCR1x 为 TOP 时,根据 COM1x[1:0]的设定,输出恒为高电平或低电平。

通过设定 OC1A 在比较匹配时进行逻辑电平取反(COM1A[1:0]=1),可以得到占空比为 50%的周期信号。这只适用于 OCR1A 用来定义 TOP 值的情况(WGM[13:0]=15)。OCR1A 为 0(0x0000)时信号有最高频率 $f_{\mathrm{OC1A}}=f_{\mathrm{clk\_I/O}}/2$。这个特性类似于 CTC 模式下的 OC1A 取反操作,不同之处在于快速 PWM 模式具有双缓冲。

7. 读/写 16 位寄存器

TCNT1、OCR1A/B 与 ICR1 是 AVR CPU 通过 8 位数据总线可以访问的 16 位寄存器。读/写 16 位寄存器需要两次操作。每个 16 位计时器都有一个 8 位临时寄存器用来存放其高 8 位数据。写 16 位寄存器时,应先写入该寄存器的高位字节。而读 16 位寄存器时应先读取该寄存器的低位字节。使用 C 语言时,编译器会自动处理 16 位操作。

注意到 16 位寄存器的访问是一个基本操作,是非常重要的。在对 16 位寄存器操作时,最好首先屏蔽中断响应,防止在主程序读/写 16 位寄存器的两条指令之间发生这样的中断:它也访问同样的寄存器或其他的 16 位寄存器,从而更改了临时寄存器。如果这种情况发生,那么中断返回后临时寄存器中的内容已经改变,造成主程序对 16 位寄存器的读/写错误。

读 16 为寄存器 TCNT1 的例子:

```
unsigned int TIM16_ReadTCNT1( void )
{
    unsigned char sreg;
    unsigned int i;
    /* 保存全局中断标志 */
    sreg = SREG;
    /* 禁用中断 */
    _CLI();
    /* 将 TCNT1 读入 i */
    i = TCNT1;
    /* 恢复全局中断标志 */
    SREG = sreg;
    return i;
}
```

写 16 为寄存器 TCNT1 的例子：

```
void TIM16_WriteTCNT1 ( unsigned int i )
{
    unsigned char sreg;
    unsigned int i;
    /* 保存全局中断标志 */
    sreg = SREG;
    /* 禁用中断 */
    _CLI();
    /* 设置 TCNT1 到 i */
    TCNT1 = i;
    /* 恢复全局中断标志 */
    SREG = sreg;
}
```

6.3　系统设计与系统框图

根据前面的分析，控制 PWM 波的占空比是控制电动机转速的关键，这个任务可以用单片机来完成，但是单片机输出的功率有限，不能直接带动电动机，必须经过功率放大，功率放大环节也称为驱动环节。所以系统的主体是用单片机驱动电动机，这主要包括单片机、驱动电路和电动机等几个部分。

电动机的电源电压往往与单片机的电源电压不一样，所以一般需要两个电源供电。

项目要求用按键控制电动机的启动和停止等运行情况，所以系统中应包括按键；为便于调试程序和观察系统运行情况，还要有发光二极管。综上所述，整个系统的框图如图 6.3.1 所示。

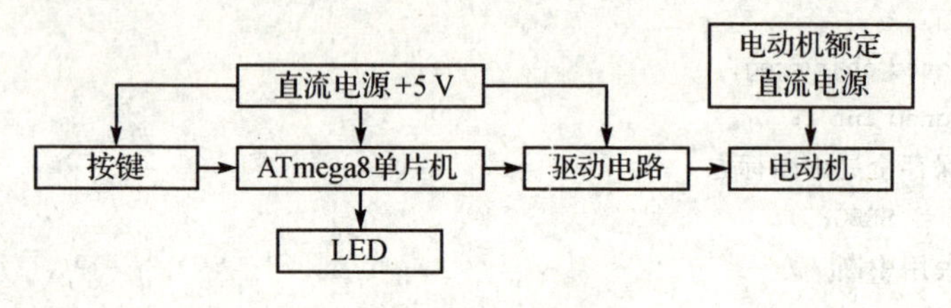

图 6.3.1　系统框图

6.4　硬件设计

6.4.1　电动机驱动电路

电动机驱动电路如图 6.4.1 所示。图中三极管 Q1 和 Q2 采用了复合三极管的形式，如图 6.4.2 所示，这种方式经常用于前级驱动能力不强，而后级一个三极管的功率又不够大的情况，一般前面的 Q1 功率比较小，需要的驱动电流也小，后面的 Q2 功率较大，驱动电流由 Q1 提供。

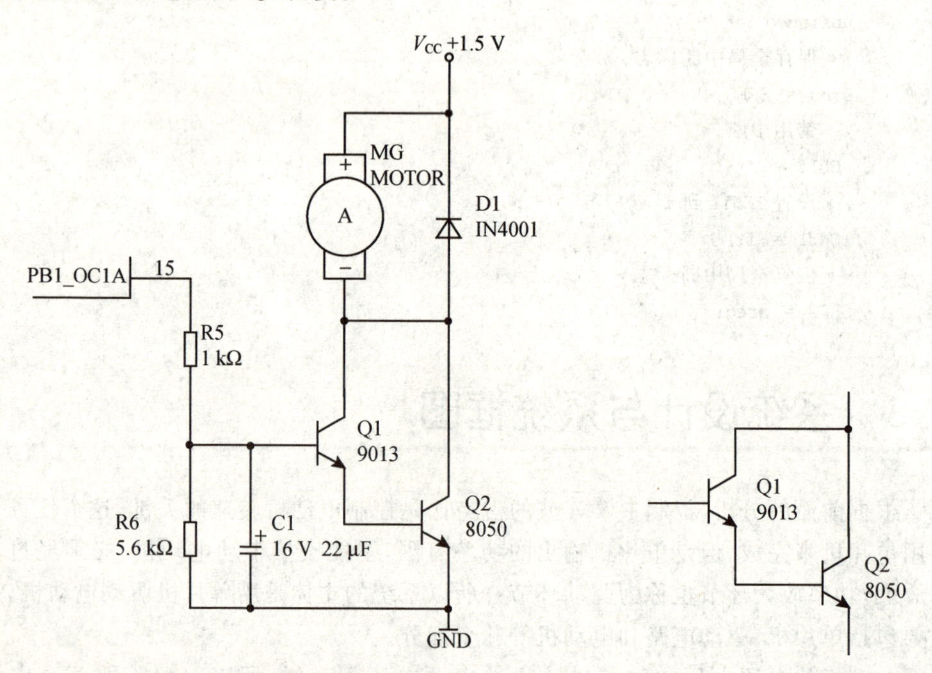

图 6.4.1　电动机驱动电路　　　　图 6.4.2　复合三极管

图 6.4.1 中，从单片机 15 脚输出的 PWM 波是一个脉冲序列，里面包含了大量的交流成分，R5、R6 与 C1 构成滤波电路，这样流过电动机的电流比较平滑。

图6.4.1中的D1称为续流二极管，用来保护驱动电路。当电动机在转动时，电动机转子线圈会流过比较大的电流，线圈会产生很强的磁场，当电动机突然被控制电路断电停转时，这个磁场会在线圈中产生非常高的感应电动势，要延续原有电流，这个感应电动势会击穿已经被切断的三极管，造成三极管损坏。感应电动势的方向是要延续原有电流的方向，续流二极管提供了感应电动势的闭合回路，从而保护了驱动电路。

6.4.2 系统电路图

三极管9013和8050的封装和引脚排列如图6.4.3所示，主要参数如表6.4.1所列。

表6.4.1 三极管参数表

名 称	极 性	功 能	耐 压	电流/A	功率/W	频率/MHz	配对管
9013	NPN	放大	50V	0.5	0.625W	150	9012
8050	NPN	高频放大	40V	1.5	1W	100	8550

二极管IN4001的主要参数如表6.4.2所列。

表6.4.2 二极管IN4001主要参数

型 号	最高反向峰值电压/V	平均整流电流/A	最大峰值浪涌电流/A	最大反向漏电流/μA	正向压降/V	外 型
IN4001	50	1.0	30	5.0	1.0	DO-41

系统电路如图6.4.4所示，图中按键按下时，单片机外部中断输入口会出现低电平。图6.4.5为线路板的实物照片。

元器件清单如表6.4.3所列。

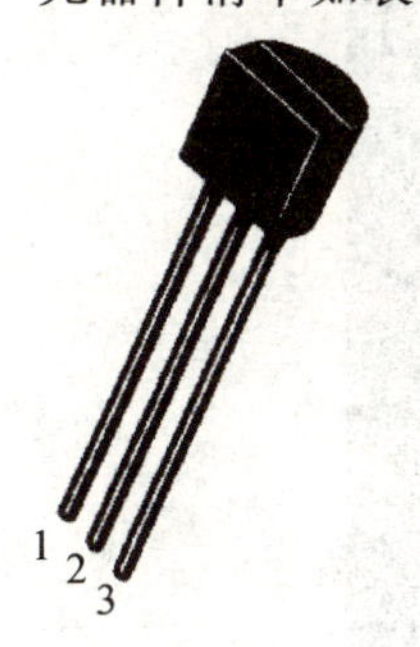

图6.4.3 三极管9013和8050的封装和引脚排列

表6.4.3 元器件清单

序 号	名 称	型 号	数 量	备 注
1	按键	小	2个	按下闭合，松开断开
2	电阻	1 kΩ	2个	
3	电阻	5.6 kΩ	1个	
4	电阻	10 kΩ	3个	
5	电容	22 μF/16 V	1个	
6	三极管	9013	1个	NPN，引脚排列 e，b，c
7	三极管	8050	1个	NPN，引脚排列 e，b，c
8	二极管	1N4001	1个	
9	单片机	ATmega8	1片	
10	微型直流电动机		1个	

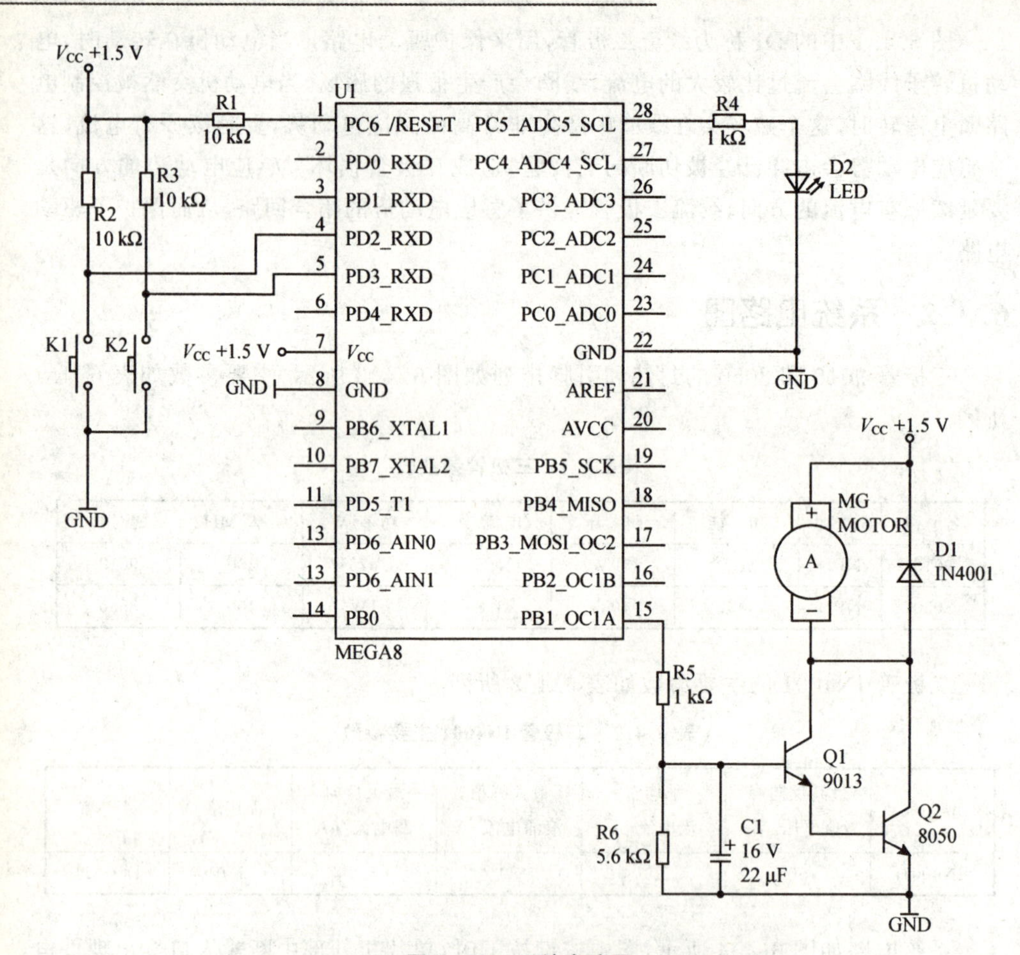

图 6.4.4　系统电路图

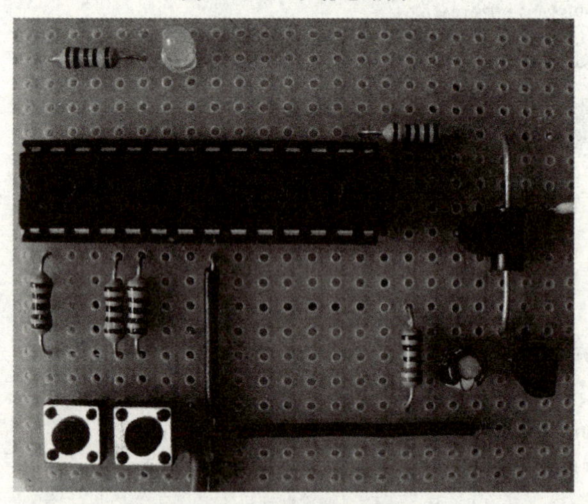

图 6.4.5　线路板实物照片

6.5 软件设计

6.5.1 程序流程图

主函数流程如图 6.5.1 所示，在主函数中主要进行初始化、读/写 EEPROM、按键处理和电动机运行状态管理等工作。电动机运行状态主要由按键确定，按键的消抖在中断服务程序中完成。电动机到达最大状态（状态 3）或最小状态（状态 0）时，LED 闪亮一下，以示提醒。电动机运行状态改变后，立刻将新状态写入 EEPROM，更新存储在 EEPROM 中的数据。

单片机上电之后除了进行初始化，然后就要读取断电前存储在 EEPROM 中的电动机状态。如果断电前状态既不是 0，也不是高速状态，而是中低速运行状态，这时如果直接从停止启动到中低速会比较困难，因此这里采取先高速启动，然后再根据实际状态代码调整运行速度的方法。

图 6.5.2 为电动机运行函数（motor_run）流程图，motor_run()函数主要用来确定输出 PWM 波的占空比，从而改变输出直流电压的大小来实现电动机调速的目的。

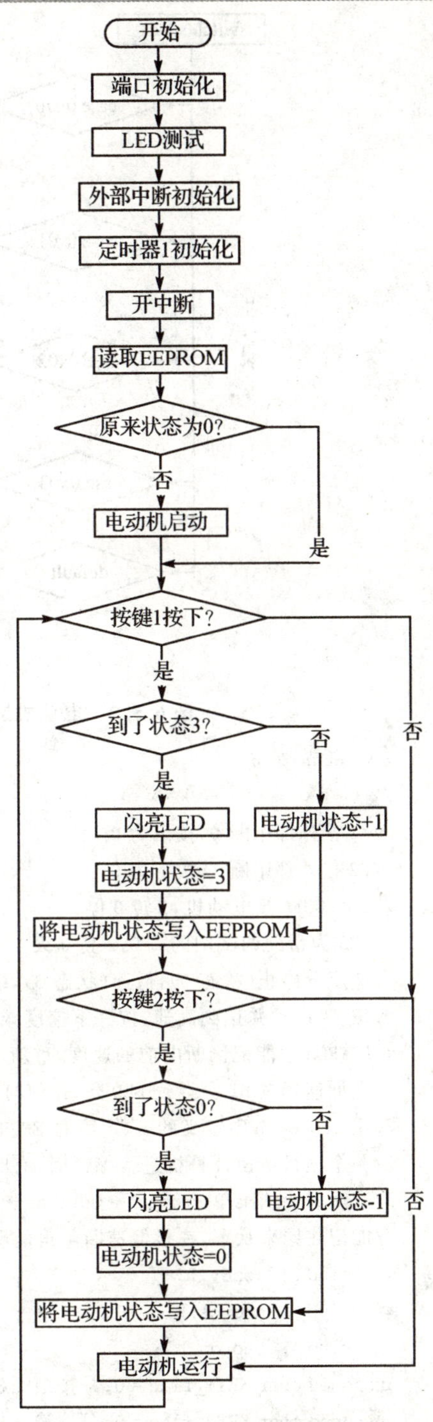

图 6.5.1 主函数流程图

6.5.2 C 语言源程序

在本例中，速度分停止、低速、中速和高速 4 挡，K1 按一下速度慢 1 挡，K2 按一下速度快 1 挡，EEPROM 能记住电动机状态。

C 语言源程序如下：

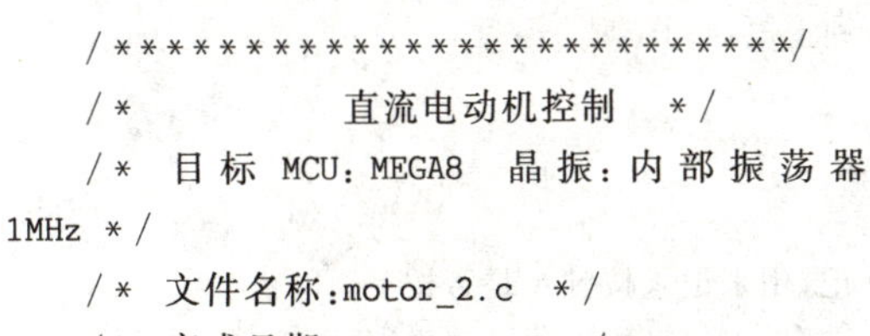

```
/*****************************/
/*           直流电动机控制    */
/*  目标 MCU: MEGA8  晶振: 内部振荡器 1MHz */
/*  文件名称:motor_2.c  */
/*  完成日期:20100617      */
```

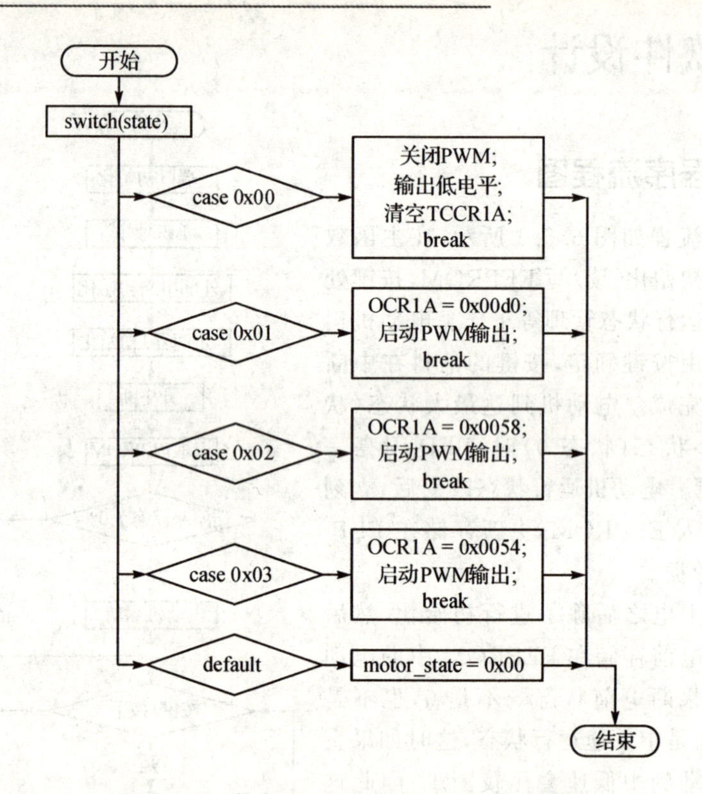

图 6.5.2　电动机运行函数(motor_run)流程图

```
/* 章节:第 6 章      */
/***********************************************************/
//K1 接外部中断 0,按下为 0
//K2 接外部中断 1,按下为 0
//PB1/OC1A 接电动机,1 转 0 停
//PC5 为帮助调试用的 LED,1 亮 0 灭
//速度分停止(状态 0),低速(状态 3),中速(状态 2),高速(状态 1)4 挡
//按 K1 启动并达到高速,按一下速度减一挡,按 K2 停止
//EEPROM 中能记忆断电前的速度,重新上电后自动执行原来的速度
//在低速挡按 K1 会导致 LED 亮,任何时候按 K2 也会导致 LED 亮,正常按键时 LED 灭
//用 eeprom.h 中定义的函数读/写 EEPROM
//一个项目更换计算机进行编译时,有时提示找不到包含的文件
//这时需要从菜单 Project→Options→Include Path→Add 添加文件所在目录
//能记住原来状态,在最低速断电也能顺利上电启动
#include <iom8v.h>
#include <macros.h>
#include <eeprom.h>
unsigned char KEY1_flag = 0;//按键 1 标记,用来记录按键 1 是否按下
unsigned char KEY2_flag = 0;//按键 2 标记,用来记录按键 2 是否按下
```

```
unsigned int address = 0x001;          //在 EEPROM 中存放电动机状态的地址
unsigned char motor_state = 0x00;    //电动机状态
//子函数声明
void port_init(void);
void timer1_init(void);
void INT_init(void);
void delay_ms(unsigned int n);
void delay_s(unsigned int n);
void motor_run(unsigned char data);    //电动机转动
void WriteOCR1A(unsigned int i);     //写 16 位寄存器 OCR1A
void WriteICR1(unsigned int i);        //写 16 位寄存器 ICR1
// 端口定义
void port_init(void)
{
    DDRB  =  0xff;        //B 口 1111 1111 PB1 为 PWM 输出,接电动机
    DDRC  =  0xff;        //C 口 1111 1111 PC5 为帮助调试用的 LED,1 亮 0 灭,PC5 为输出
    PORTD  =  0x0C;   //0000 1100 使能 K1 K2 的上拉电阻
    DDRD  =  0xf3;      //D 口 1111 0011 PD3(INT1)PD2(INT0)设为外部中断输入
}
//外部中断初始化
void INT_init(void)
{
    MCUCR = MCUCR&0xFA;   //1111 1010
    //外部中断 0 和外部中断 1 都是下降沿触发中断
    GICR = GICR|0x80;      //1000 0000 使能 INT1
    GICR = GICR|0x40;      //0100 0000 使能 INT0
}

//当外部中断 INT0 请求中断时,执行 INT0_isr()子函数
#pragma interrupt_handler INT0_isr:2
//按一下按键 0,按键标记 KEY1_flag 置 1
void INT0_isr(void)
{
    delay_ms(50);       //延时消抖
    if(! (PIND & (1 << PD2)))
    {
        KEY1_flag  =  0x01;      //说明按键 0 按下,标记置 1
        while(! (PIND&(1<<PD2)));  //等待释放按键
    }
}
//当外部中断 INT1 请求中断时,执行 INT1_isr()子函数
#pragma interrupt_handler INT1_isr:3
```

```
//按一下按键 1,按键标记 KEY2_flag 置 1
void INT1_isr(void)
{
    delay_ms(50);    //延时消抖
    if(! (PIND&(1<<PD3)))
    {
        KEY2_flag = 0x01;    //说明按键 1 按下,标记置 1
        while(! (PIND&(1<<PD3)));    //等待释放按键
    }
}
//定时器 1 初始化
void timer1_init(void)
{
    TCCR1A = (1<<COM1A1)|(1<<WGM11);
    //TCNT1 == OCR1A 时 IO 口输出 0,TCNT1 == TOP 时 IO 口输出 1,使用 ICR1 作为 TOP
    TCCR1B = (1<<WGM13)|(1<<WGM12);
    //WGM13,WGM12,WGM11,WGM10 为 1110,共同决定使用 ICR1 作为 TOP
    //CS12,CS11,CS10 为 000,这里初始化,并不让 timer1 开始工作
    ICR1 = 0x00ff;
    //使用 ICR1 作为 TOP,计数器 TCNT1 加到 OCR1A 时输出 1,加到 ICR1 时输出 0
    OCR1A = 0x0000;
    //根据 TCCR1A 设置,OCR1A 越小,输出高电平时间越短,占空比越小
}
//电动机运行函数
void motor_run(unsigned char state)
{
    switch(state)
    {
        case 0x00:                    //电动机停转
        {
            TCCR1A = 0x00;         //15 脚变成普通 I/O 端口
            TCCR1B = 0x00;         //关闭 PWM 时钟
            PORTB = 0x00;          //输出低电平
            OCR1A = 0x0000;        //清空 TCCR1A
            break;
        }
        case 0x01:                    //高速转动
        {
            TCCR1A = (1<<COM1A1)|(1<<WGM11);
            OCR1A = 0x00d0;     // OCR1A 越小,输出高电平时间越短,占空比越小
            TCCR1B = (1<<WGM13)|(1<<WGM12)|(1<<CS10);
                                //CS12,CS11,CS10 为 001,无预分频,启动 PWM 输出
```

```
            break;
        }
        case 0x02:                              //中速转动
        {
            TCCR1A = (1<<COM1A1)|(1<<WGM11);
            OCR1A = 0x0058;      // OCR1A越小,输出高电平时间越短,占空比越小
            TCCR1B = (1<<WGM13)|(1<<WGM12)|(1<<CS10);
                                 //CS12,CS11,CS10为001,无预分频,启动PWM输出
            break;
        }
        case 0x03:                              //低速转动
        {
            TCCR1A = (1<<COM1A1)|(1<<WGM11);
            OCR1A = 0x0054;      // OCR1A越小,输出高电平时间越短,占空比越小
            TCCR1B = (1<<WGM13)|(1<<WGM12)|(1<<CS10);
                                 //CS12,CS11,CS10为001,无预分频,启动PWM输出
            break;
        }
        default: motor_state = 0x00; //其他值说明出错,将状态恢复为停止状态
    }
}
void main(void)
{
    port_init();     //端口初始化

    PORTC = 0xff;      //LED测试
    delay_s(30);
    PORTC = 0x00;
    delay_s(20);
    INT_init();      //外部中断初始化
    timer1_init();    //定时器1初始化
    SEI();
    motor_state = EEPROMread(address);
    delay_ms(1);     //延时等待EEPROM
    if(motor_state! = 0)//若原状态不是停止,则为了便于启动,上电先以最高速运行一会
    {
        TCCR1A = (1<<COM1A1)|(1<<WGM11);
        OCR1A = 0x00d0;     //与高速状态相同
        TCCR1B = (1<<WGM13)|(1<<WGM12)|(1<<CS10); //启动PWM输出
        delay_ms(100);
    }
    while(1)
```

```
    {
        //按键 1 有效时,状态递加,到 3 时不再增加,亮灯 1 下表示到了最大
        if(KEY1_flag == 0x01)
        {
            KEY1_flag = 0x00;
            if(motor_state>= 0x02)                      //原状态为 2 时,再加 1 就是最大了
            {                                           //这里同时实现 + 1 和最大判别
                PORTC = PINC|(1<<PC5);       //点亮 PC5 LED,提示到达状态 3
                motor_state = 0x03;
                delay_s(10);          //延时便于眼睛观察
                PORTC = PINC&(~(1<<PC5));    //熄灭 PC5 LED 灭
            }
            else
            {
                motor_state = motor_state + 1;
            }
            EEPROMwrite(address,motor_state);//将电动机新状态存入 EEPROM 的 0x001
            delay_ms(1);                               //延时等待写入 EEPROM
        }
        //按键 2 有效时,亮灯 1 下,然后停止
        if(KEY2_flag == 0x01)
        {
            KEY2_flag = 0x00;
            PORTC = PINC|(1<<PC5);           //点亮 PC5 LED
            motor_state = 0x00;
            delay_s(10);                             //延时便于眼睛观察
            PORTC = PINC&(~(1<<PC5));       //熄灭 PC5 LED
            EEPROMwrite(address,motor_state);//将电动机新状态存入 EEPROM 的 0x001
            delay_ms(1);                               //延时等待写入 EEPROM
        }
        motor_run(motor_state);     //电动机运行
    }
}
```

6.6 安装调试方法

比较复杂的系统在安装调试时,要注意一些基本原则,例如:

(1) 元器件要先进行检测,然后再安装

新的元器件大多数都是好的,但也不排除有个别坏的,有时是因为正品也有一定的故障率,有时是因为买到了旧件、翻新件、劣质件,因此事先对元件的检测能够提高

安装调试的一次成功率。

元器件检测的目的并不仅仅检测元件是好还是坏,更重要的目的在于熟悉元器件。元器件检测的过程是对元器件熟悉的过程,只有知道这个元件怎样是好的,怎样是坏的,才能在调试时迅速确定故障点,才能顺利完成调试任务。

如果在安装前进行了元器件检测,在调试时可以主要关注线路的连接和电路原理方面,从而缩小故障范围。当然,有时原理错误或连线错误会导致器件损坏,这时就要再次对元器件进行测试,更换损坏的元器件。

(2) 先进行部分电路的安装调试,然后再进行总体安装调试

有些系统可以分解为相对独立的若干个模块,比如电源模块、信号处理模块和功率放大模块等,在安装调试的时候要单独进行模块测试,然后将测试正常的模块连接,进行系统整机调试。

(3) 安装完毕后,先不通电检测,最后再通电检测

元器件安装完毕后,先不要着急通电测试,一定要先用万用表按照原理图检查一下连线是否正确,线路中有无短路现象,尤其是电源对地的短路。

通电之前一定要确定电源电压是否合适,电源有没有接反,否则非常容易烧毁器件。

(4) 调试时要本着由简单到复杂的原则

比如本章项目在调试程序时,就可以按照下面的流程进行调试:

① 不带电机,不测试 EEPROM、不测试 PWM,只测试按键控制 LED;

② 测试按键成功后,加入 PWM,用万用表测试单片机 15 脚输出电压;

③ 能改变 15 脚电压后,再加入 EEPROM;

④ 都成功后加上电动机。

其中,②和③的顺序可以互换。

本章项目在安装调试时要注意以下几点:

① 根据电动机额定电压,单独给电动机供电;

② 根据限流电阻和滤波电容需要调整 OCR1A,这点很重要;

③ 不具备双电源或没有电动机时可以用万用表测量输出,或用示波器观察输出波形;

④ 本书作者实际测量的 15 脚工作电压为:

状态 0:0.00 V;状态 1:4.04 V;状态 2:1.74 V;状态 3:1.66 V;

⑤ 也可以将主程序中的按键 1 和按键 2 的处理合在一起,用一个子函数完成,子函数内用 if 语句判断。

6.7 练习项目

在很多直流电动机调速的场合,经常要求电动机能够正转,也能够按照要求反转。直流电动机实现反转的方法很简单，只要把直流电源反过来接，正接负、负接正就可以了。方法虽然简单，但是如果不断开电源改变连线，只通过按键控制自动实现正反转就有难度了。

自动控制直流电动机实现正反转一般采用H桥的方法，电路原理如图6.7.1所示。图中，R5、R6、R7和R8为限流电阻，D2、D3、D5和D5为续流二极管。当单片机16脚输出PWM波，15脚输出0时，电流从V_{CC}(＋MOTOR)到Q1，经电动机到Q4，然后到地，电动机正转；当单片机15脚输出PWM波，16脚输出0时，电流从V_{CC}(＋MOTOR)到Q3，经电动机到Q2，然后到地，电动机反转。

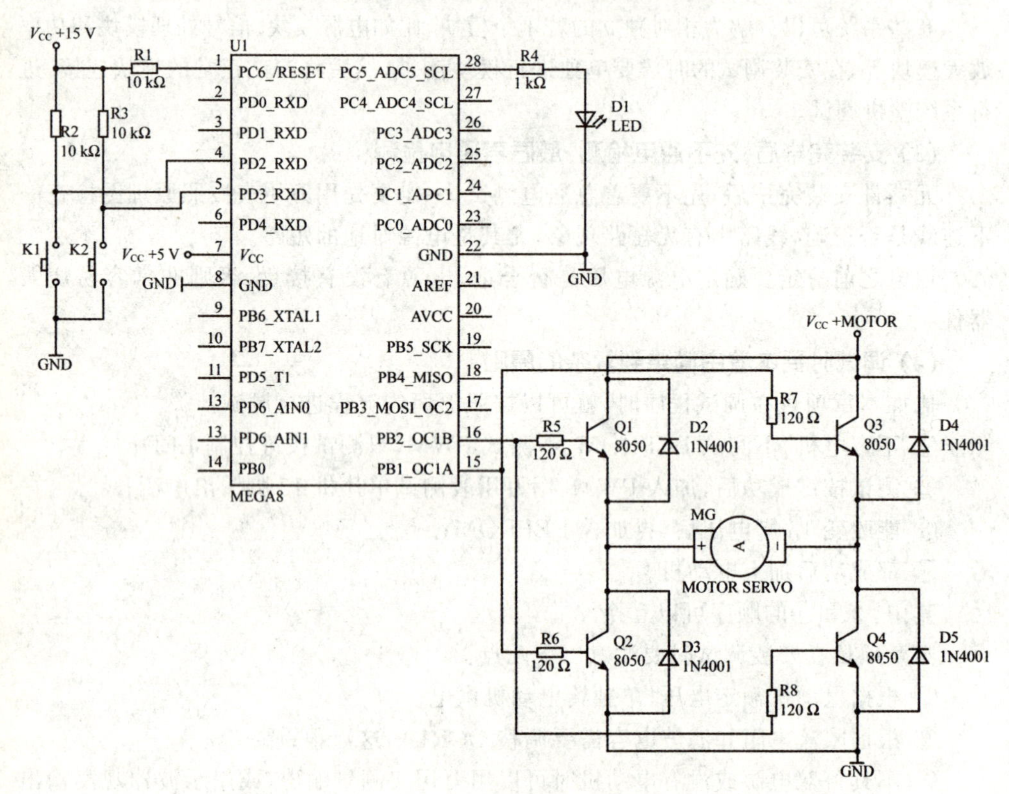

图6.7.1　直流电动机H桥驱动

项目要求：

① 参考图6.7.1，设计一个能够实现直流电动机正反转的调速系统。

② 系统设计：通过按键实现电动机的启动、停止、正反转、定时、调速等功能，画出系统框图。

③ 设计硬件和软件来实现以上功能。

④ 将编译后的.hex文件下载到单片机中。

⑤ 安装电路，连接电源并进行测试，记录测试结果。

⑥ 完成项目报告。

第7章

实战四 超声波测距系统

1）学习目标

综合巩固第3章所学知识，了解超声波测距的基本知识，会使用单片机的输入捕捉功能，能进行简单的数据处理，能够进行较复杂的综合项目设计、安装和调试。

2）项目导学

本章包括一个热身小项目（反应速度测试系统）和一个大项目（超声波测距系统）。小项目的目的是熟悉输入捕捉功能的使用，同时也复习了3.3节的驱动数码管显示，当然这个小项目也可以采用3.5节按键与数码管驱动的显示方法。这个小项目还会用到按键，这就用到了3.2节外部中断系统应用的知识。输入捕捉功能是定时器的应用，这需要有3.1节定时器应用的基础。反应速度测试系统的学习指导如下所示：

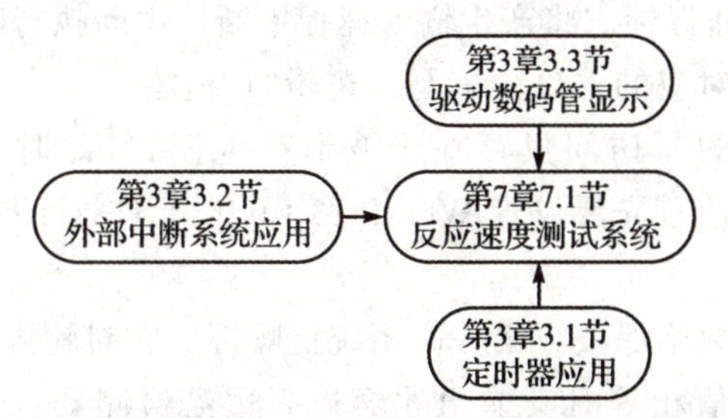

超声波测距系统是本章的主要内容，这个项目要利用单片机输入捕捉功能进行超声波测距，硬件电路比较复杂，调试比较麻烦。这个项目用到了3.5节按键与数码管驱动的硬件电路和相关子函数。另外，第6章也是对定时器的应用，学习第6章对本章也有很大的帮助。超声波测距系统的学习指导如下所示：

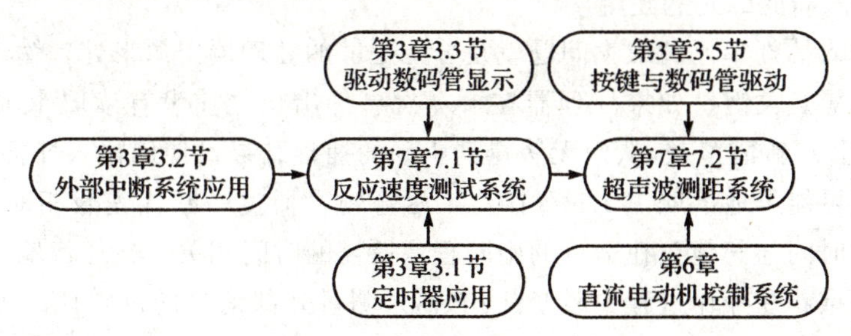

7.1 热身小项目:反应速度测试系统

7.1.1 项目要求

设计一个反应速度测试系统,要求该系统能够测试反应速度。要求用一个按键进行测试控制,一个按键进行测试;要求用发光二极管给出预备指示,比如发光二极管亮表示预备,发光二极管灭表示开始按键反应速度测试;要求用数码管给出测试结果,可以用代码表示反应速度快慢。

7.1.2 单片机的输入捕捉功能

(1) 输入捕捉单元

定时器的输入捕捉单元可用来捕获外部事件,并为其赋予时间标记以说明此时间的发生时刻。外部事件发生的触发信号由引脚 ICP1(ATmega8 的 14 脚)输入,也可通过模拟比较器单元来实现。时间标记可用来计算频率、占空比及信号的其他特征,并为事件创建日志。

当引脚 ICP1 上的逻辑电平(事件)发生了变化,或模拟比较器输出 ACO 电平发生了变化,并且这个电平变化为边沿检测器所证实时,输入捕捉被激发:16 位的 TCNT1 数据被复制到输入捕捉寄存器 ICR1,同时输入捕捉标志位 ICF1 置位。如果此时 ICIE1=1,则输入捕捉标志将产生输入捕捉中断。中断执行时 ICF1 自动清零,或者也可通过软件在其对应的 I/O 位置写入逻辑“1”清零。

对 ICR1 寄存器的写访问只存在于波形产生模式,此时 ICR1 用作计数器的 TOP 值。写 ICR1 之前首先要设置 WGM[13:0]以允许这个操作。

(2) 噪声抑制器

通过一个简单的数字滤波方案提高系统抗噪性。它对输入触发信号进行 4 次采样。只有当 4 次采样值相等时其输出才会送入边沿检测器。置位 TCCR1B 的 ICNC1 将使能噪声抑制器。使能噪声抑制器后,从输入发生变化到 ICR1 得到更新,这之间会有额外的 4 个系统时钟周期的延时。噪声抑制器使用的是系统时钟,因而不受预分频器的影响。

(3) 输入捕捉单元的使用

使用输入捕捉单元的最大问题就是分配足够的处理器资源来处理输入事件。事件的时间间隔是关键。如果处理器在下一次事件出现之前没有读取 ICR1 的数据,则 ICR1 就会被新值覆盖,从而无法得到正确的捕捉结果。使用输入捕捉中断时,中断程序应尽可能早地读取 ICR1 寄存器。尽管输入捕捉中断优先级相对较高,但最大中断响应时间与其他正在运行的中断程序所需的时间相关。在任何输入捕捉工作模式下都不推荐在操作过程中改变 TOP 值。测量外部信号的占空比时要求每次捕捉后都要改变触发沿。因此，读取 ICR1 后必须尽快改变敏感的信号边沿。改变边沿后，ICF1 必须由软件清零(在对应的 I/O 位置写“1”)。若仅需测量频率，且使用了中断发生，则不需对 ICF1 进行软件清零。

7.1.3　系统电路

本项目电路在图 3.3.4 的基础上略加修改即可，如图 7.1.1 所示。按下按键 K1 会在单片机 4 脚产生高电平，用中断来表示开始测试，发光二极管 D1 发光，给出测试开始的指示；按键 K2 接单片机的输入捕捉引脚 14 脚(ICP1)，用来进行测试。

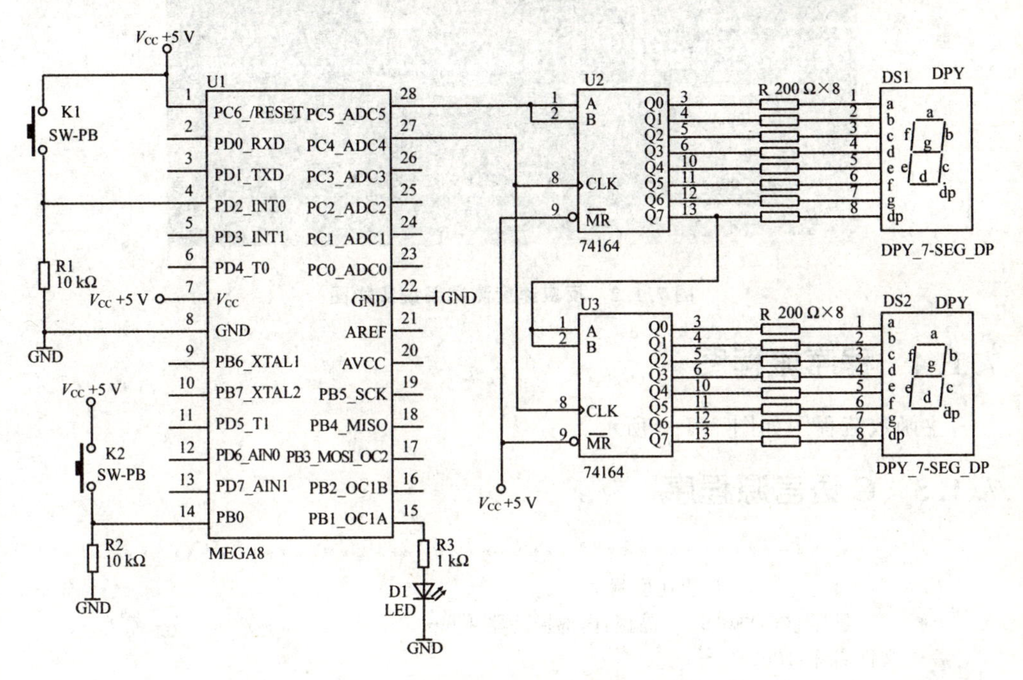

图 7.1.1　反应速度测试系统电路图

本项目硬件电路在 3.3 节的基础上增加几个元件即可，增加的元器件清单如表 7.1.1 所列。实物如图 7.1.2 所示。

表 7.1.1　元器件清单

序　号	名　称	型　号	数　量	备　注
1	按钮	小	1	按下闭合，松开断开
2	电阻	10 kΩ	1	
3	电阻	1 kΩ	1	
4	发光二极管	小	1	颜色不限

图 7.1.2 反应速度测试系统实物图

7.1.4 程序流程图

主函数流程图如图 7.1.3 所示。

7.1.5 C 语言源程序

```
/*********************************************************/
/*                  反应速度测试                          */
/*      目标 MCU:MEGA8    晶振:内部振荡器 1 MHz          */
/* 文件名称:ICP1_1.c                                     */
/* 完成日期:20100627                                      */
/* 章节:第 7 章                                           */
/*********************************************************/
//PB0 为输入(按键 K2),timer1 的输入捕捉 ICP1
//PB1 为输出,用 LED 发出开始指示
//INT0(PD2)(按键 K1)为输入,复位,预备按键
//1 024 分频捕捉,溢出中断
//数小表示反应速度快,数大表示反应速度慢,分 6 挡
//实测溢出时间与理论计算(67 s)一致
#include <iom8v.h>
#include <macros.h>
unsigned int time_TCNT1 = 0x0000;    //TCNT1 的数值
unsigned char TIMER1_CAPT_flag = 0x00;     //输入捕捉中断标记
unsigned char K1_flag = 0x00;              //按键 K1 标记
```

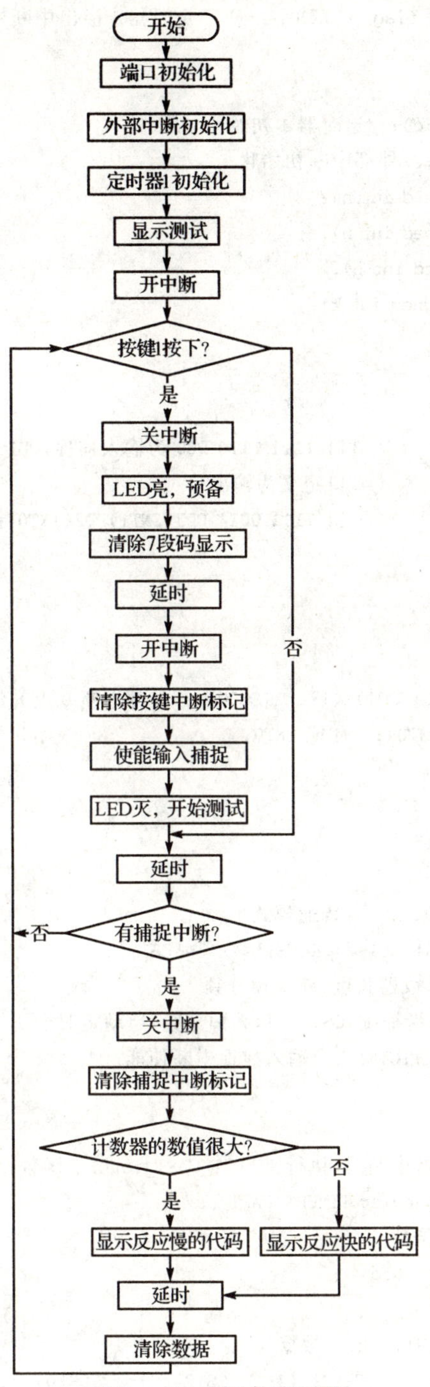
开始
端口初始化
外部中断初始化
定时器1初始化
显示测试
开中断
按键1按下?
是
否
关中断
LED亮，预备
清除7段码显示
延时
开中断
清除按键中断标记
使能输入捕捉
LED灭，开始测试
延时
有捕捉中断?
否
是
关中断
清除捕捉中断标记
计数器的数值很大?
是
否
显示反应慢的代码
显示反应快的代码
延时
清除数据

图 7.1.3　主函数流程图

```
unsigned char TIMER1_OVF_flag = 0x00;      //定时器1溢出中断标记
    //子函数声明
    void port_init(void);
    void timer1_init(void);//定时器1初始化
    void INT_init(void);//外部中断初始化
    void delay_us(unsigned int n);
    void delay_ms(unsigned int n);
    void delay_s(unsigned int n);
    void display_5(unsigned int k);
    // 端口定义
    void port_init(void)
    {
        DDRB = 0xfe;        //B口 1111 1110 PB0为输入捕捉,PB1为输出LED
        DDRC = 0xff;        //C口定义为输出口
        DDRD = 0xf3;        //D口 1111 0011 PD3(INT1)PD2(INT0)设为输入,其余为输出
    }
    //外部中断初始化
    void INT_init(void)
    {
        MCUCR |= (1<<ISC01)|(1<<ISC00);//外部中断0上升沿触发中断
        GICR |= (1<<INT0);//使能INT0
    }
    //定时器1初始化
    void timer1_init(void)
    {
        TCCR1A = 0x0000;     //普通模式
    TCCR1B = (1<<ICES1)|(1<<ICES1)|(1<<CS10);
    //如果时间长,超过计数器长度,就要预分频
        //ICES1 = 1,上升沿捕捉,CS10 = 1,无预分频,启动定时器1
        TIMSK |= (1<<TICIE1);//输入捕捉中断使能
        TCNT1 = 0;
    }
    //当输入捕捉中断请求中断时,执行TIMER1_CAPT_isr()子函数
    #pragma interrupt_handler TIMER1_CAPT_isr:6
    //输入捕捉中断服务函数
    void TIMER1_CAPT_isr(void)
    {
        time_TCNT1 = ICR1;//取出数据
        TCCR1B &= (~((1<<CS12)|(1<<CS12)|(1<<CS10)));//停止定时器1
        TIMSK &= (~(1<<TICIE1)|(1<<TOIE1));//禁止输入捕捉中断,溢出中断
        TIMER1_CAPT_flag = 1;//捕捉中断标记
    }
```

```
//当定时器1溢出中断时,执行TIMER1_OVF_isr()子函数
#pragma interrupt_handler TIMER1_OVF_isr:9
//定时器1溢出中断服务函数
void TIMER1_OVF_isr(void)
{
    TCCR1B &= (~((1<<CS12)|(1<<CS12)|(1<<CS10)));//停止定时器1
    TIMSK &= (~(1<<TICIE1)|(1<<TOIE1));//禁止输入捕捉中断,溢出中断
    PORTB = PINB|(1<<PB1);//LED亮,表示溢出,没有K2按下
    TIMER1_OVF_flag = 1;//捕捉中断标记
}
//当外部中断INT0请求中断时,执行INT0_isr()子函数
#pragma interrupt_handler INT0_isr:2
//按一下按键1,PC4亮一段时间自己就灭
void INT0_isr(void)
{
    delay_ms(10);
    if((PIND&0x04) == 0x04)//看PD2(INT0)是否为1,消除抖动
        K1_flag = 0x01;//按键K1标记置位
}
void main(void)
{
    unsigned int i = 0;
    port_init();      //端口初始化
    INT_init();
    timer1_init();
    //显示测试
    i = 0x0000;
    display_5(i);      //数码管显示测试,显示00
    PORTB = PINB|(1<<PB1);//LED测试,亮
    delay_s(30);
    i = 88;
    display_5(i);      //数码管显示测试,显示88
    PORTB = PINB&(~(1<<PB1));//LED测试,灭
    delay_s(20);
    i = 0x0000;
    SEI();
    while(1)
    {
        if(K1_flag == 0x01)    //按键K1处理
        {
            CLI();                 //禁止中断
            PORTB = PINB|(1<<PB1);     //LED亮
```

```
            time_TCNT1 = 0x0000;        //清除数据
            display_5(time_TCNT1);
            delay_ms(200);        //延时,给出预备时间
            display_5(time_TCNT1);
            K1_flag = 0x00;        //清除 K1 标记
            TIMER1_CAPT_flag = 0;
            TCNT1 = 0;  //清零 TCNT1,准备使能输入捕捉中断
            SEI();
            TIMSK |= (1<<TICIE1)|(1<<TOIE1);//输入捕捉中断使能,溢出中断使能
            PORTB = PINB&(~(1<<PB1));        //LED 灭
            TCCR1B = (1<<ICES1)|(1<<CS12)|(1<<CS10);
//如果时间长,超过计数器长度,就要预分频
//ICES1 = 1,上升沿捕捉,CS1 = 101,1024(2 的 10 次方)预分频,启动定时器 1
//ICNC1 = 1,噪声抑制,延迟了 4  个时钟周期
        }
        delay_s(20);//延时
        if(TIMER1_CAPT_flag == 0x01)//输入捕捉处理
        {
            CLI();
              TIMER1_CAPT_flag = 0;    //清除捕捉中断标记
            if(time_TCNT1>= 15000)
                display_5(50);                //50 表示反应慢
            else if(time_TCNT1>= 10000)
                display_5(40);                //40 表示反应比较慢
            else if(time_TCNT1>= 5000)
                display_5(30);                //30 表示反应速度中等
            else if(time_TCNT1>= 1000)
                display_5(20);                //20 表示反应比较快
            else if((time_TCNT1<1000)&&(time_TCNT1>= 1))
                display_5(10);                //10 表示反应快
            else
                display_5(55);                //显示 55 表示过慢
            time_TCNT1 = 0;                   //清除数据
            delay_s(10);                      //延时进行下一次测量
            SEI();                            //开中断,等按键 K1
        }
    }
}
```

7.2 项目要求

利用超声波进行距离测量,能够根据大致范围给出远近指示。

7.3 项目分析

本项目要用超声波测量距离。测量可以分为粗略测量和精确测量,粗略测量就是要知道大概范围是远还是近,精确测量就要知道距离到底是多少米或多少毫米。在业余情况下要进行精确测量仪器的设计比较困难,需要考虑以下几个方面的问题:

(1) 稳定性问题

在室外由于各种干扰因素难以控制,测量结果经常显示不稳定,显示的测量数据总是不停变化。精确分析干扰原因和抑制干扰需要一些专门的设备,需要大量的时间投入,业余情况下很难完成。

(2) 可靠性问题

产品的可靠性是指产品在规定条件和规定的时间内,完成规定功能的程度和能力。业余制作的作品不经过严格老化测试和改进,很难保证可靠性问题。

(3) 误差问题

精确测量仪器必须给出误差范围,这就要和具有更高精度等级的专业仪器进行校准,有时校准条件不具备。

本项目给出超声波测距的基本原理和设计思路,要设计精确测量仪器还需要更多的改进,比如噪声抑制、数据处理、可靠性测试、校准等。

7.3.1 超声波测距简介

1. 超声波

物体的机械振动会产生声波,声波的频率取决于物体的振动频率。人的耳朵可以听见频率范围在20~20 000 Hz内的声波,称为可听声波。频率范围在20 Hz内的波称为次声波,频率范围在$2\times10^4\sim10^8$ Hz的声波称为超声波,频率范围在$10^8\sim10^{12}$ Hz的波称为特超声波。

在自然界存在着多种多样的超声波,如某些昆虫和哺乳动物就能发出超声波,又如风声、海浪声、喷气飞机的噪声中都含有超声波成分。

超声波具有许多特性,例如:

① 可在气体、液体、固体、固熔体等介质中有效传播;

② 可传递很强的能量;

③ 会产生反射、干涉、叠加和共振现象;

④ 在液体介质中传播时,可在界面上产生强烈的冲击和空化现象。

超声波的这些特性使它在近代科学研究、工业生产和医学领域等方面得到日益广泛的应用。例如,在渔业上,可以利用超声波来测量海底的深度和探索鱼群、暗礁等;在工业上,可以用超声波来检测金属内部的气泡、伤痕、裂隙等缺陷;在医学领域,可以用超声波来灭菌、清洗,还可以做成各种超声波治疗和诊断仪器。

2. 超声波测距

超声波受到尺寸大于其波长的目标物体阻挡时就会发生反射,反射波称为回声。假如超声波在介质中传播的速度是已知的,而且声波从声源到达目标然后返回声源的时间可以测量得到,从声波到目标的距离就可以精确地计算出来。这就是时差法超声波测距的原理。

超声波在不同介质中的传播速度不同,在空气中较慢,约 300 m/s,在液体中超过 1 500 m/s,在固体中超过 3 000 m/s。

声速还受温度的影响。例如,空气的温度在 0℃时,声速为 332 m/s,气温每升高 1℃,则声速增加 0.6 m/s;至 15℃时,则为 341 m/s。如果测距精度要求很高,则应通过温度补偿的方法加以校正。

超声波测距的精度与波长密切相关,超声波的波长等于速度除以频率,超声波测距的极限分辨力为波长的一半。一般情况下,40 kHz 的超声波测距能够满足倒车雷达等日常需求,器件容易购买,价格也较低。

超声波测距需要用电信号产生超声波,一般采用压电陶瓷作为电能和机械能的能量交换介质。图 7.3.1 为压电陶瓷超声波传感器 ZT40－16 和 ZR40－16 的实物图,两者外观相同,发射头的型号里有字母 T,表示发射(Transmit),接收头的型号里有字母 R,表示接收(Receive)。型号中的 40 表示超声波频率为 40 kHz,16 表示传感器发射、接收窗口的直径为16 mm。两个脚中有一个与外壳相连,为地脚,另一个为信号脚。表 7.3.1 为部分超声波传感器的参数。

图 7.3.1　压电陶瓷超声波传感器

表 7.3.1 超声波传感器参数

型 号	频率/kHz	接收灵敏度/dB	输出声压/dB	静电容量/pF
TCT40－10T	40	—	110 dB	2 000
TCT40－10R	40	－68 dB	—	2 000
TCT40－16T	40	—	117 dB	2 000
TCT40－16R	40	－68 dB	—	2 000
TCT25－16T	25	—	117 dB	2 000
TCT25－16R	25	－68 dB	—	2 000

7.3.2 复杂系统的设计要点

系统设计常用的两种方法是归纳法和演绎法。采用归纳法进行系统设计的思路是:首先,尽可能地收集现有和过去同类系统的系统设计资料;然后,在对这些系统的设计、制造和运行状况进行分析研究的基础上,根据所设计的系统的功能要求进行多次选择;最后,对少数几个同类系统做出相应修正,得到一个理想的系统。演绎法是一种公理化方法,即先从普遍的规则和原理出发,根据设计人员的知识和经验,从具有一定功能的元素集合中选择能符合系统功能要求的多种元素,然后将这些元素按照一定形式进行组合,从而创造出具有所需功能的新系统。在系统设计的实践中,这两种方法往往是并用的。

较复杂的系统在设计时经常遇到下面一些问题:

(1) 自顶向下还是自底向上的问题

自顶向下的方法是将复杂的大问题分解为相对简单的小问题,找出每个问题的关键、重点所在,然后用精确的思维定性、定量地去描述问题。其核心本质是"分解"。复杂的系统都应该自顶向下开始进行模块化设计,将复杂问题细化为较简单的问题,这样设计思路清晰,便于设计人员的分工合作。具体到某个设计人员需要独立完成的较简单问题,就可以比较灵活。如果设计人员对于相关内容比较熟悉,就可以采取自底向上的设计方法,将以前某些已经完成的模块借用过来,增加一些新的模块,可以更快地解决问题。

总的来说,自顶向下的设计方法更适合复杂的、不熟悉的、需要多人合作的系统,自底向上的设计方法更适合较简单的、较熟悉的、人数较少的设计工作。

(2) 合理区分软硬件分工问题

比较复杂的系统通常都有中央控制单元,比如单片机、数字信号处理器、大规模可编程逻辑电路等,这些中央控制单元功能比较强大,能够通过编程用软件的方法完成一些硬件也可以完成的工作,比如超声波传感器测距所需的 40 kHz 信号可以由振荡器电路完成,也可以由单片机的输出比较功能完成,在系统设计的时候,是采用硬件电路完成呢，还是采用单片机完成？

一般在中央控制单元任务不太饱满时，优先考虑采用软件方式，这样可以减少硬件电路的数量，降低成本，调试更加方便，只要软件设计没有问题，还可以降低故障率，甚至体积、重量也得以减少。

但是，在中央控制单元任务已经很重时，就要考虑采用硬件方式，这样可以降低软件设计的难度，减少由于软件过于复杂而出现各种软件故障的可能。

(3) 电磁兼容性问题

电磁兼容性问题是设计高速线路或复杂系统必须面对的问题，有时数字系统的频率并不是很高，但由于数字信号高低电平的跃变包含的很高的频率分量，也需要按照高速线路进行设计。

电磁兼容性主要需要考虑电磁屏蔽、电源去耦合、PCB布线等问题。电磁屏蔽可以分为静电屏蔽、静磁屏蔽和电磁屏蔽。电磁屏蔽可以防止外界干扰影响本机设备，也可以防止本机中的某些部件影响别的部分。静电屏蔽用来屏蔽静电场，要用高导电率的材料，比如铜要可靠接地。静磁屏蔽用来屏蔽静磁场和工频磁场，要用高导磁率的材料，比如软铁不需要接地。高频信号一般采用电磁屏蔽，也要用高导电率的材料，需要接地。有针对地在某些重点部位增加电磁屏蔽，虽然增加了成本，但效果会非常明显。

电源去耦合可以防止某些环节的信号通过电源耦合干扰其他环节的工作。在频率较低时，可以只使用小电容，频率较高时可以考虑结合使用高频扼流线圈(电感)。某些重要器件的电源脚和地脚之间可以跨接一个小电容。去耦合电容的大小要根据频率的高低进行精心选择才能得到良好效果。

PCB布线要有良好的地线层(多层板)，地线尽量粗，信号线要细，有干扰的线之间要有足够距离，走线尽量短捷，长线需要加低通滤波器，另外，表贴元件的电磁兼容性比双列直插元件强。

(4) 模拟信号处理问题

模拟信号的去干扰和调理问题很重要，复杂系统的模拟部分一般处于前端，滤波去除干扰是很重要的内容。按照不同频率信号是否能通过滤波器，一般分为低通、高通、带通、带阻等。如果一阶滤波效果不理想，可以考虑多阶滤波。

信号调理主要包括放大、限幅、整型等。如果传感器接收信号过于微弱，则要求放大器的倍数非常大，这时要注意用多级放大器实现，即使某些集成运放的开环放大倍数非常大，但是考虑到增益带宽积，还是需要分为两级或更多级，这样可以保证有足够的带宽。有些高倍放大器要特别注意自激问题。限幅和整型相对容易一些，只要掌握几种典型电路就可以了。

(5) 数字信号处理问题

数字信号处理也称为数字滤波，这里数字滤波的含义非常广泛，包括各种各样的分析和处理，是广义的滤波概念。

数字信号可以采用单片机(MCU)、数字信号处理器(DSP)、计算机等功能非常强大的器件或设备进行处理，数字信号的处理相对模拟信号灵活很多。但是数字信号处理受器件性能影响非常大，比如单片机的主频相对比较低，运算速度比较慢，不太适合进行复杂数据计算和分析，比较适合人机接口、工业控制。而数字信号处理器的优点是运算速度快，但控制功能较差，比较适合大量的数据运算，可以用于通信等实时性要求比较强的场合。当然，现在 MCU、DSP、CPLD 这些技术都在互相融合，MCU 也开始有硬件乘法器电路，DSP 也开始增加丰富的外围接口电路，CPLD 也开始集成内部控制单元。系统设计时要根据项目要求，确定合适的控制单元，这是系统方案设计的重要内容。

(6) 是否采用专用集成电路问题

现在，很多常见的技术都有专用集成电路，比如超声波测距就有 LM1812、SB5027、SB5227 和 GM3101 等。有些专用集成电路侧重某些关键技术，比如放大、滤波、比较和整型等，还需要进一步处理才能得到需要的测量结果，比如 LM1812；有些则是完整的解决方案，比如 SB5027 和 SB5227，可以直接输出距离测量值到数码管显示器；还有些是部分解决方案，比如 GM3101，可以输出串行数据，用一组数据说明测量结果，这时就需要单片机等控制单元读取数据，根据数据进行相应处理。

在系统设计时，复杂系统可以优先考虑这些专用集成电路，尤其是在单片机负担比较重的时候。采用专用集成电路可以减少设计和调试的工作量，单片机可以有更多的资源来实现扩展功能。

7.3.3 简单的数字滤波方法

从传感器或者变送器传送过来的信号中，通常会掺杂一些噪声和干扰。模拟系统中，一般采取在信号输入端加装滤波器的方法来抑制某些干扰信号，但其对高频干扰信号有较好的抑制，而对低频干扰信号滤波效果欠佳。数字滤波器就是通过一定的计算和判断程序减少干扰信号在有用信号中的比重，故数字滤波器就是一种程序滤波。数字滤波器可以对极低频率的干扰信号进行滤波，并可以根据信号的不同，采用不同的滤波方法或滤波参数，使用上极其灵活、方便，而且减少了硬件成本。

单片机受限于主频和运算速度，目前还不能使用过于复杂的数字滤波方法。常用的较简单的数字滤波方法有以下几种，读者可以根据具体情况进行选用。

(1) 限幅滤波法(又称程序判断滤波法)

基本方法是根据经验判断，比如确定两次采样允许的最大偏差值(设为 A)，每次检测到新值时判断：如果本次值与上次值之差小于等于 A；则本次值有效；如果本次值与上次值之差大于 A，则本次值无效，放弃本次值，用上次值代替本次值。

限幅滤波法的优点是能有效克服因偶然因素引起的脉冲干扰；缺点是无法抑制

那种周期性的干扰,平滑度差。

(2) 中位值滤波法

中位值滤波法需要连续采样 N 次(N 取奇数),然后把 N 次采样值按大小排列,取中间值为本次有效值。

中位值滤波法的优点是能有效克服因偶然因素引起的波动干扰,对温度、液位等缓慢变化的被测参数有良好的滤波效果;缺点是对流量、速度等快速变化的参数不适合。

(3) 算术平均滤波法

算术平均滤波法需要连续取 N 个采样值进行算术平均运算,N 值较大时,信号平滑度较高,但灵敏度较低;N 值较小时,信号平滑度较低,但灵敏度较高。一般测量流量时,取 $N=12$;测量压力时,取 $N=4$。

算术平均滤波法的优点是适用于对具有随机干扰的一般信号进行滤波,这样信号的特点是有一个平均值,信号在某一数值范围附近上下波动。缺点是对于测量速度较慢或要求数据计算速度较快的实时控制不适用,比较浪费 RAM。

(4) 递推平均滤波法

递推平均滤波法(又称滑动平均滤波法)需要把连续取 N 个采样值看成一个队列,假设队列的长度固定为 N,每次采样到一个新数据放入队尾,并扔掉原来队首的一个数据(先进先出原则),把队列中的 N 个数据进行算术平均运算,就可获得新的滤波结果。在测量流量时,$N=12$;测量压力时,$N=4$;测量液面时,$N=4\sim12$;测量温度时,$N=1\sim4$。

递推平均滤波法的优点是对周期性干扰有良好的抑制作用,平滑度高,适用于高频振荡的系统。缺点是灵敏度低,对偶然出现的脉冲性干扰的抑制作用较差,不易消除由于脉冲干扰所引起的采样值偏差,不适用于脉冲干扰比较严重的场合,比较浪费 RAM。

(5) 限幅平均滤波法

限幅平均滤波法相当于"限幅滤波法"+"递推平均滤波法",先把每次采样到的新数据进行限幅处理,再送入队列进行递推平均滤波处理。

限幅平均滤波法融合了两种滤波法的优点,对于偶然出现的脉冲性干扰,可消除采样值偏差,缺点是比较浪费 RAM。

(6) 消抖滤波法

消抖滤波法需要设置一个滤波计数器,将每次采样值与当前有效值比较,如果采样值等于当前有效值,则计数器清零;如果采样值不等于当前有效值,则计数器+1,并判断计数器是否大于等于上限 N(溢出),如果计数器溢出,则将本次值替换当前有效值,并清零计数器。

消抖滤波法的优点是对于变化缓慢的被测参数有较好的滤波效果，可避免在临界值附近控制器的反复开/关跳动或显示器上数值抖动。缺点是不适合快速变化的参数，如果在计数器溢出的那一次采样到的值恰好是干扰值，则将干扰值当作有效值导入系统。

7.4 系统设计与系统框图

本系统不使用专用集成电路，40 kHz 信号源由单片机内部的比较匹配输出。单片机输出的 40 kHz 信号需要驱动电路进行电流放大才能驱动超声波传感器的发射头，否则发射距离太近。超声波传感器的接收头接收到的回声信号是非常微弱的交流模拟信号，需要进行滤波和放大，放大倍数要超过 1 000 倍(毫伏级到伏特级)，之后还要进行比较和整形，使之成为符合单片机电平要求的脉冲信号，然后输入到单片机的输入捕捉引脚。

单片机将测量的时间差进行距离的换算，然后把结果通过数码管显示出来。单片机和显示部分借用 3.5 节的硬件电路和部分子函数。系统框图如图 7.4.1 所列。

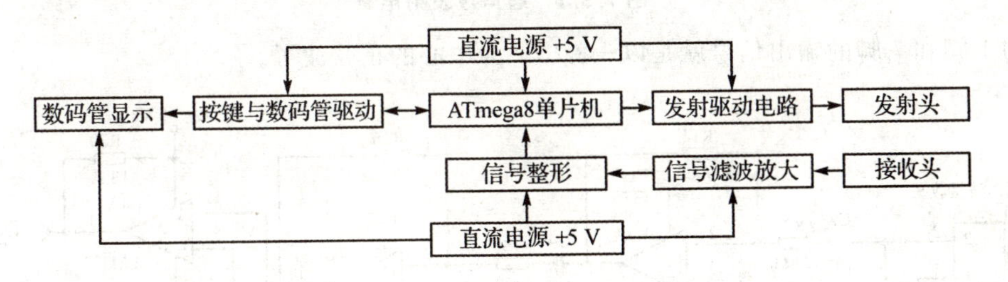

图 7.4.1 系统框图

7.5 硬件设计

7.5.1 超声波发射和接收电路

超声波发射电路如图 7.5.1 所示，这里采用数字电路驱动，使用一块 74LS04。74LS04 是集电极开路(即 OC 门)的六反相器，使用时必须采用上拉电阻，OC 门的优点就是带负载能力强。图中的 C5 用来滤波，将单片机输出的方波变为正弦波。

超声波接收电路如图 7.5.2 所示，超声波接收头接收到的微弱信号经过 C2 和 R25 滤波，进入到集成运放 TL082 中进行放大。TL082 的内部有两个运算放大器，为了拥有足够的带宽，采用了两级放大，两级都是反相比例放大，第一级放大 50 倍，第二级放大 20 倍，一共 1 000 倍。由于使用单电源供电，TL082 的同相输入端需要浮起来，也就是通过 R17 和 R18 分压，分得电源电压的一半(+2.5 V)。这里 TL082

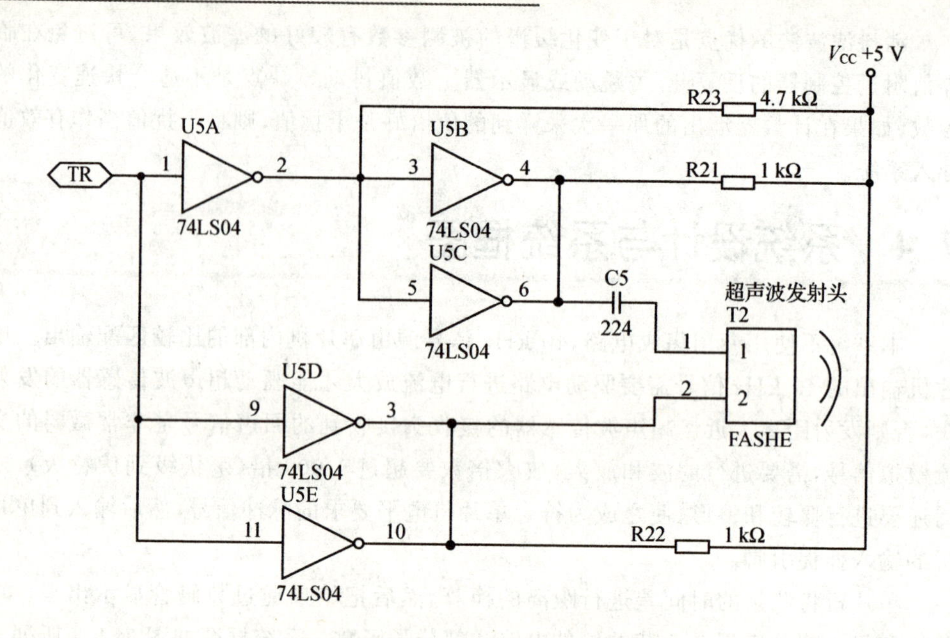

图 7.5.1 超声波发射电路

的 1 脚和 7 脚的输出信号就是以+2.5 V 为中心的正弦波了。

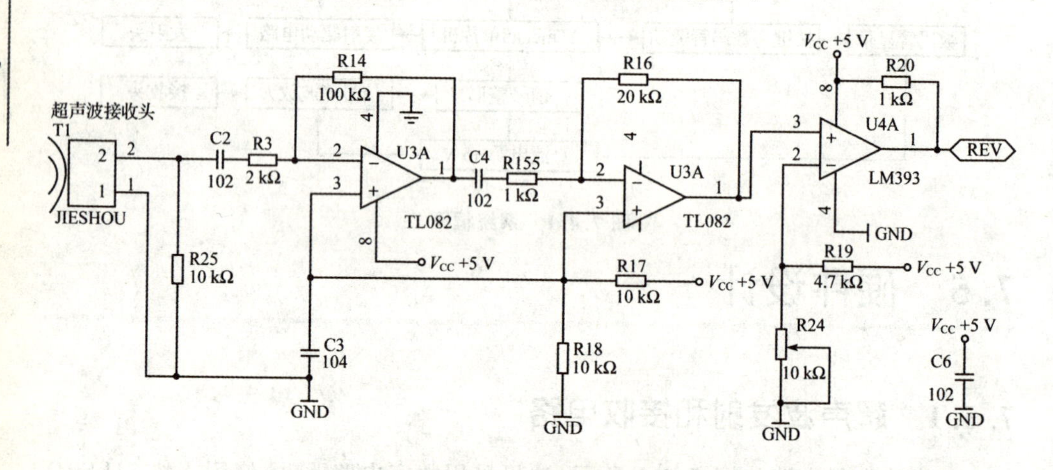

图 7.5.2 超声波接收电路

TL082 的 7 脚输出的正弦波需要整型为矩形波，这里采用比较的方法，也就是比 2.5 V 高时，输出高电平，比 2.5 V 低时，输出低电平。比较器使用集成比较器 LM393，将正弦波连接到 LM393 的同相输入端，反相输入端接+2.5 V 电压。+2.5 V 电压由 R19 和 R24 分压得到，这里为了灵活调节比较阈值，采用的电位器代替固定电阻。图中 C6 为电源去耦合电容，C3 为抗干扰滤波电容。

7.5.2 系统总体电路

系统总体电路是将超声波发射电路(图 7.5.1)、超声波接收电路(图 7.5.2)和单片机驱动显示电路(图 7.5.3)结合起来。其中图 7.5.3 与图 3.5.5 相似,可以在原线路板上简单改造。

超声波发射和接收电路可以焊接在一个小板子上,然后将小板子与图 3.5.5 的线路板通过导线相连接。超声波发射和接收电路的实物如图 7.5.4 所示。

超声波发射和接收部分的元器件清单如表 7.5.1 所列。

表 7.5.1 超声波发射和接收部分元器件清单

序号	名称	型号	数量	备注
1	超声波传感器	ZR40-16	1	接收
2	超声波传感器	ZT40-16	1	发射
3	集成运算放大器	TL082	1	
4	集成比较器	LM393	1	
5	六反相器	74LS04	1	
6	电阻	1 kΩ	4	
7	电阻	2 kΩ	1	
8	电阻	4.7 kΩ	2	
9	电阻	10 kΩ	2	
10	电阻	20 kΩ	1	
11	电阻	100 kΩ	1	
12	电位器	10 kΩ	1	
13	电容	224	1	220 nF
14	电容	102	3	1 nF
15	电容	104	1	100 nF

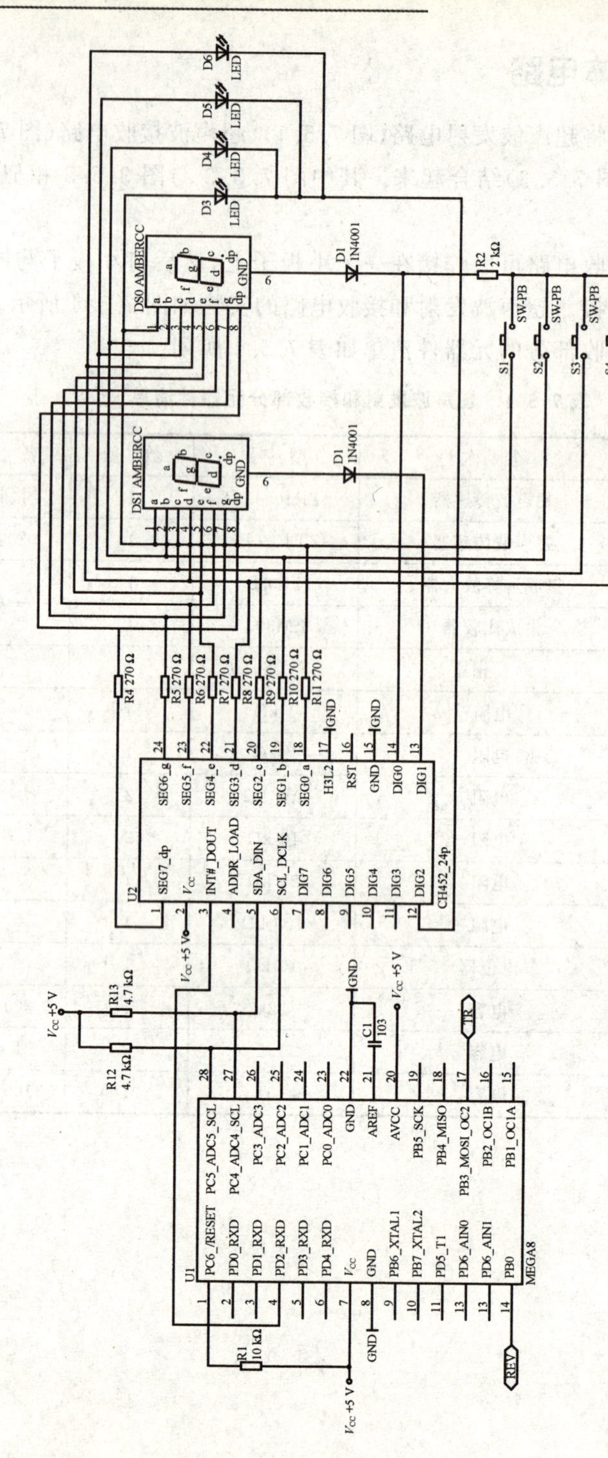

图 7.5.3 单片机驱动显示电路

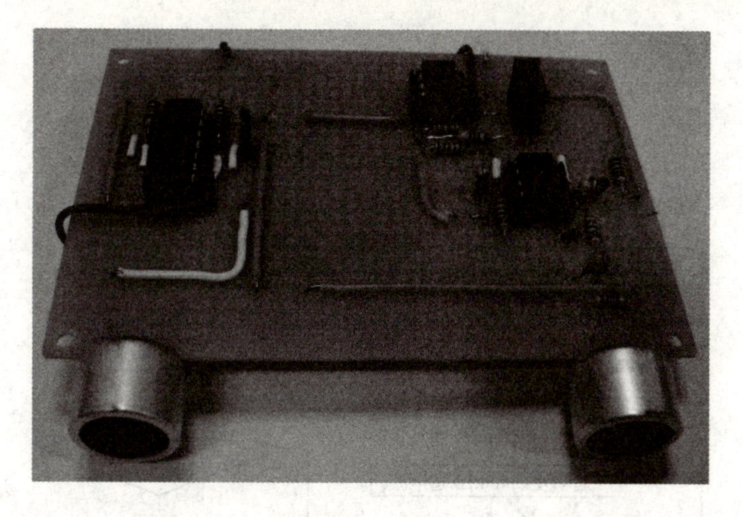

图 7.5.4　超声波发射和接收电路实物图

7.6　软件设计

7.6.1　程序流程图

主函数流程如图 7.6.1 所示。主函数主要进行初始化、发射接收的控制、简单数字滤波处理、距离计算、危险程度判断等工作。其中，每次循环都进行 8 次测量，每次测量都剔除了奇异值(非正常的过大或过小数值)，然后进行算数平均。

7.6.2　C 语言源程序

```
/**************************************************************/
/*                   超声波测距系统                          */
/*        目标 MCU:MEGA8     晶振:内部振荡器 1 MHz            */
/*  文件名称:ultrasonic_2.c                                  */
/**************************************************************/
//PB0 为接收,使用 timer1 的输入捕捉 ICP1
//PB3 为发射,使用 timer2 的比较匹配输出 OC2
//用 CH452 显示板
//根据距离分段显示
//1 024 分频捕捉,溢出中断
//λ = c/f  波长 = 速度/频率,极限分辨力为波长的一半
//频率 40 kHz,0 摄氏度时空气中超声波速度 340 m/s,计算出波长 8.5 mm
//根据实际测量调整,与反射材料有关,人的衣物和钢板的差别非常大
#include <iom8v.h>
#include <macros.h>
```

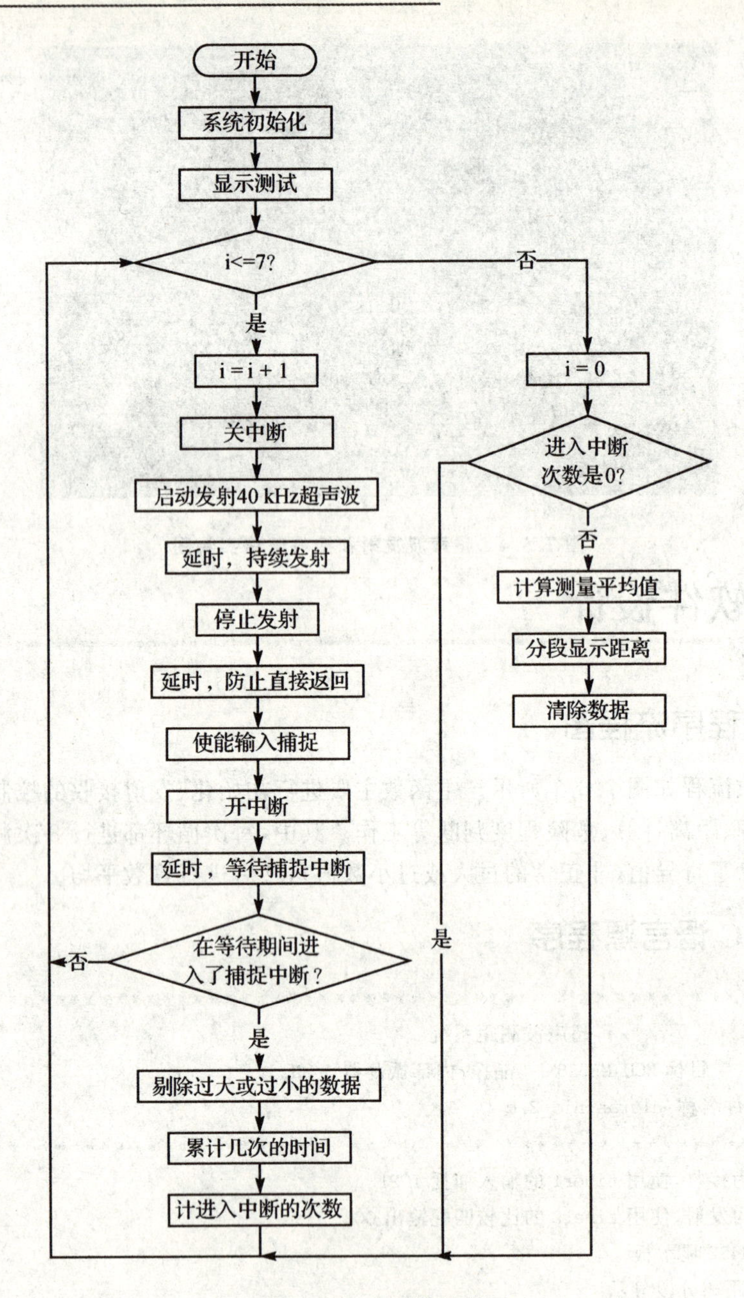

图 7.6.1　主函数流程图

```
unsigned int time_TCNT1 = 0x001;            //TCNT1 的数值
unsigned int time_8 = 0;                    //TCNT1 的 8 次测量平均值
unsigned int temp;                          //临时变量,用来计算距离
unsigned char TIMER1_CAPT_flag = 0x00;      //输入捕捉中断标记
unsigned char TIMER1_OVF_flag = 0x00;       //定时器 1 溢出中断标记
```

```
unsigned int length = 0x00;                    //显示测试用
unsigned char time_of_int = 0x00;              //计算进输入捕捉中断次数
//子函数声明
void port_init(void);
void timer1_init(void);
void timer2_init(void);
void delay_1us(void);
void delay_us(unsigned int n);
void delay_ms(unsigned int n);
void delay_s(unsigned int n);
void ch452_init(void);
void display_ch452(unsigned int display_k);
void iic_send(void);
// 端口定义
void port_init(void)
{
    DDRB = 0xfe;        //B口 1111 1110 PB0为输入捕捉,PB3为比较匹配输出
    DDRC = 0xff;        //C口定义为输出口
    DDRD = 0xf3;        //D口 1111 0011 PD3(INT1)PD2(INT0)设为输入,其余为输出
}
//定时器1初始化
void timer1_init(void)
{
    TCCR1A = 0x0000;     //普通模式
TCCR1B = (1<<ICES1)|(1<<ICES1)|(1<<CS10);
//如果时间长,超过计数器长度,就要预分频
    //ICES1 = 1,上升沿捕捉,CS10 = 1,无预分频,启动定时器1
    TIMSK |= (1<<TICIE1);//输入捕捉中断使能
    TCNT1 = 0;
}
//当输入捕捉中断请求中断时,执行TIMER1_CAPT_isr()子函数
#pragma interrupt_handler TIMER1_CAPT_isr:6
//输入捕捉中断服务函数
void TIMER1_CAPT_isr(void)
{
    time_TCNT1 = ICR1;              //取出数据
    TCCR1B &= (~((1<<CS12)|(1<<CS12)|(1<<CS10)));//停止定时器1
    TCCR2 = 0x00;                    //停止40kHz信号发射
    TIMSK &= (~(1<<TICIE1));          //禁止输入捕捉中断
    TIMER1_CAPT_flag = 1;            //捕捉中断标记
}
//当定时器1溢出中断时,执行TIMER1_OVF_isr()子函数
```

```
#pragma interrupt_handler TIMER1_OVF_isr:9
//定时器1溢出中断服务函数
void TIMER1_OVF_isr(void)
{
    TCCR1B &= (~((1<<CS12)|(1<<CS12)|(1<<CS10)));  //停止定时器1
    TIMSK &= (~(1<<TICIE1)|(1<<TOIE1));          //禁止输入捕捉中断,溢出中断
    TIMER1_OVF_flag = 1;                          //溢出中断标记
}
//当计数器的数值TCNT2等于OCR2时计数器清零
//OCR2定义了计数器的TOP值,亦即计数器的分辨率
//定时器2初始化
void timer2_init(void)
{
TCCR2 |= (1<<WGM21)|(1<<COM20);      //无时钟,不输出
OCR2 = 12;
//1000k/(2(1+OCR2))=40k ,OCR2=11.5产生40kHz超声波信号,取11为41.6k,取12为38.5k
    TIMSK &= (~(1<<OCIE2)|(1<<TOIE2));  //不产生中断
}
void main(void)
{
    unsigned char i = 0;
    port_init();    //端口初始化
    ch452_init();
    //显示测试
    length=0x0b;
    display_ch452(length);      //数码管显示测试
    delay_s(30);
    length=33;
    display_ch452(length);      //数码管显示测试
    delay_s(20);
    length=0;
    timer1_init();      //定时器1初始化
    timer2_init();      //定时器2初始化

    while(1)
    {
        for(i=0;i<=7;i++)
        {
            CLI();
            TCNT1 = 0;//清零TCNT1,发射40 kHz信号,使能输入捕捉中断
            TCCR2 |= (1<<WGM21)|(1<<COM20)|(1<<CS20);//启动40 kHz信号发射
            TCCR1B=(1<<ICNC1)|(1<<ICES1)|(1<<CS10);//每个数代表64 μs|(1<<CS10)
```

```
        //ICES1 = 1,上升沿捕捉,CS1 = 11,256(2 的 6 次方)预分频,启动定时器 1
        //ICNC1 = 1,噪声抑制,延迟了 4 个时钟周期
    delay_us(50);
    TCCR2 = 0x00;//停止 40 kHz 信号发射
        delay_us(20);//防止余波未经反射,从输入端直接到输出端返回
        SEI();
        TIMSK |= (1<<TICIE1)|(1<<TOIE1);//输入捕捉中断使能,溢出中断使能

        delay_ms(50);//按距离 2m 计算出的时间,不用 while 防止死机

        CLI();
        if(TIMER1_CAPT_flag = 1)
        {
            TIMER1_CAPT_flag = 0;//清除捕捉中断标记
            if((time_TCNT1<10000)&&(time_TCNT1>=10))//剔除过大、过小的数据
            {
//用统计进入捕捉中断的办法,不是按照循环次数的办法
//防止由于干扰未成功捕捉造成的误差
                time_8 = time_8 + time_TCNT1;//求 8 次的和
                time_of_int = time_of_int + 1;
            }
            time_TCNT1 = 0;//清除数据
        }
    }
    //空气中的声速为 340m/s = 34cm/ms = 0.34mm/us
    //距离为 t×340/2 = 170t
    //未分频,周期为 1 μs
    //64 分频为 64 μs,每个数代表的距离为 64×0.34/2 = 10.88 mm,约 1 cm
    //8 分频,周期 8 μs,每个数代表 8×0.34/2 = 8×0.17 = 1.36 mm
    //频率 40 kHz,波长 8.5 mm

    if(TIMER1_OVF_flag == 1)
    {
        display_ch452(40);      //溢出时,数码管显示 40
    }
    if(time_of_int>0)
    {
//用统计进入捕捉中断的办法,不是按照循环次数的办法,防止干扰未成功捕捉造成的误差
        time_8 = time_8/time_of_int;//求均值
            //根据实际测量调整
            if(time_8>=8000)
                display_ch452(99); //99 表示过远
```

```
                else if((time_8<8000)&&(time_8>=3000))
                    display_ch452(88); //88 表示较远
                else if((time_8<3000)&&(time_8>=540))
                    display_ch452(66); //66 表示中等
                else if((time_8<540)&&(time_8>=1))
                    display_ch452(33); //33 表示特别近
                else
                    display_ch452(30); //显示 30 表示出错
            time_of_int = 0;
            time_8 = 0;
        }
    }
}
```

7.7 安装与调试

安装时注意超声波发射电路和接收电路要有一定距离，两者的布线尽量不要交叉，在两者的电源和地之间可以放置一些比如 102 的小电容来去除电源耦合。安装时超声波发射头和接收头之间不要距离过近，间隔 4～8 cm 的距离。

这个项目调试比较复杂，调试时建议按照以下顺序进行：

① 先让程序不停发送 40 kHz 脉冲序列，用示波器观察 17 脚。这一步的目的是熟悉程序和观察、判断单片机是否正常工作。

② 用示波器观察 74LS04 的 4 脚、6 脚、8 脚和 10 脚是否也有 40 kHz 脉冲序列，电压是否正常。这一步的目的是测试发射电路的硬件。

③ 用一个单独的超声波接收头，什么器件和线路也不接，就一个裸接收头，直接正对线路板的发射头，用示波器观察这个的接收头信号脚是否有 40 kHz 正弦波，最大峰峰值可超过 1 V。这一步的目的是测试发射头能否正常工作。

④ 用万用表测量 TL082 的 3 脚和 5 脚是否都有＋2.5 V 直流偏置，用遮挡物放在距离发射接收头 10 cm 左右的地方挡住超声波，用示波器观察 TL082 的 1 脚和 7 脚，看是否有较大正弦波，频率应为 40 kHz。这一步的目的是测试接收头和接收放大电路。

⑤ 改变遮挡物与超声波传感器之间的距离，用示波器的 DC 模式观察正弦波幅度变化，记录中心直流量的大小，然后调节 R24(10 kΩ)电位器，使 LM393 的 2 脚达到这个中心直流量的值。这一步的目的是调节比较器的门限，以便将正弦波很好地转换地矩形波。

⑥ 用示波器观察 LM393 的 1 脚，应该能观察到 5 V 左右的矩形波，对应的单片机 14 脚也能观察到。这一步的目的是观察比较器是否正常工作，超声波发射接收小板与单片机连接是否正常。

如果以上这些步骤都正常，则剩下的主要工作量都在于调试程序。

7.8 练习项目

7.8.1 脉冲宽度测试

在7.1节的热身小项目基础之上可以进行一些改进开发，比如完成脉冲宽度测试工作，将待测试的脉冲连接到单片机的输入捕捉引脚，然后通过编写程序测量脉冲的宽度，进行简单数据处理并显示。在此基础上还可以完成占空比测试、周期信号频率测试等系统的开发。

项目要求：

① 参照7.1节反应速度测试系统，设计一个能够实现脉冲宽度测试的系统。

② 系统设计：能够完成单个脉冲宽度的测试，画出系统框图。

③ 设计硬件和软件来实现以上功能。

④ 将编译后的.hex文件下载到单片机中。

⑤ 安装电路，连接电源并进行测试，记录测试结果并进行分析。

⑥ 完成项目报告。

7.8.2 倒车雷达

这里在本章超声波测距项目的基础之上进一步完善，实现倒车雷达功能。例如，用间隔时间比较长的鸣叫声表示距离较远，用急促的鸣叫声表示距离比较近，用一直不断的鸣叫声表示距离非常近，或者用闪动的灯光表示距离远近，或者进一步完善软硬件电路，实现较精确的距离测量。

项目要求：

① 设计一个倒车雷达。

② 系统设计：自行拟定功能，完成系统框图。

③ 设计硬件和软件来实现以上功能。

④ 将编译后的.hex文件下载到单片机中。

⑤ 安装电路，连接电源并进行测试，记录测试结果并进行分析。

⑥ 完成项目报告。

第 8 章

实战五 单片机之间的通信

1）学习目标

了解单片机通信的基本知识；理解数据通信中的同步问题；学习 SPI 和 USART 的使用；综合巩固第 3 章所学知识，提高系统设计能力。

2）项目导学

本章分为 SPI 通信和 USART 通信两部分，SPI 通信包括了 3.4 节和 3.5 节的相关内容。USART 通信也包括了 3.5 节的相关内容。这两部分的硬件电路类似，仅在于两个单片机之间的通信连接方式有所不同，在功能上，SPI 通信部分包括电压测量、数据传输等功能，USART 通信部分主要介绍了数据传输功能。学习指导如下：

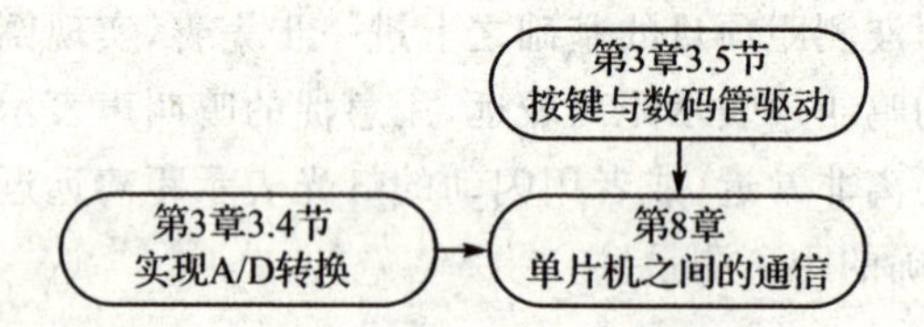

8.1 项目要求

实现两片单片机之间的数据通信，要求一片单片机发送数据，另一片单片机能正确接收并显示出来。

8.2 项目分析

单片机之间的数据通信以短距离、有线通信为主，因为单片机端口驱动能力有限，如果距离较远，一般采用专门驱动芯片，本章仅讨论不需要专门驱动的短距离通信。

两片单片机之间通信要考虑同步问题,单独建立一套通信电路十分复杂,现在单片机都已经集成了一些通信接口,使用非常方便。

ATmega8 内部就集成了串行外设接口(SPI)、通用同步和异步串行收发器(USART)和两线串行接口(TWI)等通信接口,其中,两线串行接口其实就是 I^2C 总线,在 3.5 节按键与数码管驱动中有所介绍。本项目分别用 SPI 和 USART 两种方法来实现通信功能。

8.2.1 通信中的同步问题

所有的通信都有同步问题,比如发送数据端连续发送了两个持续时间为 1 ms 高电平,表示两个 1,中间没有中断,这就成为了一个持续时间为2 ms的高电平,数据接收端收到这段 2 ms 的高电平后,如何判断这是一个 1,还是两个 1?

为避免误判,通常有两种方法,一种是在发送数据的同时还要发送同步时钟,发送端和接收端都用同步时钟来判别数据,这种方法称为同步通信。比如前面的例子,如果发送数据的同时发送周期为 1 ms 的脉冲作为同步时钟,则接收端每收到 1 ms 高电平就判别为一个 1,收到 2 ms 的高电平就会正确判别为两个 1。

另一种方法是发送端和接收端约定通信节拍,也就是通信速率,约定好后,发送端按照这个约定的速度发送,接收端按照约定的速度进行判别,这种方法称为异步通信。比如前面的例子,发送端和接收端都有一个 1 ms 的本地振荡器作为本地时钟,发送端先发送一个开始脉冲,然后收发双方开始每 1 ms 发送和接收一个数据,这样连续的 2 ms 高电平也可以被正确判别为两个 1。

同步通信和异步通信的主要区别在于:同步通信除数据线外,还需要一根时钟线,通信速度较快;异步通信只要有数据线就可以,每次通信都要有开始脉冲,通信速度相对较慢。

前面介绍的是码元同步概念,数据通信还有帧同步问题,在 8.4.2 小节中对帧同步问题有简单介绍。

8.2.2 串行外设接口

(1) 串行外设接口(SPI)的特点

SPI 允许 ATmega8 和外设或其他 AVR 器件进行高速的同步数据传输。ATmega8 SPI的特点如下:

- 全双工,3 线同步数据传输;
- 主机或从机操作;
- LSB 首先发送或 MSB 首先发送;
- 7 种可编程的比特率;
- 传输结束中断标志;
- 写冲突标志检测;

➢ 可以从闲置模式唤醒；

➢ 作为主机时具有倍速模式(CK/2)。

ATmega8 的 SPI 接口同时还用来实现程序和 EEPROM 的下载和上载。详请参见数据手册中关于 SPI 串行编程和校验部分。

(2) SPI 主机和从机的连接

SPI 系统包括两个移位寄存器和一个主机时钟发生器。SPI 主机和从机之间的连接如图 8.2.1 所示。SPI 使能后，MOSI、MISO、SCK 和 $\overline{SS}$ 引脚的数据方向将按照表 8.2.1 所列自动配置。

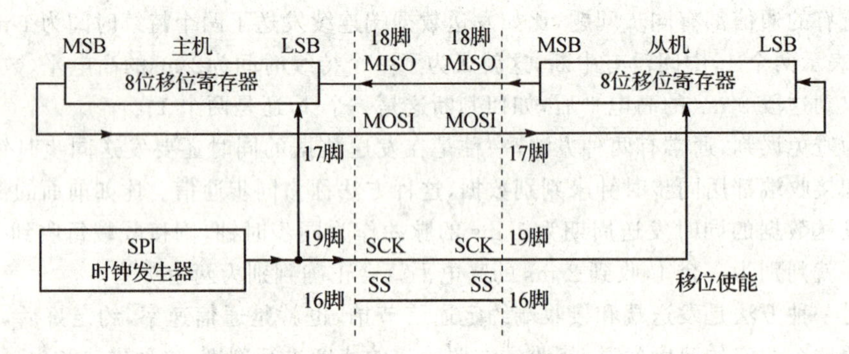

图 8.2.1　SPI 主机和从机的连接

通信时，通过将需要的从机 $\overline{SS}$ 引脚拉低，主机启动一次通信过程。主机和从机将需要发送的数据放入相应的移位寄存器。主机在 SCK 引脚上产生时钟脉冲以交换数据。主机的数据从主机的 MOSI 移出，由从机的 MOSI 移入；从机的数据由从机的 MISO 移出，从主机的 MISO 移入。主机通过把从机的 SS 拉高实现与从机的同步。

表 8.2.1　SPI 相关引脚数据方向

引　脚	SPI 主机方向	SPI 从机方向
MOSI	用户定义	输入
MISO	输入	用户定义
SCK	用户定义	输入
$\overline{SS}$	用户定义	输入

配置为 SPI 主机时，SPI 接口不自动控制 $\overline{SS}$ 引脚，必须由用户软件来处理。对 SPI 数据寄存器写入数据就会立刻启动 SPI 时钟，将 8 比特的数据移入从机。传输结束后，SPI 时钟停止，传输结束标志 SPIF 置位。如果此时 SPCR 寄存器的 SPI 中断使能位 SPIE 置位，则中断就会发生。主机可以继续往 SPDR 写入数据以移位到从机中去，或者将从机的 $\overline{SS}$ 拉高以说明数据包发送完成。最后进来的数据将一直保存于缓冲寄存器里。

配置为从机时，只要 $\overline{SS}$ 为高，SPI 接口将一直保持睡眠状态，并保持 MISO 为三态。在这个状态下，软件可以更新 SPI 数据寄存器 SPDR 的内容。即使此时 SCK 引脚有输入时钟，SPDR 的数据也不会移出，直至 $\overline{SS}$ 被拉低。一个字节完全移出之后，传输结束标志 SPIF 置位。如果此时 SPCR 寄存器的 SPI 中断使能位 SPIE 置位，则就会产生中断请求。在读取移入的数据之前从机可以继续往 SPDR 写入数据。最后进来的数据将一直保存于缓冲寄存器里。

SPI 系统的发送方向只有一个缓冲器,而在接收方向有两个缓冲器。也就是说,在发送时,一定要等到移位过程全部结束后,才能对 SPI 数据寄存器执行写操作。而在接收数据时,需要在下一个字符移位过程结束之前,通过访问 SPI 数据寄存器读取当前接收到的字符。否则,第一个字节丢失。

(3) SPI 的配置与使用

当 SPI 配置为从机时,从机选择引脚$\overline{\text{SS}}$总是为输入引脚。$\overline{\text{SS}}$为低将激活 SPI 接口,MISO 成为输出(用户必须进行相应的端口配置)引脚,其他引脚成为输入引脚。当$\overline{\text{SS}}$为高时,所有的引脚成为输入,SPI 逻辑复位,不再接收数据。

$\overline{\text{SS}}$引脚对于数据包/字节的同步非常有用,可以使从机的位计数器与主机的时钟发生器同步。当$\overline{\text{SS}}$拉高时,从机立即复位 SPI,并丢弃移位寄存器里不完整的数据。

当 SPI 配置为主机时(MSTR 的 SPCR 置位),用户可以决定$\overline{\text{SS}}$引脚的方向。若$\overline{\text{SS}}$配置为输出,则此引脚可以用作普通的 I/O 口而不影响 SPI 系统。典型应用是用来驱动从机的$\overline{\text{SS}}$引脚。

如果$\overline{\text{SS}}$配置为输入,则必须保持为高电平,以保证 SPI 的正常工作。若系统配置为主机、$\overline{\text{SS}}$为输入,但$\overline{\text{SS}}$被外设拉低,则 SPI 系统会认为有一个外部主机将自己选择为从机。为了防止总线冲突, SPI 系统将实现如下动作:

① 清零 SPCR 的 MSTR 位,使 SPI 成为从机,从而 MOSI 和 SCK 变为输入。

② SPSR 的 SPIF 置位。若 SPI 中断和全局中断开放,则执行中断服务程序。

因此,使用中断方式处理 SPI 主机的数据传输,并且存在$\overline{\text{SS}}$被拉低的可能性时,中断服务程序应该检查 MSTR 是否为“1”。若被清零,则用户必须将其置位,以重新使能 SPI 主机模式。

(4) SPI 控制寄存器

Bit	7	6	5	4	3	2	1	0	
	SPIE	SPIE	DORD	MSTR	CPOL	CPHA	SPR1	SPR0	SPCR
读/写	R/W	R/W	R/W	R/W	R/W	R/W	R/W	R/W	
初始值	0	0	0	0	0	0	0	0	

SPCR 为 SPI 控制寄存器,其中,SPIE 为 SPI 中断使能。置位后,只要 SPSR 寄存器的 SPIF 和 SREG 寄存器的全局中断使能位置位,就会引发 SPI 中断。

SPE 为 SPI 使能,SPE 置位将使能 SPI。进行任何 SPI 操作之前必须置位 SPE。

DORD 用于设置数据次序,DORD 置位时,数据的最低位(LSB)首先发送;否则,数据的最高位(MSB)首先发送。

MSTR 用于主机/从机选择,MSTR 置位时选择主机模式,否则为从机。如果 MSTR 为“1”,SS 配置为输入,但$\overline{\text{SS}}$被拉低,则 MSTR 被清零,寄存器 SPSR 的 SPIF

置位,用户必须重新设置 MSTR 进入主机模式。

CPOL 为时钟极性选择,CPOL 置位表示空闲时 SCK 为高电平;否则,空闲时 SCK 为低电平,如表 8.2.2 所列。

CPHA 为时钟相位选择,CPHA 确定数据是在 SCK 的起始沿采样还是在 SCK 的结束沿采样,如表 8.2.3 所列。

表 8.2.2 CPOL 功能

CPOL	起始沿	结束沿
0	上升沿	下降沿
1	下降沿	上升沿

表 8.2.3 CPHA 功能

CPHA	起始沿	结束沿
0	采样	设置
1	设置	采样

SPR1 和 SPR0 用于 SPI 时钟速率选择,也就是设置主机的 SCK 速率,如表 8.2.4 所列。SPR1 和 SPR0 对从机没有影响。SCK 和振荡器的时钟频率 f_{osc} 关系也如表 8.2.4 所列,表中 SPI2X 是寄存器 SPSR 的最低位。

表 8.2.4 SCK 和振荡频率的关系

SPI2X	SPR1	SPR0	SCK 频率	SPI2X	SPR1	SPR0	SCK 频率
0	0	0	$f_{osc}/4$	1	0	0	$f_{osc}/2$
0	0	1	$f_{osc}/16$	1	0	1	$f_{osc}/8$
0	1	0	$f_{osc}/64$	1	1	0	$f_{osc}/32$
0	1	1	$f_{osc}/128$	1	1	1	$f_{osc}/64$

(5) SPI 状态寄存器

Bit	7	6	5	4	3	2	1	0	
	SPIE	WCOL	–	–	–	–	–	SPI2X	SPSR
读/写	R	R	R	R	R	R	R	R/W	
初始值	0	0	0	0	0	0	0	0	

SPSR 为 SPI 状态寄存器,其中,SPIF 为 SPI 中断标志,串行发送结束后,SPIF 置位。若此时寄存器 SPCR 的 SPIE 和全局中断使能位置位,则 SPI 中断即产生。如果 SPI 为主机,$\overline{SS}$配置为输入且被拉低,SPIF 也将置位。进入中断服务程序后 SPIF 自动清零。或者可以通过先读 SPSR,紧接着访问 SPDR 来对 SPIF 清零。

WCOL 为写冲突标志,在发送当中,对 SPI 数据寄存器 SPDR 写数据将置位 WCOL。WCOL 可以通过先读 SPSR,紧接着访问 SPDR 来清零。

SPI2X 为 SPI 倍速设置,置位后 SPI 的速度加倍。若为主机(见表 8.2.4),则 SCK 频率可达 CPU 频率的一半。若为从机,只能保证 $f_{osc}/4$。

(6) SPI 数据寄存器

SPDR 为 SPI 的数据寄存器,为 8 位读/写寄存器,用来在寄存器文件和 SPI 移位寄存器之间传输数据。写寄存器将启动数据传输,读寄存器将读取寄存器的接收缓冲器。SPDR的初始值未定义。

8.2.3 通用同步和异步串行收发器

1. 综述和特点

通用同步和异步串行接收器和转发器(USART)是一个高度灵活的串行通信设备,主要特点为:

- 全双工操作(独立的串行接收和发送寄存器);
- 异步或同步操作;
- 主机或从机提供时钟的同步操作;
- 高精度的波特率发生器;
- 支持5、6、7、8或9个数据位和1个或2个停止位;
- 硬件支持的奇偶校验操作;
- 数据过速检测;
- 帧错误检测;
- 噪声滤波,包括错误的起始位检测以及数字低通滤波器;
- 3个独立的中断:发送结束中断、发送数据寄存器空中断以及接收结束中断;
- 多处理器通信模式;
- 倍速异步通信模式。

USART分为3个主要部分:时钟发生器、发送器和接收器。控制寄存器由3个部分共用。时钟发生器包含同步逻辑,通过它将波特率发生器及为从机同步操作所使用的外部输入时钟同步起来。发送器时钟(XCK)引脚(6脚)只用于同步传输模式。

发送器包括一个写缓冲器、串行移位寄存器、奇偶发生器以及处理不同的帧格式所需的控制逻辑。写缓冲器可以保持连续发送数据而不会在数据帧之间引入延迟。发送器的数据从TXD(3脚)引脚输出。

接收器具有时钟和数据恢复单元,是USART模块中最复杂的。恢复单元用于异步数据的接收。除了恢复单元,接收器还包括奇偶校验、控制逻辑、移位寄存器和一个两级接收缓冲器UDR。接收器支持与发送器相同的帧格式,而且可以检测帧错误、数据过速和奇偶校验错误。接收器的数据从RXD(2脚)引脚输入。

2. USART的I/O数据寄存器

USART发送数据缓冲寄存器和USART接收数据缓冲寄存器共享相同的I/O地址,称为USART数据寄存器或UDR。将数据写入UDR时,实际操作的是发送数据缓冲器存器(TXB),读UDR时,实际返回的是接收数据缓冲寄存器(RXB)的内容。

Bit	7	6	5	4	3	2	1	0	
	RXB[7:0]								UDR(读)
	TXB[7:0]								UDR(写)
读/写	R/W	R/W	R/W	R/W	R/W	R/W	R/W	R/W	
初始值	0	0	0	0	0	0	0	0	

在5、6、7 bit字长模式下,未使用的高位被发送器忽略,而接收器则将它们设置为0。

只有当UCSRA寄存器的UDRE标志置位后才可以对发送缓冲器进行写操作。如果UDRE没有置位,那么写入UDR的数据会被USART发送器忽略。当数据写入发送缓冲器后,若移位寄存器为空,则发送器把数据加载到发送移位寄存器。然后,数据从TXD引脚串行输出。

接收缓冲器包括一个两级FIFO,一旦接收缓冲器被寻址,则FIFO就会改变它的状态。因此,不要对这一存储单元使用"读—修改—写"指令(SBI和CBI)。使用位查询指令(SBIC和SBIS)时也要小心,因为这也有可能改变FIFO的状态。

3. USART控制和状态寄存器A

UCSRA为USART控制和状态寄存器,其中,RXC为USART接收结束接收缓冲器中有未读出的数据时RXC置位,否则清零。接收器禁止时,接收缓冲器被刷新,导致RXC清零。RXC标志可用来产生接收结束中断(见对RXCIE位的描述)。

Bit	7	6	5	4	3	2	1	0	
	RXC	TXC	UDRE	FE	DOR	PE	U2X	MPCM	UCSRA
读/写	R	R/W	R	R	R	R	R/W	R/W	
初始值	0	0	0	0	0	0	0	0	

TXC为USART发送结束标识,发送移位缓冲器中的数据被送出,且当发送缓冲器(UDR)为空时TXC置位。执行发送结束中断时TXC标志自动清零,也可以通过写1进行清除操作。TXC标志可用来产生发送结束中断(见TXCIE位的描述)。

UDRE为USART数据寄存器空标识,指出发送缓冲器(UDR)是否准备好接收新数据。UDRE为1说明缓冲器为空,已准备好进行数据接收。UDRE标志可用来产生数据寄存器空中断(见对UDRIE位的描述)。复位后UDRE置位,表明发送器已经就绪。

FE为帧错误标识,如果接收缓冲器接收到的下一个字符有帧错误,即接收缓冲器中下一个字符的第一个停止位为0,那么FE置位。这一位一直有效直到接收缓冲器(UDR)被读取。当接收到的停止位为1时,FE标志为0。对UCSRA进行写入时,这一位要写0。

DOR为数据溢出标识,数据溢出时DOR置位。当接收缓冲器满(包含了两个数据),接收移位寄存器又有数据,而此时检测到一个新的起始位时,数据溢出就产生了。这一位一直有效直到接收缓冲器(UDR)被读取。对 UCSRA 进行写入时,这一位要写 0。

PE 为奇偶校验错误标识,当奇偶校验使能(UPM1 = 1),且接收缓冲器中接收到的下一个字符有奇偶校验错误时,UPE 置位。这一位一直有效直到接收缓冲器(UDR)被读取。对 UCSRA 进行写入时,这一位要写 0。

U2X 为倍速发送设置,其仅对异步操作有影响。此位置 1 可将波特率分频因子从 16 降到 8,从而有效地将异步通信模式的传输速率加倍。

MPCM 为多处理器通信模式设置,设置此位将启动多处理器通信模式。MPCM 置位后, USART 接收器接收到的那些不包含地址信息的输入帧都将被忽略。发送器不受 MPCM 设置的影响。

4. USART 控制和状态寄存器 B

Bit	7	6	5	4	3	2	1	0	
	RXCIE	TXCIE	UDRIE	RXEN	TXEN	UCSZ2	RXB8	TXB8	UCSRB
读/写	R/W	R/W	R/W	R/W	R/W	R/W	R	R/W	
初始值	0	0	0	0	0	0	0	0	

UCSRB 也是 USART 控制和状态寄存器。RXCIE 为接收结束中断使能,置位后使能 RXC 中断。当 RXCIE 为 1,全局中断标志位 SREG 置位, UCSRA 寄存器的 RXC 亦为 1 时可以产生 USART 接收结束中断。

TXCIE 为发送结束中断使能,置位后使能 TXC 中断。当 TXCIE 为 1、全局中断标志位 SREG 置位、UCSRA 寄存器的 TXC 亦为 1 时,可以产生 USART 发送结束中断。

UDRIE 为 USART 数据寄存器空中断使能,置位后使能 UDRE 中断。当 UDRIE 为 1、全局中断标志位 SREG 置位、UCSRA 寄存器的 UDRE 亦为 1 时,可以产生 USART 数据寄存器空中断。

RXEN 为接收使能,置位后将启动 USART 接收器。RXD 引脚的通用端口功能被 USART 功能所取代。禁止接收器将刷新接收缓冲器,并使 FE、DOR 及 PE 标志无效。

TXEN 为发送使能,置位后将启动 USART 发送器。TXD 引脚的通用端口功能被 USART 功能所取代。TXEN 清零后,只有等到所有的数据发送完成后发送器才能够真正禁止,即发送移位寄存器与发送缓冲寄存器中没有要传送的数据。发送器禁止后,TXD 引脚恢复其通用 I/O 功能。

UCSZ2 为字符长度设置,UCSZ2 与 UCSRC 寄存器的 UCSZ[1:0]结合在一起可以设置数据帧所包含的数据位数(字符长度)。

RXB8 为接收数据位 8,对 9 位串行帧进行操作时,RXB8 是第 9 个数据位。读取 UDR 包含的低位数据之前,首先要读取 RXB8。

TXB8 为发送数据位 8，对 9 位串行帧进行操作时，TXB8 是第 9 个数据位。写 UDR 之前首先要对它进行写操作。

5. USART 控制和状态寄存器 C

UCSRC 也是 USART 控制和状态寄存器。URSEL 为寄存器选择位，UCSRC 寄存器与 UBRRH 寄存器共用相同的 I/O 地址。该位为 1 时，访问 UCSRC 寄存器；该位为 0 时，访问 UBRRH 寄存器。

Bit	7	6	5	4	3	2	1	0	
	URSEL	UMSEL	UPM1	UPM0	USBS	UCSZ1	UCSZ0	UCPOL	UCSRC
读/写	R/W	R/W	R/W	R/W	R/W	R/W	R/W	R/W	
初始值	1	0	0	0	0	1	1	0	

UMSEL 为 USART 模式选择位，这一位为 0 选择异步工作模式，为 1 则选择同步工作模式。

UPM1 和 UPM0 用于选择奇偶校验模式，这两位设置奇偶校验的模式并使能奇偶校验。如果使能了奇偶校验，那么在发送数据时，发送器都会自动产生并发送奇偶校验位。对每一个接收到的数据，接收器都会产生一个奇偶校验值，并与 UPM0 所设置的值进行比较。如果不匹配，那么就将 UCSRA 中的 PE 置位。这两位的设置如表 8.2.5 所列。

USBS 为停止位选择位，为 0 时，停止位有 1 位；为 1 时，停止位有 2 位。接收器忽略这一位的设置，不会将停止位识别为有用数据。

UCSZ1 和 UCSZ0 为字符长度设置位与 UCSRB 寄存器的 UCSZ2 结合在一起可以设置数据帧包含的数据位数(字符长度)。它们的设置如表 8.2.6 所列。

表 8.2.5　UPM 设置

UPM1	UPM0	奇偶模式
0	0	禁止
0	1	保留
1	0	偶校验
1	1	奇校验

表 8.2.6　UCSZ 设置

UCSZ2	UCSZ1	UCSZ0	字符长度
0	0	0	5 位
0	0	1	6 位
0	1	0	7 位
0	1	1	8 位
1	0	0	保留
1	0	1	保留
1	1	0	保留
1	1	1	9 位

UCPOL 为时钟极性选择位，仅用于同步工作模式。UCPOL 用于设置输出数据的改变和输入数据采样时刻，如表 8.2.7 所列。

表 8.2.7　UCPOL 设置

UCPOL	发送数据的改变(TXD 引脚的输出)	接收数据的采样(RXD 引脚的输入)
0	XCK 上升沿	XCK 下降沿
1	XCK 下降沿	XCK 上升沿

6. USART 波特率寄存器

Bit	15	14	13	12	11	10	9	8	
	URSEL	–	–	–	UBRR[11:8]				UBRRH
	UBRR[7:0]								UBRRL
	7	6	5	4	3	2	1	0	
读/写	R/W	R	R	R	R/W	R/W	R/W	R/W	
	R/W	R/W	R/W	R/W	R/W	R/W	R/W	R/W	
初始值	0	6	0	0	0	0	0	0	
	0	0	0	0	0	0	0	0	

USART 波特率寄存器由 UBRRL 和 UBRRH 两个 8 位寄存器构成，UCSRC 寄存器与 UBRRH 寄存器共用相同的 I/O 地址。对该寄存器的访问请参见 USART 控制和状态寄存器 C 的相关介绍。

URSEL 为寄存器选择位，通过该位选择访问 UCSRC 寄存器或 UBRRH 寄存器。当读 UBRRH 时，该位为 0；当写 UBRRH 时，URSEL 应为 0。

第[14：12]位保留，这些位只读，内容为 0。

UBRR[11：0]为 USART 波特率寄存器，其中包含了 USART 的波特率信息。其中，UBRRH 包含了 USART 波特率高 4 位，UBRRL 包含了低 8 位。波特率的改变将使正在进行的数据传输受到破坏。写 UBRRL 将立即更新波特率分频器。对标准晶振及谐振器频率来说，波特率的设置可以选用数据手册给出的参考值。

8.3　系统设计与系统框图

本系统要实现两片单片机之间的数据通信，要求一片单片机发送数据，另一片单片机能正确接收并显示出来。所以，系统由两块电路板组成，一块负责采集数据进行简单处理，另一块负责接收数据，进行较复杂处理和显示。采集数据部分采用 3.4 节实现 A/D 转换中介绍过的电压测量电路，用单片机测量电压值，然后将 A/D 转换结果直接发送出去，负责接收数据的单片机接收 A/D 转换结果，并将数据转换为易于显示的形式，通过 CH452 驱动数码管显示。系统框图如图 8.3.1 所示。系统中预留了一些按键用于将来的功能扩展。

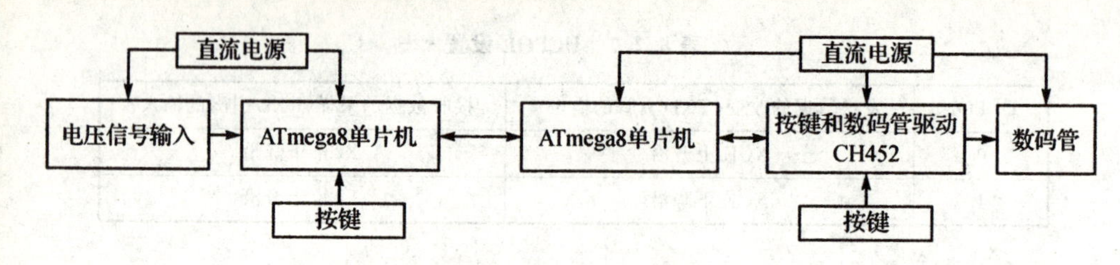

图 8.3.1 系统框图

8.4 用SPI的例子

8.4.1 系统电路图

系统电路如图 8.4.1 所示。左面的 ATmega8(U3)为数据采集单片机,按键按下为低电平,适合下降沿或低电平触发中断。R2 和 R3 为电位器,通过调整电位器改变单片机的输入电压,从而改变单片机发送出的数据。

右边的 ATmega8(U1)负责接收数据、进行处理和显示,与 3.5 节按键与数码管驱动电路类似,可以借用前面完成的电路板从而节约时间和成本。

两片单片机通过 SPI 的 4 条导线连接起来,连接时注意引脚不要出错。为了连线整齐、美观和便于插拔,可以采用排线进行连接。排线可以自行制作连接头,也可以购买成品,如图 8.4.2所示。在数据采集小板和接收电路板上都要焊接排针,分别如图 8.4.3 和图 8.4.4 所示。

制作完成的完整系统如图 8.4.5 所示。

本项目硬件电路在 3.5 节按键与数码管驱动的基础上增加几个元件即可,增加的元器件清单如表 8.4.1 所列。

表 8.4.1 元器件清单

序号	名称	型号	数量	备注
1	按钮	小	2	按下闭合,松开断开
2	电阻	10 kΩ	3	
3	电位器	20 kΩ	2	
4	电容	103	1	10 nF
5	单片机	ATmega8	1	
6	排线		4 根	与排针对应
7	排针		8 根	两组,每组 4 根

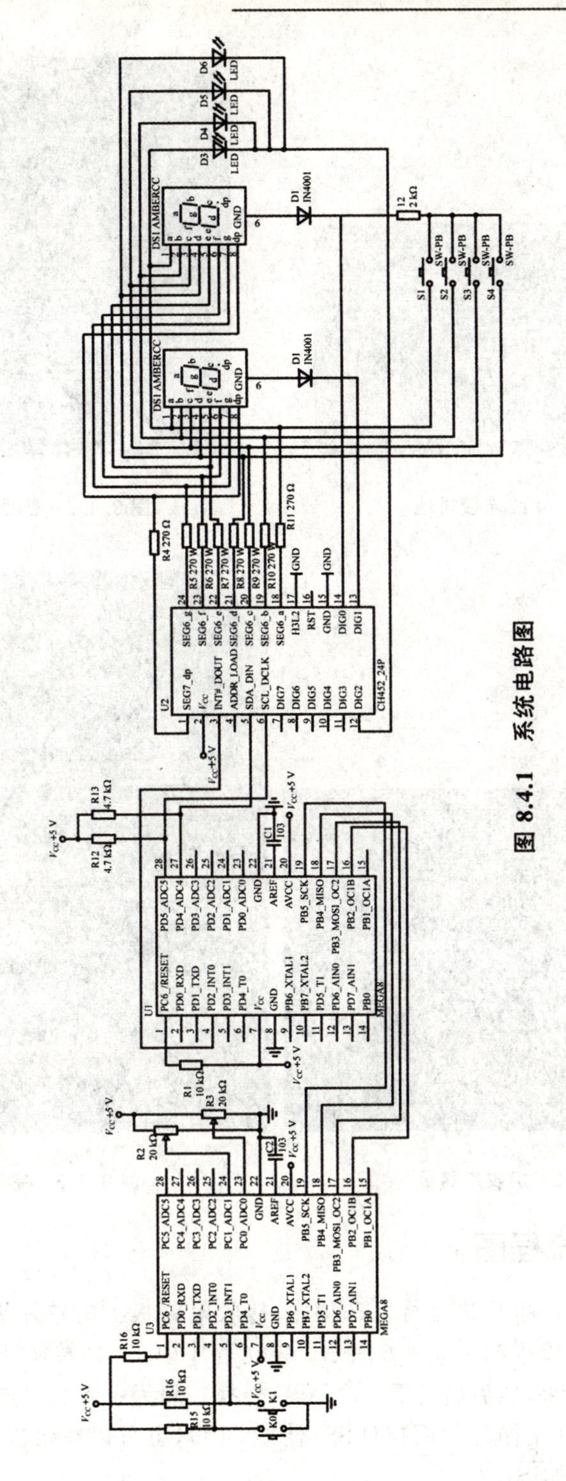
U1
MEGA8
U2
CH452_24P
U3
MEGA8
DS1 AMBERCC
DS1 AMBERCC
D1 IN4001
D1 IN4001
D3 LED
D4 LED
D5 LED
D6 LED
S1 SW-PB
S2 SW-PB
S3 SW-PB
S4 SW-PB
12 2 kΩ
R4 270 Ω
R11 270 Ω
R12 4.7 kΩ
R13 4.7 kΩ
R1 10 kΩ
R2 20 kΩ
R3 20 kΩ
R15 10 kΩ
R16 10 kΩ
C1 103
C2 103
K0
K1
PC6_/RESET
PD0_RXD
PD1_TXD
PD2_INT0
PD3_INT1
PD4_T0
GND
PB6_XTAL1
PB7_XTAL2
PD5_T1
PD6_AIN0
PD7_AIN1
PB0
PC5_ADC5
PC4_ADC4
PC3_ADC3
PC2_ADC2
PC1_ADC1
PC0_ADC0
AREF
AVCC
PB5_SCK
PB4_MISO
PB3_MOSI_OC2
PB2_OC1B
PB1_OC1A
SEG7_dp
INT#_DOUT
ADDR_LOAD
SDA_DIN
SCL_DCLK
DIG7
DIG6
DIG5
DIG4
DIG3
DIG2
DIG1
DIG0
RST
H3L2
SEG6_a
SEG6_b
SEG6_c
SEG6_d
SEG6_e
SEG6_f
SEG6_g

图 8.4.1　系统电路图

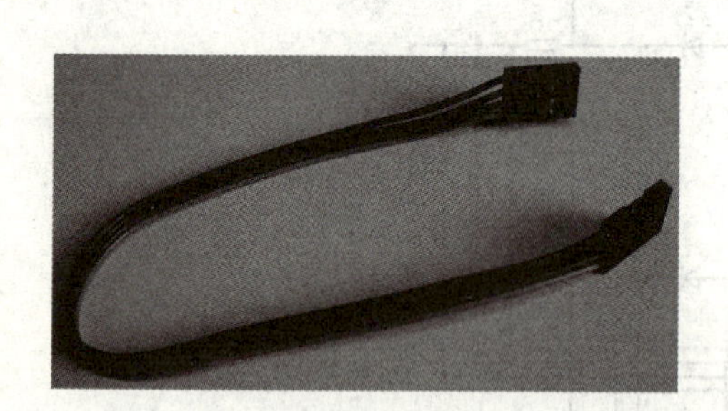

图 8.4.2 4线连接排线

图 8.4.3 数据采集小板

图 8.4.4 接收电路板

图 8.4.5 完整系统

8.4.2 程序流程图

数据采集板上的单片机运行发送程序，接收电路板上的单片机运行接收程序。发送程序的主函数流程如图 8.4.6 所示。发送程序中，A/D 转换完成后通过中断服务程序读取转换结果，然后启动下一次 A/D 转换。因为主函数主要工作为循环发送数据，所以本程序在主循环前面拉低$\overline{\mathrm{SS}}$(使能 SPI)，也可以在每次发送数据前拉低$\overline{\mathrm{SS}}$，发送完毕后拉高$\overline{\mathrm{SS}}$。

本程序为每组数据设置了帧头，也就是说，接收程序每次接收数据都要检测接收到的数据是否为帧头,如果是帧头,就进行进一步接收,直到接收完毕;如果不是帧头,则不理会接收到的数据,从而提高抗干扰能力。帧头通常都是特殊的数值,以便和正常数据区别。

如果数据是定长的,比如帧头后面固定传送两组数据,则后面不再需要帧尾;如果数据不是定长的,比如某次在帧头后面传送了两组数据,而另一次在帧头后面传送了3组数据,这就需要一个帧尾来表示这组数据传送完毕了。这一组数据称为一帧,帧头和帧尾称为帧同步数据。

接收程序的主函数流程如图8.4.7所示。

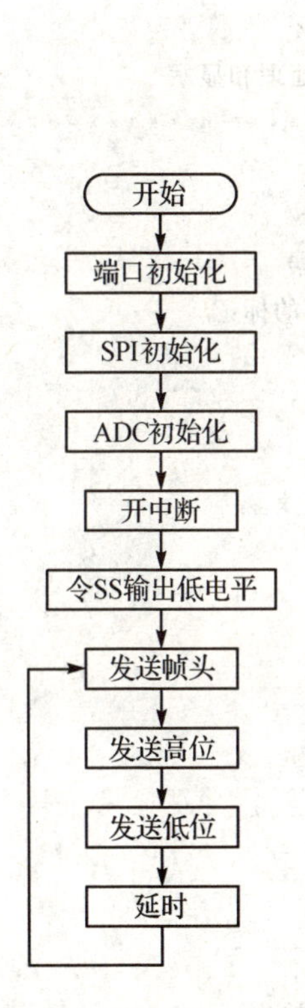

图8.4.6 发送程序的主函数流程图

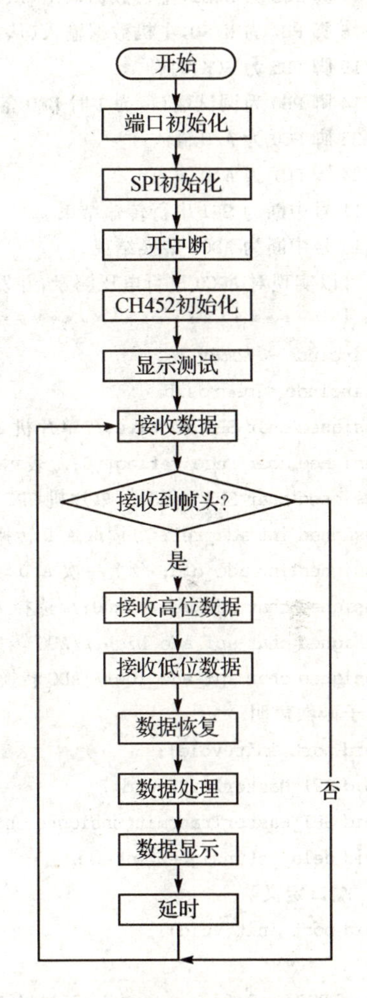

图8.4.7 接收程序的主函数流程图

8.4.3 C语言源程序

```
/**************************************************************/
/*                 SPI 通信系统_发送程序                  */
```

```
/*    目标 MCU:MEGA8    晶振:内部振荡器 1 MHz                */
/* 文件名称:SPI_ADC_fasong.c                                  */
/*****************************************************************/
//实现电压测量并异地显示,本程序实现电压测量并发送功能,介绍帧头标记问题
//工作于主机模式
//SPI 发送使用查询方式
//单片机 1 向单片机 2 发送固定数据,如 11,22,33,44,55 等,在单片机 2 端进行显示
//16 脚 PB2 为 SS,使能
//17 脚 PB3 为 MOSI,主机数据输出(从机数据输入)
//18 脚 PB4 为 MISO,主机数据输入(从机数据输出)
//19 脚 PB5 为 SCK,时钟
//14 脚 PB0 为调试端口,为 1 时 LED 亮
//23 脚 PC0 为 A/D 输入
//24 脚 PC1 为 A/D 输入
//11 号中断为 SPI 串行传输结束
//15 号中断为 ADC 转换结束
//可以实现对 ADC0 进行电压测量,并发送给从机进行处理和显示
/*****************************************************************/
#include <iom8v.h>
#include <macros.h>
unsigned char SPI_receive;//单片机 SPI 接收到的数据
unsigned char receiveflag = 0;//表示 SPI 接收到数据的标记
unsigned char SPI_send;//单片机 SPI 要发送的数据
unsigned int adc_rel; //读取 A/D 转换结果
unsigned int adc_old; //上一次 A/D 转换结果
unsigned char adc_mux = 0x00;//选择 ADC 转换通道
unsigned char spi_adc_high;//ADC 转换结果的高 2 位
unsigned char spi_adc_low;//ADC 转换结果的低 8 位
//子函数声明
void port_init(void);
void SPI_MasterInit(void);
void SPI_MasterTransmit(unsigned char s_send);
void delay_s(unsigned int n);
// 端口定义
void port_init(void)
{
    DDRB = 0xff;        //B 口 1111 1111 PB0 为调试输出
    DDRC = 0xfc;        //C 口 1111 1100 PC0,PC1 设为 A/D 转换输入,其余为输出
    DDRD = 0xfe;        //D 口 1111 1110 PD0 设为输入,PD1 设为输出
}
//初始化为主机
void SPI_MasterInit(void)
```

```
{
    /* 设置SS(PB2),MOSI(PB3)和SCK(PB5)为输出,PB0为调试输出,其他为输入 */
    DDRB = (1<<PB5)|(1<<PB3)|(1<<PB2)|(1<<PB0);
    /* 使能SPI,主机模式,设置时钟速率为fck/16 */
    SPCR = (1<<SPE)|(1<<MSTR)|(1<<SPR0);
}
//发送子函数
void SPI_MasterTransmit(unsigned char s_send)
{
    /* 启动数据传输 */
    SPDR = s_send;
    /* 等待传输结束 */
    while(!(SPSR & (1<<SPIF)))
        ;
}
/*          ADC初始化函数          */
//逐次逼近电路需要一个50 kHz～200 kHz的输入时钟
//主频1MHz,分频系数应采用5～20,根据数据手册Table 76
//可以选16或8,此处选16
void adc_init(void)
{
    ADMUX =(1<<REFS0)|(adc_mux&0x0f);  //选择内部AVCC为基准
    ACSR =(1<<ACD);                    //关闭模拟比较器
    ADCSRA =(1<<ADEN)|(1<<ADSC)|(1<<ADFR)|(1<<ADIE)|(1<<ADPS2);
//ADEN:ADC使能;ADSC:ADC开始转换(初始化);ADFR:ADC连续转换
//ADIE:ADC中断使能;16分频
}
#pragma interrupt_handler adc_isr:15 //当ADC中断请求时,执行adc_isr()子函数
/*          ADC完成中断处理函数          */
void adc_isr(void)
{
adc_rel = ADC&0x3ff;
//读取AD结果,ADC为地址指针指向的16位的无符号整型寄存器
    spi_adc_low = adc_rel&0xff;//读取AD结果的低位
    spi_adc_high = adc_rel>>8;//读取AD结果的高位
    ADMUX = (1<<REFS0)|(adc_mux&0x0f);    //选择内部AVCC为基准,选择对应通道
    ADCSRA |= (1<<ADSC);//启动A/D转换
}
void main(void)
{
    port_init();
    SPI_MasterInit();      //SPI初始化
```

```
    adc_init();       //ADC 初始化
    SEI();
    PORTB = PINB&(~(1<<PB2));//低电平使SS有效
    while(1)
    {
/*因为A/D结果是10位的,SPI每次传送8位,所以分两次传输,前面加帧头以告知接收端
哪组数据是高位*/
        SPI_MasterTransmit(0x00);//最先发送帧头
        SPI_MasterTransmit(spi_adc_high);//然后发送高位
        SPI_MasterTransmit(spi_adc_low);//最后发送低位

        delay_s(10);
    }
}
/******************************************************************/
/*              SPI 通信系统_接收程序                              */
/*    目标 MCU:MEGA8    晶振:内部振荡器 1MHz                        */
/* 文件名称:SPI_ADC_jieshou.c                                      */
/******************************************************************/
//实现电压测量并异地显示,本程序实现接收,处理和显示功能
//数据处理有时放在主机部分,根据具体情况而定
//工作于从机模式
//SPI 接收使用查询方式
//调试时,可以先让单片机1先向单片机2发送固定数据,如11,22,33,44,55等
//观察在单片机2端的显示是否正确
//16脚PB2为SS,使能
//17脚PB3为MOSI,主机数据输出(从机数据输入)
//18脚PB4为MISO,主机数据输入(从机数据输出)
//19脚PB5为SCK,时钟
//14脚PB0为调试端口,为1时LED亮
//23脚PC0为A/D输入
//24脚PC1为A/D输入
//12号中断为USART, Rx 结束
//13号中断为USART 数据寄存器空
//14号中断为USART, Tx 结束
//15号中断为ADC 转换结束
//控制CH452的时序比较复杂,如果SPI用中断方式需要仔细控制时序
//可以接收主机传来的A/D结果的高位和低位,然后整合为原始A/D结果,进行处理并显示
/******************************************************************/
#include <iom8v.h>
#include <macros.h>
unsigned char SPI_receive;      //单片机SPI接收到的数据
```

```
unsigned char receiveflag = 0;  //表示 SPI 接收到数据的标记
unsigned char SPI_send;         //单片机 SPI 要发送的数据
unsigned char spi_adc_high;     //ADC 转换结果的高 2 位
unsigned char spi_adc_low;      //ADC 转换结果的低 8 位
unsigned int adc_rel;           //A/D 转换结果
unsigned int adc_old;           //上一次 A/D 转换结果
unsigned int temp;      //临时变量,用于存储转换成十进制的 A/D 转换结果
//子函数声明
void port_init(void);
char SPI_SlaveReceive(void);
void delay_1us(void);
void delay_s(unsigned int n);
void ADCtoBCD(void);
void ch452_init(void);
void iic_send(void);
void display_ch452(unsigned int diaplay_k);
void delay_1us(void);
// 端口定义
void port_init(void)
{
    DDRB = 0xff;        //B 口 1111 1111 PB0 为调试输出
    DDRC = 0xfc;        //C 口 1111 1100 PC0,PC1 设为 A/D 转换输入,其余为输出
    DDRD = 0xfe;        //D 口 1111 1110 PD0 设为输入,PD1 设为输出
}
//SPI 初始化函数
//初始化为从机
void SPI_SlaveInit(void)
{
    /* 设置 MISO(PB4)为输出,PB0 为调试输出,其他为输入 */
    DDRB = (1<<PB4)|(1<<PB0);
    /* 使能 SPI */
    SPCR = (1<<SPE);
}
//用查询方式接收数据
char SPI_SlaveReceive(void)
{
    /* 等待接收结束 */
    while(! (SPSR & (1<<SPIF)))
        ;
    /* 返回数据 */
    return SPDR;
}
```

```
//将 A/D 转换结果变成十进制形式(BCD码)
//并不是总在转换,只有数值发生改变的时候才进行转换,以免浪费资源
void ADCtoBCD(void)
{
    if (adc_old!= adc_rel)
    {
        adc_old = adc_rel;
        temp = (unsigned int)((unsigned long)((unsigned long )adc_old * 50)/0x3ff);
    }
}
void main(void)
{
    port_init();
    SPI_SlaveInit();      //SPI 初始化
    SEI();
    ch452_init();
    SPI_receive = 0x0f;
    display_ch452(SPI_receive);     //显示一个固定数值,检测电路好坏
    delay_s(20);
    receiveflag = 0;
    while(1)
    {
        SPI_receive = SPI_SlaveReceive();
        if(SPI_receive = = 0)//接收到帧头,继续读取数据并进行处理和显示
        {
            spi_adc_high = SPI_SlaveReceive();//读入高位数据
            spi_adc_low = SPI_SlaveReceive();//读入低位数据
            //将接收到的数据整合成原始数据
            adc_rel = spi_adc_high<<8;
            adc_rel = adc_rel|spi_adc_low;
            ADCtoBCD();//数据处理
            display_ch452(temp);//调用显示函数进行显示
        }
        delay_s(1);
    }
}
```


8.5 用 USART 的例子

8.5.1 系统电路图

USART 系统电路如图 8.5.1 所示,与 SPI 系统电路图(图 8.4.1)的区别主要在

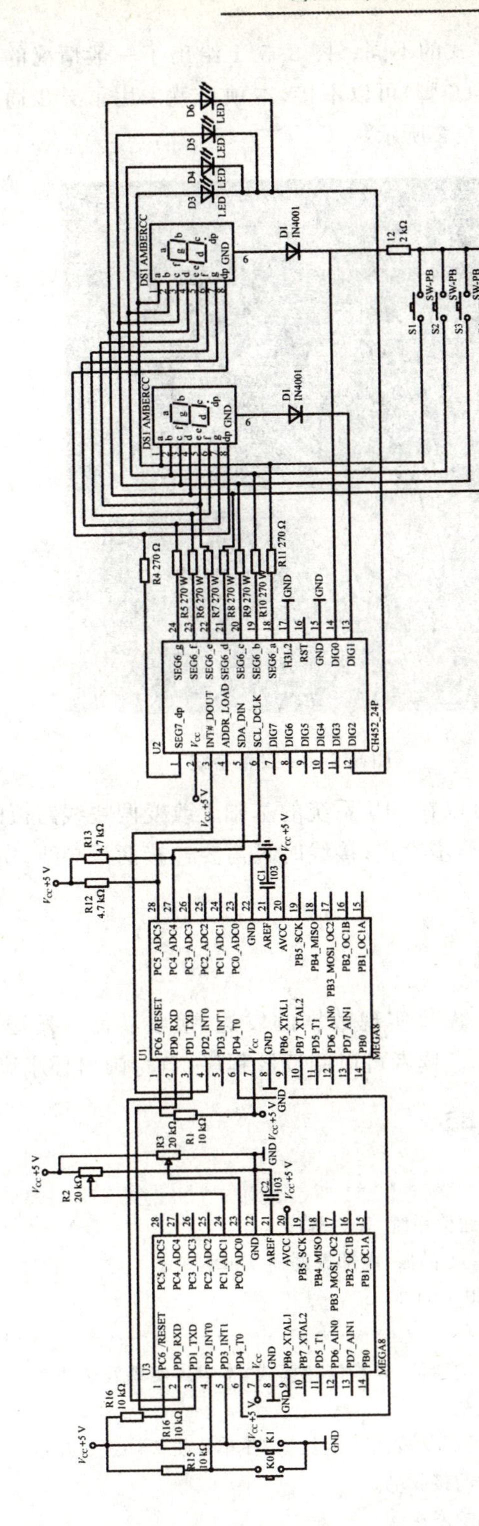
U1
MEGA8
U2
CH452_24P
U3
MEGA8
DS1 AMBERCC
D1 IN4001
LED
D3
D4
D5
D6
S1
S2
S3
S4
SW-PB
R4 270 Ω
R5 270 W
R6 270 W
R7 270 W
R8 270 W
R9 270 W
R10 270 V
R11 270 Ω
12 2 kΩ
R12 4.7 kΩ
R13 4.7 kΩ
R1 10 kΩ
R2 20 kΩ
R3 20 kΩ
R15 10 kΩ
R16 10 kΩ
C1 103
C2 103
K0
K1
GND
PC6_/RESET
PD0_RXD
PD1_TXD
PD2_INT0
PD3_INT1
PD4_T0
GND
PB6_XTAL1
PB7_XTAL2
PD5_T1
PD6_AIN0
PD7_AIN1
PB0
PC5_ADC5
PC4_ADC4
PC3_ADC3
PC2_ADC2
PC1_ADC1
PC0_ADC0
AREF
AVCC
PB5_SCK
PB4_MISO
PB3_MOSI_OC2
PB2_OC1B
PB1_OC1A
SEG7_dp
INT#_DOUT
ADDR_LOAD
SDA_DIN
SCL_DCLK
DIG7
DIG6
DIG5
DIG4
DIG2
SEG6_g
SEG6_f
SEG6_e
SEG6_d
SEG6_c
SEG6_b
SEG6_a
H3L2
RST
DIG0
DIG1

图 8.5.1 系统电路图

于发送和接收通信连接方式的不同。图8.5.1给出了一般情况的连接线,工作在异步模式时,同步时钟XCK(6脚)可以不接,本项目就采用了异步通信模式,没有连接XCK,完成的系统如图8.5.2所示。

图8.5.2 完整系统

在完成系统电路时,可以在SPI系统的基础上改变两块线路板的连线,从而节约时间和成本。由于采用了异步模式,接线时只需要连接两根导线,所以也可以不使用排线。

8.5.2 程序流程图

本项目程序非常简单,仅仅实现数据的发送、接收功能。发送数据采用查询方式,接收数据采用中断方式。读者可以阅读源程序,自行画出程序流程图。

8.5.3 C语言源程序

```
/*************************************************************/
/*              USART 通信系统_发送程序                      */
/*       目标 MCU:MEGA8    晶振:内部振荡器 1MHz              */
/* 文件名称:USART_YIBU_FASONG.c                              */
/*************************************************************/
//实现两片 ATmega8 之间的通信,异步倍速模式,本程序实现发送功能
//USART 发送使用查询方式
//调试时,单片机 1 向单片机 2 发送固定数据,在单片机 2 端进行显示
//2 脚 PD0 为 RXD,单片机的接收端
//3 脚 PD1 为 TXD,单片机的发送端
```

```
//6 脚为同步时钟输入/输出端,未接
//14 脚 PB0 为调试端口,为 1 时 LED 亮
//23 脚 PC0 为 A/D 输入
//24 脚 PC1 为 A/D 输入
//12 号中断为 USART, Rx  结束
//13 号中断为 USART  数据寄存器空
//14 号中断为 USART, Tx  结束
//15 号中断为 ADC  转换结束
/*******************************************************/
#include <iom8v.h>
#include <macros.h>
unsigned char uart_receive;      //单片机 USART 接收到的数据
unsigned char receiveflag = 0;    //表示 USART 接收到数据的标记
unsigned char uart_send;         //单片机 USART 要发送的数据
unsigned char data = 0x00;        //备用
//子函数声明
void port_init(void);
void uart0_init(void);
void delay_us(unsigned int n);
void delay_ms(unsigned int n);
void delay_s(unsigned int n);
// 端口定义
void port_init(void)
{
    DDRB  =  0xff;        //B 口 1111 1111 PB0 为调试输出
    DDRC  =  0xfc;        //C 口 1111 1100 PC0,PC1 设为 A/D 转换输入,其余为输出
    DDRD  =  0xfe;        //D 口 1111 1110 PD0 设为输入,PD1 设为输出
}
//USART 初始化函数
//接收用中断方式,发送用查询方式
void uart0_init(void)
{
UCSRB =  0x08;//0001 1000 1 接收结束中断使能,1 发送结束中断使能
//1 数据寄存器空中断使能,1 接收使能,1 发送使能,000 字符长度 8 位
    UCSRA =  0x02;//0000 0010  异步倍速发送,数据手册中的波特率表数值是指倍速方式
    UCSRC =  0x86;//1011 0110 1 对 UCSRC 操作,0 异步模式,11 奇校验,0:1 位停止位
//11:8 位字符数据,0 时钟极性
    UBRRL =  0x0c;//0000 1100 12:mega8 数据手册 P146  波特率 9600bps  主频 Foc = 1 MHz
    UBRRH =  0x00;//波特率设置高位为 0
}
//单片机发送异步 USART 数据函数
void USART_Transmit( unsigned char data )
```

```
{
/* 等待发送缓冲器为空 */
while ( ! ( UCSRA & (1<<UDRE)) )
;
/* 将数据放入缓冲器,发送数据 */
UDR = uart_send;
}
void main(void)
{
    port_init();
    uart0_init();      //USART 初始化
    CLI();
    uart_send = 0x00;
    while(1)
    {
        USART_Transmit(uart_send);
        delay_s(10);
        if(uart_send<99)      //发送递增数据,由另一单片机进行显示
        {
            uart_send = uart_send + 1;
        }
        else uart_send = 0;
    }
}
/**************************************************************/
/*              USART 通信系统_接收程序                     */
/*      目标 MCU:MEGA8     晶振:内部振荡器 1 MHz             */
/*  文件名称:USART_YIBU_jieshou.c                           */
/**************************************************************/
//实现两片 ATmega8 之间的通信,异步倍速模式,本程序实现接收功能
//同步模式可以传输速度更快,是异步模式的 8 倍,是异步倍速模式 4 倍
//但多用 1 根时钟线
//USART 接收使用中断方式
//调试时,单片机 1 向单片机 2 发送固定数据,在单片机 2 端进行显示
//2 脚 PD0 为 RXD,单片机的接收端
//3 脚 PD1 为 TXD,单片机的发送端
//6 脚为同步时钟输入/输出端,未接
//14 脚 PB0 为调试端口,为 1 时 LED 亮
//23 脚 PC0 为 AD 输入
//24 脚 PC1 为 AD 输入
//12 号中断为 USART, Rx  结束
//13 号中断为 USART  数据寄存器空
```

```
//14 号中断为 USART，Tx  结束
//15 号中断为 ADC  转换结束
//可以自动显示 00～99
/*******************************************************/
#include <iom8v.h>
#include <macros.h>
unsigned int uart_receive;      //单片机 USART 接收到的数据
unsigned char receiveflag = 0;  //表示 USART 接收到数据的标记
unsigned int uart_send;         //单片机 USART 要发送的数据
unsigned char data = 0x00;      //备用
//子函数声明
void port_init(void);
void uart0_init(void);
void delay_us(unsigned int n);
void delay_ms(unsigned int n);
void delay_s(unsigned int n);
void ch452_init(void);
void iic_send(void);
void display_ch452(unsigned int diaplay_k);
void delay_1us(void);
// 端口定义
void port_init(void)
{
    DDRB = 0xff;        //B 口 1111 1111 PB0 为调试输出
    DDRC = 0xfc;        //C 口 1111 1100 PC0,PC1 设为 AD 转换输入,其余为输出
    DDRD = 0xfe;        //D 口 1111 1110 PD0 设为输入,PD1 设为输出
}
//USART 初始化函数
//接收用中断方式,发送用查询方式
void uart0_init(void)
{
UCSRB = 0x98;//1001 1000 1 接收结束中断使能,1 发送结束中断使能
//1 数据寄存器空中断使能,1 接收使能,1 发送使能,000 字符长度 8 位
    UCSRA = 0x02;//0000 0010  异步倍速发送,数据手册中的波特率表数值是指倍速方式
    UCSRC = 0x86;//1011 0110 1 对 UCSRC 操作,0 异步模式,11 奇校验
//0:1 位停止位,11:8 位字符数据,0 时钟极性选择
    UBRRL = 0x0c;//0000 1100 12:mega8 数据手册 P146  波特率 9 600 bps  主频 Foc = 1 MHz
    UBRRH = 0x00;//波特率设置高位为 0
}
//当 USART 结束接收数据时,发出 12 号中断请求,执行中断服务函数 USART_RV_isr
#pragma interrupt_handler USART_RV_isr:12
//单片机接收异步 USART 数据函数
```

```
void USART_RV_isr( void )
{
    receiveflag = 0x01;//进入接收中断的标记置 1
/* 从缓冲器中获取并返回数据 */
    uart_receive = UDR;
}
void main(void)
{
    port_init();
    uart0_init();       //USART 初始化
    SEI();
    ch452_init();
    uart_receive = 0x3f;
    display_ch452(uart_receive);    //显示一个固定数值,检测电路好坏
    delay_s(10);
    while(1)
    {
        if(receiveflag!= 0)//接收到新数据,进行显示处理
        {
            display_ch452(uart_receive);//调用显示函数进行显示
            receiveflag = 0;//恢复接收中断标记为 0
        }
        delay_s(10);
    }
}
```


8.6 练习项目

将前面练习过的任意一款电路改为异地控制(测量)模式,比如将第 5 章温度采集控制系统的温度采集小板上增加一片单片机,实现温度的采集、A/D 转换、数据发送等工作,另一块线路板实现数据接收、处理、显示、报警等工作。

项目要求:

① 完成一个单片机通信系统。

② 系统设计:自行拟定系统功能,完成系统框图。

③ 设计硬件和软件来实现以上功能。

④ 将编译后的.hex 文件下载到单片机中。

⑤ 安装电路,连接电源并进行测试,记录测试结果并进行分析。

⑥ 完成项目报告。

第9章

实战六 单片机与计算机的远距离通信

1) 学习目标

巩固 USART 的使用方法，了解串口通信协议，学习 RS485 通信协议，学习单片机与计算机通信的基本知识，提高系统设计能力。

2) 项目导学

在第 8 章的 USART 基础之上，学习利用 RS485 通信协议进行远距离数据传输，再通过 RS232 - RS485 转换电路将数据输入计算机，并在计算机屏幕上显示出来。传输的数据来自于电压测量的 A/D 转换结果，这需要 3.4 节实现 A/D 转换部分的知识。学习指导如下：

9.1 项目要求

实现单片机与计算机之间的远距离数据通信，要求单片机发送数据，结果能够在计算机的屏幕上正确显示出来。

9.2 项目分析

第 8 章介绍的通信为短距离通信，对于通信距离较长或干扰比较严重的场合，经常采用 RS485 通信协议。RS485 通信协议是应用最为广泛的工业通信协议，通常工业设备都会提供 RS485 总线接口。

计算机通常具有强大的数据处理和分析能力，并且易于与互联网连通，是很好的控制和通信平台，在很多场合都用计算机控制多台单片机工作，构成分布式测量(控制)网络，数据经计算机汇总和分析后，通过互联网进行远距离监控。计算机都具有

RS232串行通信接口，RS232串行通信接口和RS485总线接口的互相转换可以借助专用集成电路完成。

9.2.1 计算机串口基本知识

目前计算机普遍使用的RS232串行接口是RS232C标准(协议)，全称是EIA-RS-232C标准。其中，EIA(Electronic Industry Association)代表美国电子工业协会，RS(Recommended Standard)代表推荐标准，232是标识号，C代表RS232的最新一次修改(1969)，在这之前，有RS232B、RS232A。它的全名是"数据终端设备(DTE)和数据通信设备(DCE)之间串行二进制数据交换接口技术标准"，规定了连接电缆和机械、电气特性、信号功能及传送过程。

传统的RS232C接口标准有25根信号线，采用标准25芯D型插头座。后来的计算机上使用简化了的9芯D型插座。现在应用中25芯插头座已很少采用。现在的台式计算机一般有两个串行口：COM1和COM2，这从设备管理器的端口列表中就可以看到。硬件表现为计算机后面的9针D形接口，由于其形状和针脚数量的原因，其接头又被称为DB9接头。DB9接头的外形如图9.2.1和图9.2.2所示。

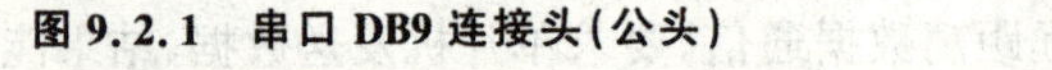

图9.2.1 串口DB9连接头(公头)

图9.2.2 串口DB9连接头背面

现在有很多手机数据线或者物流接收器都采用COM口与计算机相连，很多投影机、液晶电视等设备都具有了此接口，厂家也常常会提供控制协议，便于在控制方面实现编程受控，现在越来越多的智能会议室和家居建设都采用了中央控制设备对多种受控设备的串口控制方式。

RS232C标准的DB9针脚标号在接头上有标识，定义如图9.2.3所示，各信号含义如表9.2.1所列。

EIA-RS-232C对电器特性、逻辑电平和各种信号线的功能都做了规定，在TXD和RXD上：逻辑1(MARK)为-3～-15 V，逻辑0(SPACE)为+3～+15 V，在RTS、CTS、DSR、DTR和DCD等控制线上：信号有效(接通，ON状态，正电压)为+3～+15 V，信号无效(断开，OFF状态，负电压)为-3～-15 V。

表 9.2.1 RS232C DB9 针脚定义

针脚序号	信号名称	信号方向	含　义
1	DCD	输入	数据载波检测
2	RXD	输入	接收数据
3	TXD	输出	发送数据
4	DTR	输出	数据终端就绪
5	GND	—	系统接地
6	DSR	输入	数据设备就绪
7	RTS	输出	请求发送
8	CTS	输入	允许发送
9	RI	输入	响铃指示

1DCD
6DSR
2RXD
7RTS
3TXD
8CTS
4DTR
9RI
5GND

图 9.2.3 DB9 接头针脚定义

最简单的 RS232 串口通信只需要三根线,只要连接接收数据针脚(RXD)、发送针脚(TXD)和接地针脚(GND)就能实现,用针脚号表示就是 2—3、3—2、5—5。

由于数据发送和接收是单独的两根线,所以 RS232 可以实现全双工通信,但是只能实现点对点通信。

计算机的 RS232 串口一般是公头,在机箱后面,连接不是很方便,经常需要用到串口延长线,串口延长线如图 9.2.4 所示。

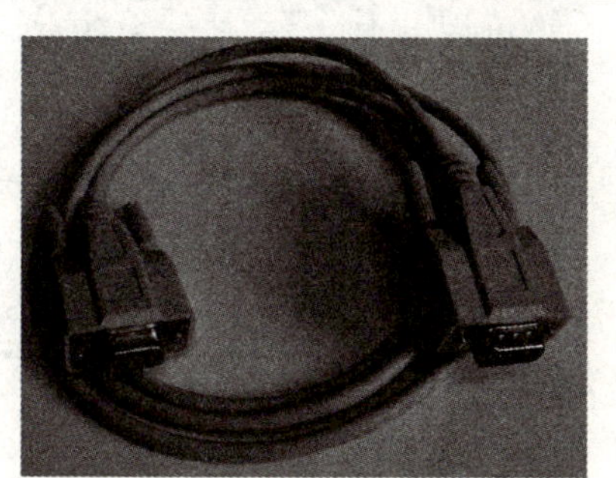

图 9.2.4 串口延长线

9.2.2 串口调试软件

计算机要接收到 RS232 串口的数据,需要有专门的程序负责数据的接收、处理、显示等工作。这样的程序需要基于计算机操作系统进行编程,在 WINDOWS 操作系统下可以采用 VB 或 VC 进行编程,具体内容请参考串口编程的相关书籍。一般在底层开发时可以借助一些串口调试软件进行前期调试,计算机上的软件可以单独另行开发。

目前网络上有很多免费的串口调试软件,比如串口调试助手、串口调试器等,种类很多,功能类似,读者可以自行下载并试用。图 9.2.5 为串口调试器 COMPort Debuger V2.00 的主界面,该款软件也是免费软件。

各款串口调试软件都可以选择计算机的端口号、数据传输速率(波特率)、数据位、停止位、校验位等。计算机端口号为串口实际连接的端口号,只有一个串口的计算机就只能选择 COM1。数据传输速率表示每秒钟能够传送多少个码元。码元是指一位数据,对于二进制来说就是一个“1”或者一个“0”。数据位是指真正有效的数据,数据发送端和接收端要在事先约定好有几位数据位,通常可以选择6位、7位或8位,最常见的是8位。数据位的位数越多,非数据位的开销比重越小,相对效率越高。停止位是发送端用来通知接收端这组数据发送完毕的标识,停止位可以选择1位也可以选择2位。校验位用来检查数据在传输过程中是否有错误,一般采用奇偶校验法,可以在一定程度上发现传输错误,从而提高传输的可靠性。

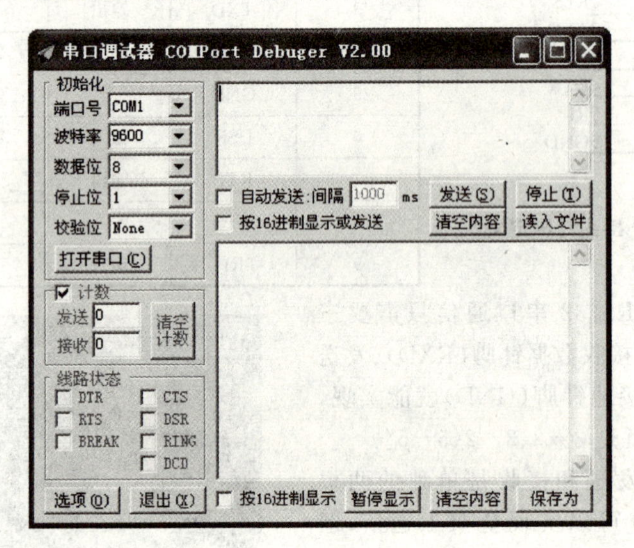

图9.2.5 串口调试软件界面

9.2.3 RS485通信协议

RS485与RS232都是串行数据接口标准,最初都是由电子工业协会(EIA)制订并发布的,RS485是为弥补RS232之不足而提出的,改进了RS232通信距离短、速率低的缺点,增加了多点、双向通信能力,即允许多个发送器连接到同一条总线上,同时增加了发送器的驱动能力和冲突保护特性,扩展了总线共模范围,后命名为TIA/EIA-485-A标准。由于EIA提出的建议标准都是以“RS”作为前缀,所以在通信领域仍然习惯将上述标准以RS作前缀。

理论上,通信速率在100 kbps及以下时,RS485的最长传输距离可达1 200 m,但在实际应用中传输的距离也因芯片及电缆传输特性的差异而有所不同。在要求通信距离为几十米到上千米时,广泛采用RS485串行总线标准。

因为RS485接口组成的半双工网络,一般只需二根连线,所以RS485接口均采用屏蔽双绞线传输。RS485接口连接器也经常采用DB9的9芯插头座。

RS485的特点为:

① RS485的电气特性:逻辑“1”以两线间的电压差为+(2~6)V表示;逻辑“0”以两线间的电压差为-(2~6)V表示。接口信号电平比RS232C降低了,就不易损坏接口电路的芯片,且该电平与TTL电平兼容,可方便与TTL电路连接。

② RS485 的数据最高传输速率为 10 Mbps。

③ RS485 接口是采用平衡驱动器和差分接收器的组合,抗共模干扰能力增强,即抗噪声干扰性好。

④ RS485 最大的通信距离约为 1 219 m,最大传输速率为 10 Mbps;传输速率与传输距离成反比,在 100 kbps 的传输速率下可以达到最大的通信距离,如果须传输更长的距离,需要加 RS485 中继器。RS485 总线最大支持 32 个节点,如果使用特制的 485 芯片,则可以达到 128 个或者 256 个节点,最大的可以支持到 400 个节点。

RS232 和 RS485 标准只对接口的电气特性做出规定,而不涉及接插件、电缆或协议,在此基础上用户可以建立自己的高层通信协议。

9.3 系统设计与系统框图

本系统远距离部分采用 RS485 通信协议,到计算机附近再转换为 RS232 协议,单片机侧进行数据采集,然后通过 RS485 驱动芯片进行数据传输。系统框图如图 9.3.1 所示。

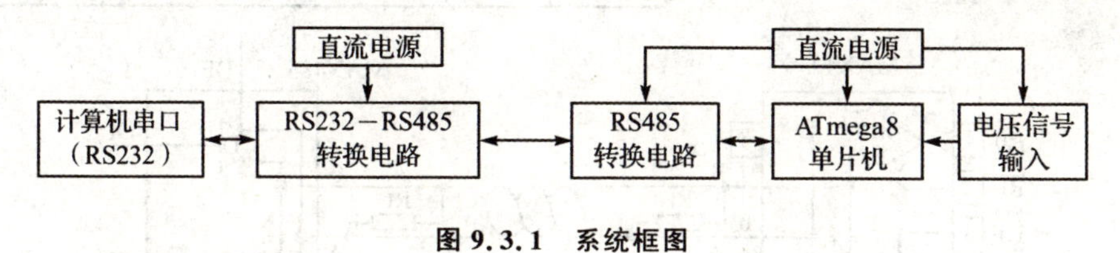

图 9.3.1 系统框图

9.4 硬件设计

9.4.1 RS485 通信电路设计

RS485 通信需要专用集成电路,较为典型的芯片有 MAX481、MAX483、MAX485 等。MAX485 支持的最高数据传输速率为 2.5 Mbps,内部结构示意图和引脚排列如图 9.4.1 所列,引脚功能如表 9.4.1 所列,数据手册给出的典型应用电路如图 9.4.2 所示。

采用器件数据手册给出的典型应用电路是设计人员通常采用的方法,这样能够保证电路的正确性,改进的应用必须建立在对器件有足够深刻的理解基础上,否则容易出现一些意想不到的问题。本项目就是采用数据手册给出的典型应用电路。

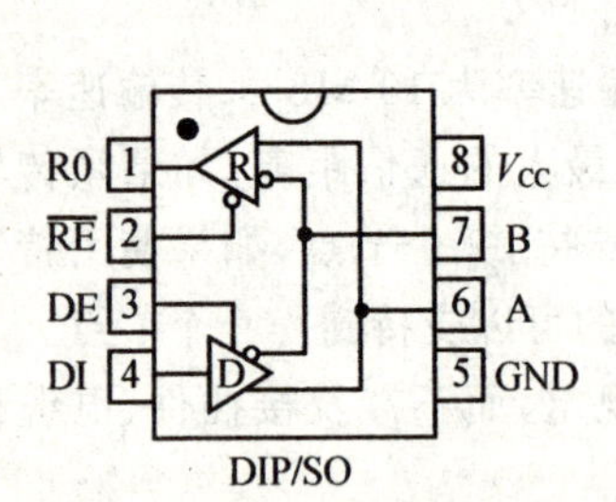

图 9.4.1 MAX485 结构示意图

表 9.4.1 MAX485 引脚功能

引脚号	名 称	功 能
1	R0	接收器输出:如果 A>B 200 mV,则 R0 为高电平;若 A<B 200 mV,则 R0 为低电平
2	$\overline{RE}$	接收器输出使能。当$\overline{RE}$为低电平时,R0 有效;当$\overline{RE}$为高电平时,R0 为高阻状态
3	DE	驱动器输出使能。DE 变为高电平时,驱动器输出有效;当 DE 为低电平时,驱动器输出为高阻状态
4	DI	驱动器输入
5	GND	地
6	A	接收器同相输入端和驱动器同相输出端
7	B	接收器反相输入端和驱动器反相输出端
8	V_{CC}	正电源:4.75 V≤V_{CC}≤5.25 V

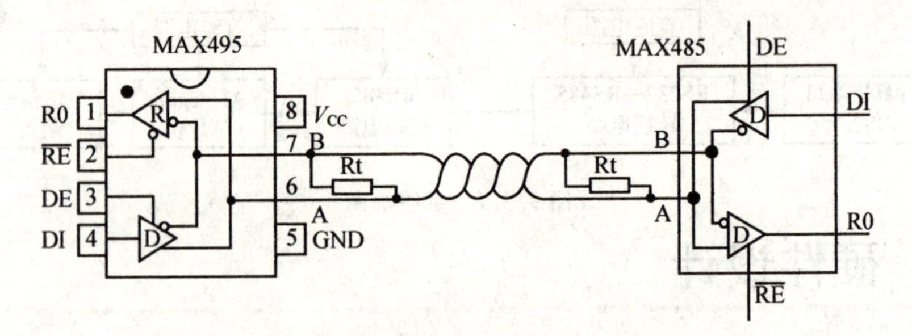

图 9.4.2 MAX485 典型应用电路图

9.4.2 系统电路图

整个系统分为两块线路板,一块是位于计算机侧的 RS232 与 RS485 转换电路,如图 9.4.3 所示;一块是远端的单片机数据采集和 RS485 驱动电路,如图 9.4.4 所示。

图 9.4.3 中使用了电平转换电路 MAX232,关于 MAX232 的具体参数请读者自行查阅相关数据手册。图中三极管 9014 相当于一个反相器(数字电路的"非门");MAX485 采用了数据手册中的典型应用,也可以省略图中 R3 和 R4。在有些资料中,电源取自计算机的串口,使用时计算机侧的线路板就不再需要单独连接电源线,这不是推荐的方法,因为这样容易造成计算机串口的损坏。另外,要想从串口取电,必须精心控制线路板的功率,才有可能调试成功。

图中两块线路板通过 4 线排线共用电源。ATmega8 的 2 脚(PD0)为 RXD 单片机的接收端,3 脚(PD1)为 TXD 单片机的发送端,28 脚(PC5)为发送接收控制脚,为

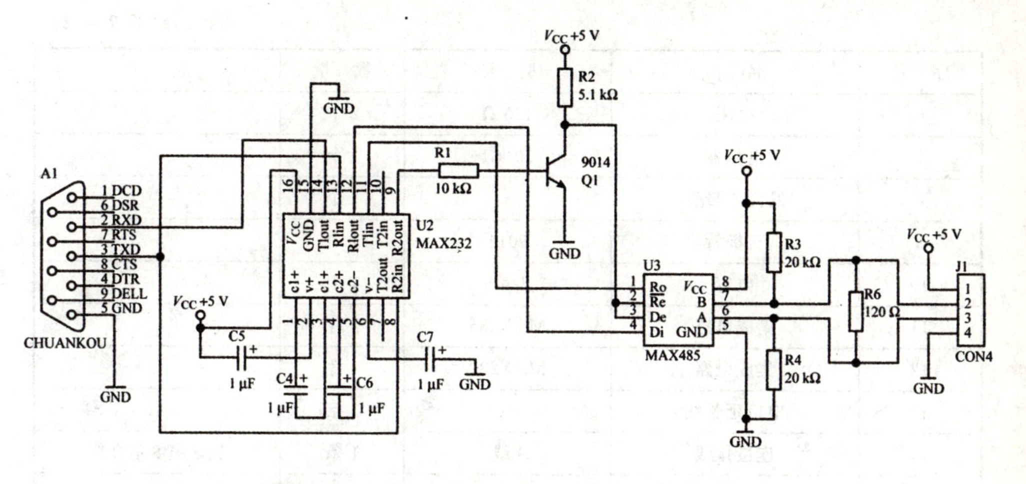

图 9.4.3 计算机侧的 RS232－RS485 转换电路图

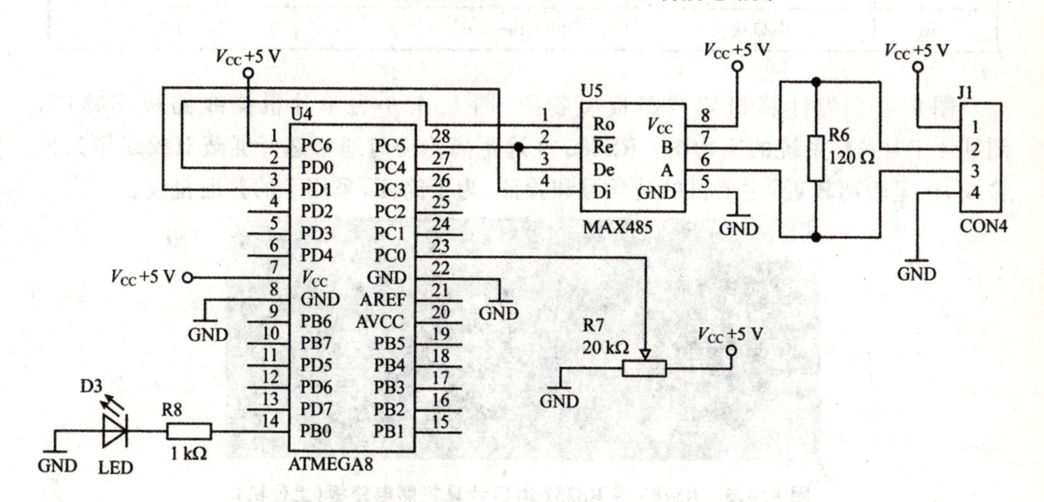

图 9.4.4 远端的单片机测量电路和 RS485 发送电路

"1"时单片机发送数据，为"0"时单片机接收数据。

所需元器件如表 9.4.2 所列。

表 9.4.2 元器件清单

序 号	名 称	型 号	数 量	备 注
1	单片机	ATmega8	1片	ATmega8L 也可以
2	电阻	10 kΩ	1个	
3	电阻	1 kΩ	1个	
4	电阻	20 kΩ	2个	
5	电阻	5.1 kΩ	1个	

续表 9.4.2

序　号	名　称	型　号	数　量	备　注
6	电阻	120 Ω	2个	
7	电位器	20 kΩ	1个	
8	发光二极管		1个	
9	三极管	9014	1个	
10	电容	1 μF	4个	
11	集成电路	MAX485	2片	
12	集成电路	MAX232	1片	
13	串口延长线		1条	
14	连接排线	4线	1条	参见第8章介绍
15	连接插针		8根	分两组
16	串口接头	DB9 - Female	1个	母头

图9.4.5为计算机侧线路板实物图，图9.4.6为单片机侧线路板实物图，图9.4.7为完整系统的实物图。RS485在远距离传输时通常选择屏蔽双绞线作为传输线，这里距离较近，主要目的是学习和验证，为了简便，采用了的普通排线。

图9.4.5　RS485转RS232串口计算机侧电路板(上位机)

图9.4.6　单片机采集数据和RS485发送电路板(下位机)

图 9.4.7　系统实物图

9.5　软件设计

9.5.1　程序流程图

RS232 和 RS485 标准没有涉及数据格式，因此，编程人员可以自行设计数据的格式，只要数据发送和接收都遵循同样的格式即可。本项目采用 USART 进行数据传输；USART 发送使用查询方式，接收采用中断方式，相关知识请参阅第 8 章相关内容。

主函数主要完成初始化和数据发送工作，每当单片机接收到计算机发送的数据后，不管数据内容，立刻启动 A/D 转换进行电压测量；测量完成后，把 A/D 转换结果分两次上传计算机。计算机发送数据给单片机和接收单片机发送过来的数据时，都需要在计算机的串口调试软件的帮助下完成。

主函数的流程如图 9.5.1 所示。

9.5.2　C 语言源程序

```
/****************************************************************/
/*                 单片机与计算机的远距离通信                    */
/*          目标 MCU:MEGA8     晶振:内部振荡器 1 MHz            */
/*  文件名称:TEST_232_485_4.c                                   */
/****************************************************************/
//实现 ATmega8 通过 485 转换为 232,与计算机通信
//开始调试时,先在 EEPROM 中存入不同的数据,如 11,22,33,44,55 等
//由计算机向单片机发送一组数据,然后单片机根据发送内容返回 EEPROM 中存储的数据
//2 脚 PD0 为 RXD,单片机的接收端
//3 脚 PD1 为 TXD,单片机的发送端
//28 脚 PC5 为发送接收控制脚,可以改变为别的 I/O 口控制,为 1 时单片机发送数据
//为 0 时单片机接收数据
```

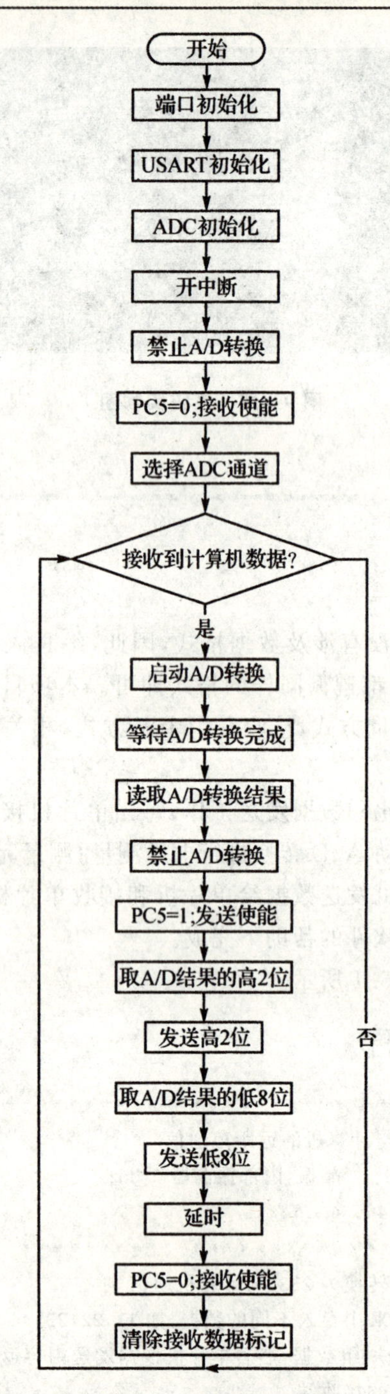
开始
端口初始化
USART初始化
ADC初始化
开中断
禁止A/D转换
PC5=0;接收使能
选择ADC通道
接收到计算机数据?
是
否
启动A/D转换
等待A/D转换完成
读取A/D转换结果
禁止A/D转换
PC5=1;发送使能
取A/D结果的高2位
发送高2位
取A/D结果的低8位
发送低8位
延时
PC5=0;接收使能
清除接收数据标记

图 9.5.1 主函数流程图

```
//14 脚 PB0 为调试端口,为 1 时 LED 亮
//23 脚 PC0 为 AD 输入
//12 号中断为 USART, Rx 结束
//13 号中断为 USART 数据寄存器空
//14 号中断为 USART, Tx 结束
//15 号中断为 ADC 转换结束
//16 号中断为 EEPROM 就绪
//单片机接收到 PC 机的 1 个数,立刻启动 AD 转换并把结果上传 PC 机
//A/D 转换用单次的方法,没有使用中断
//将 10 位 A/D 转换结果发送给 PC,用纯粹二进制,先发送高 2 位,后发送低 8 位
/*********************************************************/
#include <iom8v.h>
#include <macros.h>
#include <eeprom.h>
unsigned int uart_receive;        //单片机 USART 接收到的数据
unsigned char receiveflag = 0;    //表示 USART 接收到数据的标记
unsigned int adc_rel;             //读取 A/D 转换结果
unsigned int adc_old;             //上一次 A/D 转换结果
unsigned char adc_mux = 0x00;     //选择 ADC 转换通道
unsigned char adc_ten;            //AD 转换结果的高 2 位
unsigned char adc_one;            //AD 转换结果的低 8 位
unsigned int adc_rel1;            //AD 转换结果暂存
unsigned int temp;                //临时变量,用于存储转换成十进制的 A/D 转换结果
unsigned int address;             // EEPROM 的地址
unsigned char eeprom_data;        //从 EEPROM 中读出的数据
//子函数声明
void port_init(void);
void uart0_init(void);
void adc_init(void);
void adc_isr(void);
void ADCtoBCD(void);
void delay_us(unsigned int n);
void delay_ms(unsigned int n);
void delay_s(unsigned int n);
// 端口定义
void port_init(void)
{
    DDRB = 0xff;        //B 口 1111 1111 PB0 为调试输出
    DDRC = 0xfc;        //C 口 1111 1100 PC0,PC1 设为 AD 转换输入,其余为输出
    DDRD = 0xfe;        //D 口 1111 1110 PD0 设为输入,其余为输出
}
//USART 初始化函数
```

```
//接收用中断方式,发送用查询方式
void uart0_init(void)
{
    UCSRB = 0x98;//1001 1000 1 接收结束中断使能,1 发送结束中断使能
            //1 数据寄存器空中断使能,1 接收使能,1 发送使能,000 字符长度 8 位
    UCSRA = 0x02;//0000 0010 异步倍速发送,数据手册中的波特率表数值是指倍速方式
    UCSRC = 0x86;//1000 0110 1 对 UCSRC 操作,0 异步模式,11 奇校验,0:1 位停止位
            //11:8 位字符数据,0 时钟极性异步模式
    UBRRL = 0x0c;//0000 1100 12:mega8 数据手册 P146 波特率 9600bps 主频 Foc = 1 MHz
    UBRRH = 0x00;//波特率设置高位为 0
}
/*        USART 接收中断函数           */
//12 号中断为 USART, Rx 结束
#pragma interrupt_handler uart0_rx:12
//当 USART 中断请求时,执行 uart0_rx()子函数
void uart0_rx(void)
{
    uart_receive = UDR;
    receiveflag = 1;
}
//单片机发送异步 USART 数据函数
void USART_Transmit( unsigned char data )
{
/* 等待发送缓冲器为空 */
    while ( ! ( UCSRA & (1<<UDRE)) )
        ;
/* 将数据放入缓冲器,发送数据 */
    UDR = data;
}
/*        ADC 初始化函数           */
//逐次逼近电路需要一个从 50 kHz 到 200 kHz 的输入时钟
//主频 1 MHz,分频系数应采用 5~20,根据数据手册 Table 76 可以选 16 或 8,此处选 16
void adc_init(void)
{
    ADMUX = (1<<REFS0)|(adc_mux&0x0f);  //选择内部 AVCC 为基准
    ACSR = (1<<ACD);                     //关闭模拟比较器
    ADCSRA = (1<<ADEN)|(1<<ADPS2);
    //ADEN:ADC 使能;ADSC:ADC 开始转换(初始化);ADFR:ADC 连续转换
    //ADIE:ADC 中断使能;16 分频
}
//将 AD 转换结果变成十进制形式(BCD 码)
//并不是总在转换,只有数值发生改变的时候才进行转换,以免浪费资源
```

```
void ADCtoBCD(void)
{
    if (adc_old!=adc_rel)
    {
        adc_old=adc_rel;
        temp=(unsigned int)((unsigned long)((unsigned long )adc_old*50)/0x3ff);
    }
}
void main(void)
{
    port_init();
    uart0_init();               //USART初始化
    adc_init();                 //ADC初始化
    SEI();
    ADCSRA &= ~(1<<ADSC);       //禁止A/D转换
    PORTC=0x00;                 //PC5接收时为0
    adc_mux=0;                  //对AD通道0进行转换
    while(1)
    {
        if(receiveflag==1)
        {
            ADCSRA |= (1<<ADSC);      //启动A/D转换
            while(!(ADCSRA&(1<<ADIF)))//等待A/D转换完成
            {
                ;
            }
            adc_rel=ADC&0x3ff;
            //读取A/D转换结果,ADC为地址指针指向的16位的无符号整型寄存器
            ADCSRA |= (1<<ADIF);      //写1清零
            ADCSRA &= ~(1<<ADSC);     //禁止A/D转换
            PORTC=PINC|0x20;          //0010 0000  发送时PC5要为1
            adc_rel1=adc_rel>>8;
            adc_ten=adc_rel1&0xff;    //取高2位
            USART_Transmit(adc_ten); //发送高2位
            adc_one=adc_rel&0xff;     //取低8位
            USART_Transmit(adc_one); //发送低8位
            delay_ms(1);              //等待发送完成才能改变PC5
            PORTC=PINC&0xdf;          //1101 1111  接收时PC5要为0
            receiveflag=0;
        }
    }
}
```

9.6 练习项目

9.6.1 分布式测量系统

在很多场合经常需要测量多个位置的多种被测量，然后用计算机汇总分析，这就构成了分布式测量系统。通常，传感器测量结果要经过单片机进行简单数据处理然后通过 RS485 通信上传。分布式测量系统的结构示意图如图 9.6.1 所示。这里完成一个分布式测量系统。

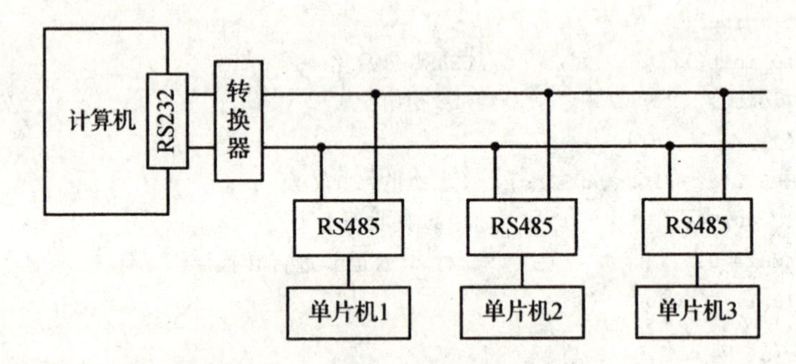

图 9.6.1　分布式测量系统结构示意图

项目要求：

① 完成一个分布式测量系统。

② 自行选定被测量，要求单片机节点数量不少于 2 个。

③ 设计硬件和软件来实现以上功能。

④ 将编译后的.hex 文件下载到单片机中。

⑤ 安装电路，连接电源并测试，记录测试结果并进行分析。

⑥ 完成项目报告。

9.6.2 分布式控制系统

很多场合需要用计算机控制多个设备，这时就需要用到分布式控制系统。分布式控制系统就是用计算机把控制参数发送到多个单片机，通过单片机实现对设备的控制。分布式控制系统的结构示意图与分布式测量系统类似，可以参考图 9.6.1。这里完成一个分布式控制系统，用计算机控制多个单片机分别显示或驱动电动机。

项目要求：

① 完成一个分布式控制系统。

② 自行选定被控制设备，可以是 7 段码显示器，也可以是直流电动机。要求单片机节点数量不少于两个。

③ 设计硬件和软件来实现以上功能。

④ 将编译后的.hex文件下载到单片机中。

⑤ 安装电路，连接电源并进行测试，记录测试结果并进行分析。

⑥ 完成项目报告。

9.6.3　单片机通信网络

有些场合需要多个单片机之间通信构成单片机网络，RS485通信协议是距离较远和干扰较大情况下的低成本方案，单片机通信网络的系统框图如图9.6.2所示。这里完成一个单片机通信网络。

项目要求：

① 完成一个单片机通信网络。

② 自行拟定通信功能，要求单片机节点不少于3个。

③ 设计硬件和软件来实现以上功能。

④ 将编译后的.hex文件下载到单片机中。

⑤ 安装电路，连接电源并进行测试，记录测试结果并进行分析。

⑥ 完成项目报告。

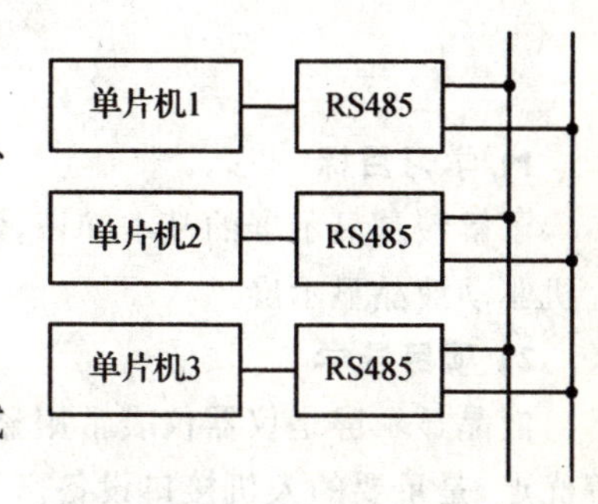

图9.6.2　单片机网络的系统框图

第10章

实战七 驱动液晶显示屏

1）学习目标

了解液晶显示屏的基本知识，学习单片机与液晶屏控制芯片的通信方法，能用单片机驱动液晶显示屏。

2）项目导学

液晶显示屏是仪器仪表常用显示器件，具有体积小、重量轻、省电、显示信息丰富等优点，是重要的人机接口设备。

本项目包括两个独立的子项目，分别是通过调用液晶控制芯片自带的字库来显示字符子项目和逐点绘图子项目。本项目硬件安装调试较简单，软件编程比较复杂。学习指导如下：

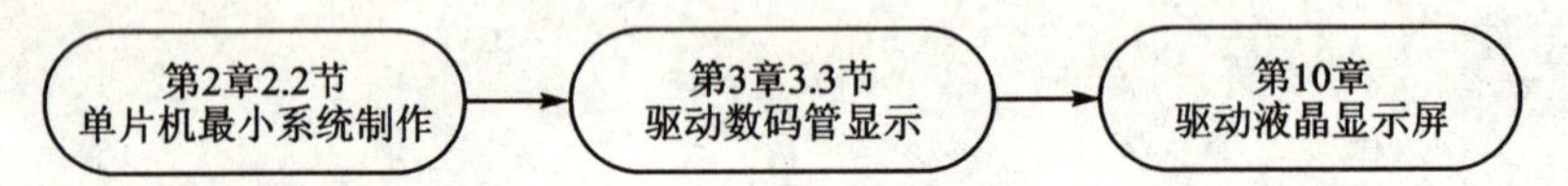

10.1 项目要求

能用单片机驱动 LCD12864 显示全角汉字字符和半角英文字符，能用逐点显示的方法绘制图形。

10.2 项目分析

由于单片机能直接驱动液晶显示模块，所以硬件电路较为简单。液晶显示模块在自带字库的情况下，显示汉字和字符的软件设计较为简单，主要侧重点在于单片机与液晶显示模块的通信。点阵型液晶显示屏的绘图较为复杂，需要真正理解点阵显示的基本原理，掌握在液晶屏上显示点、线和图案的方法。

10.2.1 液晶显示屏的基本知识

液晶显示屏简称LCD(Liquid Crystal Display),是利用液晶材料制作的显示器件。液晶材料是在一定温度范围内同时具有液体和晶体两种性质的材料,当通电时,液晶材料的分子排列方式改变,影响光的通过效果。按照液晶显示模式,液晶显示屏分为TN(扭曲向列相)模式、HTN(高扭曲向列相)模式、STN(超扭曲向列相)模式、TFT(薄膜晶体管)模式等。

TN模式常用于计算器、电子表、仪器仪表、电话机、传真机和家用电器等。HTN模式常用于游戏机、电饭煲、早教机和车载系统等。STN模式常用于手机、MP4、MP3、电子词典和PDA等。TFT模式常用于背投电视、电脑、手机和汽车导航仪等。

液晶材料本身不会发光,只是通过改变光线通路实现显示,所以液晶屏通常都有背光源。按照背光源的不同,LCD可以分为CCFL(冷阴极荧光灯管)和LED(发光二极管)两种。采用CCFL作为背光光源的优势是色彩表现好,不足之处在于功耗较高。采用LED作为背光光源的优势是体积小、功耗低,因此用LED作为背光源,可以在兼顾轻薄的同时达到较高的亮度;其不足之处是色彩表现比CCFL差。

液晶显示屏的主要优点有低压微功耗、外观小巧精致(厚度只有6.5～8 mm)、被动显示(不易引起眼睛疲劳)、显示信息量大(像素非常小)、易于彩色化、无电磁辐射(利于信息保密)、长寿命(背光源寿命有限,但是背光源部分可以更换)。

按照内容的显示形式来分,液晶屏可以分为字段型、字符型和点阵型。字段型适用于显示内容固定的图案和简单变化的图案,如8字等。字符型适用于显示西文字符和阿拉伯数字等,不可显示图片和文字。点阵型可以显示字符、图片和文字等,应用灵活方便。

由于液晶屏的驱动较为复杂,为便于应用,生产厂家将液晶屏和驱动电路集成为液晶显示模块(LCM),常见的液晶显示模块有字符型LCD1602和点阵型LCD12864。LCD1602可以显示2行字符,每行16个字符,大多自带字库,外观如图10.2.1所示。LCD12864多采用STN液晶屏,都是点阵型显示,能显示128×64个点,有带字库的,也有不带字库的,外观如图10.2.2所示。另有一类COG型(驱

图10.2.1 字符型液晶显示模块(LCD1602)

动芯片直接安装在玻璃上)液晶显示模块,结构轻便,成本低,外观如图10.2.3所示。

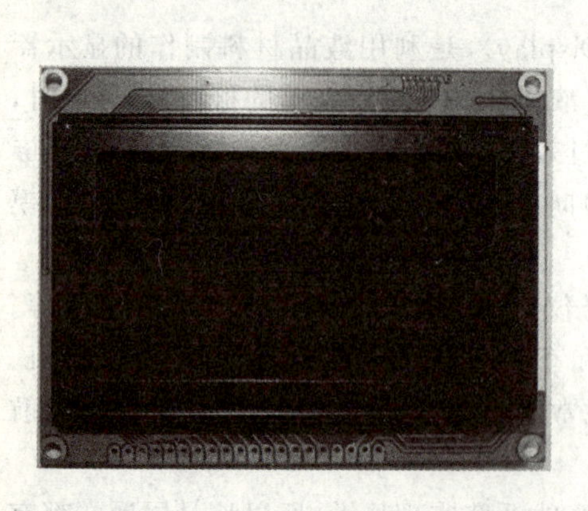

图10.2.2 点阵型液晶显示模块(LCD12864)

图10.2.3 COG型液晶显示模块(LCD12864)

10.2.2 采用ST7920控制器的LCD12864

1. 引脚功能

常见的液晶显示模块(LCM)的控制驱动器有ST7920、KS0108和T6963C等,COG型LCM的控制驱动器有S6B0724和ST7565。控制驱动器不同,LCM的引脚排列顺序也不同,因此可以根据LCM引脚排列来确定驱动控制器的型号。

采用ST7920控制的LCM带中文字库,为用户免除了编制字库的麻烦;该控制器的液晶屏还支持画图方式,支持并口和串口两种连接方式。ST7920控制的LCM引脚功能如表10.2.1所列。

表10.2.1 ST7920控制的LCD12864模块的引脚功能

引脚号	引脚名称	功能说明
1	VSS	模块的电源地
2	VDD	模块的电源正端
3	V0	LCD驱动电压输入端
4	RS(CS)	并行的指令/数据选择信号;串行的片选信号
5	R/W(SID)	并行的读写选择信号;串行的数据口
6	E(CLK)	并行的使能信号;串行的同步时钟
7	DB0	数据0
8	DB1	数据1
9	DB2	数据2
10	DB3	数据3
11	DB4	数据4

续表 10.2.1

引脚号	引脚名称	功能说明
12	DB5	数据 5
13	DB6	数据 6
14	DB7	数据 7
15	PSB	并/串行接口选择:H 为并行;L 为串行
16	NC	空脚
17	RESET	复位低电平有效
18	NC	空脚
19	LED_A	背光源正极
20	LED_K	背光源负极

2. 串行传输的时序

单片机 I/O 口数量有限,所以单片机与液晶显示模块之间常用串行传输数据的方法。串行传输数据时,需要遵循的时序如图 10.2.4 所示。

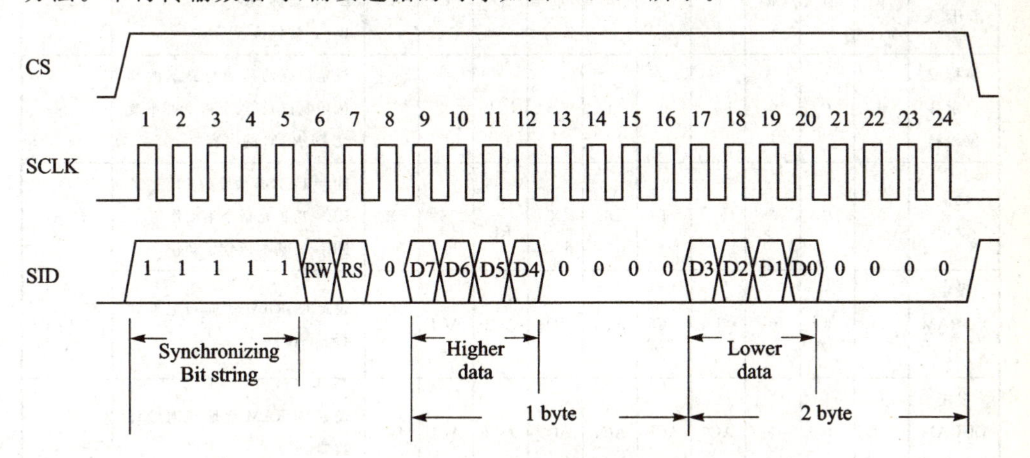

图 10.2.4 串行传输数据的时序

单片机与 LCD 之间每传输一个字节(8 位)的数据,则需要分成 3 个字节完成。假设需要传输的数据为 $D_7D_6D_5D_4D_3D_2D_1D_0$,则第一字节的格式为 11111ABC,其中,A 为数据传送方向控制,1 表示数据从 LCD 到 MCU,0 表示数据从 MCU 到 LCD;B 为数据类型选择,1 表示数据是显示数据,0 表示数据是控制指令;C 固定为 0。第二字节为 8 位数据的高 4 位,格式为 $D_7D_6D_5D_4$0000。第三字节为 8 位数据的低 4 位,格式为 0000$D_3D_2D_1D_0$。

3. 控制器的指令

ST7920 控制器的指令分为基本指令和扩充指令,两者用 RE 位的数值区分,基本指令的 RE 位为 0,扩充指令的 RE 位为 1。基本指令的功能如表 10.2.2 所列,扩充指令的功能如表 10.2.3 所列。

表 10.2.2 基本指令(RE=0,基本指令集)

指 令	指令码										说 明	执行时间(540 kHz)
	RS	RW	DB7	DB6	DB5	DB4	DB3	DB2	DB1	DB0		
清除显示	0	0	0	0	0	0	0	0	0	1	将 DDRAM 填满"20H",并且设定 DDRAM 的地址计数器(AC)到"00H"	4.6 ms
地址归位	0	0	0	0	0	0	0	0	1	X	设定 DDRAM 的地址计数器(AC)到"00H",并且将鼠标光标移到开头原点位置;这个指令并不改变 DDRAM 的内容	4.6 ms
进入点设定	0	0	0	0	0	0	0	1	I/D	S	指定在资料的读取与写入时,设定游标移动方向及指定显示的移位	72 μs
显示状态开/关	0	0	0	0	0	0	1	D	C	B	D=1:整体显示 ON C=1:游标 ON B=1:游标位置 ON	72 μs
游标或显示移位控制	0	0	0	0	0	1	S/C	R/L	X	X	设定游标的移动与显示的移位控制位元;这个指令并不改变 DDRAM 的内容	72 μs
功能设定	0	0	0	0	1	DL	X	0 RE	X	X	DL=1 (必须设为 1) RE=1:扩充指令集动作 RE=0:基本指令集动作	72 μs
设定 CGRAM 地址	0	0	0	1	AC5	AC4	AC3	AC2	AC1	AC0	设定 CGRAM 地址到地址计数器(AC)	72 μs
设定 DDRAM 地址	0	0	1	AC6	AC5	AC4	AC3	AC2	AC1	AC0	设定 DDRAM 地址到地址计数器(AC)	72 μs
读取忙碌标志(BF)和地址	0	1	BF	AC6	AC5	AC4	AC3	AC2	AC1	AC0	读取忙碌标志(BF)可以确认内部动作是否完成,同时可以读出地址计数器(AC)的值	0 μs
写资料到 RAM	1	0	D7	D6	D5	D4	D3	D2	D1	D0	写入资料到内部的 RAM (DDRAM/CGRAM/IRAM/GDRAM)	72 μs
读出 RAM 的值	1	1	D7	D6	D5	D4	D3	D2	D1	D0	从内部 RAM 读取资料 (DDRAM/CGRAM/IRAM/GDRAM)	72 μs

表 10.2.3 扩充指令(RE=1,扩充指令集)

指 令	指令码										说 明	执行时间
	RS	RW	DB7	DB6	DB5	DB4	DB3	DB2	DB1	DB0		(540 kHz)
待命模式	0	0	0	0	0	0	0	0	0	1	将DDRAM填满“20H”,并且设定DDRAM的地址计数器(AC)到“00H”	72 μs
卷动地址或IRAM地址选择	0	0	0	0	0	0	0	0	1	SR	SR=1:允许输入垂直卷动地址 SR=0:允许输入IRAM地址	72 μs
反白选择	0	0	0	0	0	0	0	1	R1	R0	选择4行中的任一行作反白显示,并可决定反白与否	72 μs
睡眠模式	0	0	0	0	0	0	1	SL	X	X	SL=1:脱离睡眠模式 SL=0:进入睡眠模式	72 μs
扩充功能设定	0	0	0	0	1	1	X	1 RE	G	0	RE=1:扩充指令集动作 RE=0:基本指令集动作 G=1 :绘图显示ON G=0 :绘图显示OFF	72 μs
设定IRAM地址或卷动地址	0	0	0	1	AC5	AC4	AC3	AC2	AC1	AC0	SR=1:AC5～AC0为垂直卷动地址 SR=0:AC3～AC0为ICON IRAM地址	72 μs
设定绘图RAM地址	0	0	1	AC6	AC5	AC4	AC3	AC2	AC1	AC0	设定CGRAM地址到地址计数器(AC)	72 μs

单片机向LCD模块发出指令前,应先读取LCD模块的状态,即读取BF标志需为0时,代表LCD模块可接收新的指令;如果在送出一个指令前不检查BF标志,那么在前一个指令和新指令中间必须延迟一段较长的时间,即等待前一个指令确实执行完成。指令执行的时间可参考指令表中的执行时间说明。

“RE”为基本指令集与扩充指令集的选择控制位,当变更“RE”位数值后,往后的指令集将维持在最后的状态;除非再次变更“RE”位的数值,否则使用相同指令集时,不需每次重设“RE”位。

4. 显示坐标

图形显示坐标如图10.2.5所示,水平方向X以字节单位,垂直方向Y以位为单位。屏幕分为上下两个部分,上半部分X的取值为0～7,Y的取值为0～31;下半部分X的取值为0～15,Y的取值也是0～31。单片机给每个(X,Y)坐标送数的时候,都需要送16位(两个字节)的二进制数据(D_{15}～D_0)。

汉字显示坐标如表10.2.4所列,可以显示4行×8列,共32个16×16点阵的汉字。坐标地址从80H按第一行、第三行、第二行、第四行的顺序排列至9FH。注

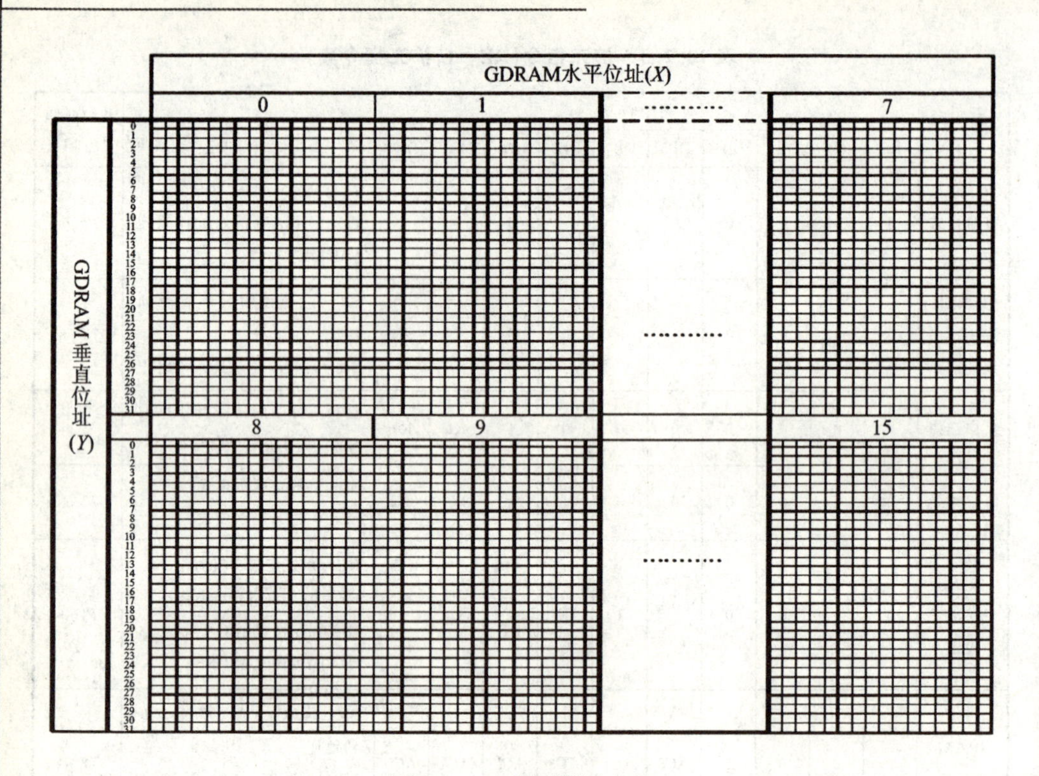

图 10.2.5 图形显示坐标

意，第二行和第三行的地址排列顺序是互相交换的。

表 10.2.4 汉字显示坐标

	X坐标							
第一行	80H	81H	82H	83H	84H	85H	86H	87H
第二行	90H	91H	92H	93H	94H	95H	96H	97H
第三行	88H	89H	8AH	8BH	8CH	8DH	8EH	8FH
第四行	98H	99H	9AH	9BH	9CH	9DH	9EH	9FH

5. 显示代码

英文、数字和一些常用符号可以使用 16 行×8 列点阵的字符显示，这些字符的编码如图 10.2.6 所示。图中最前面的两个(0x00 和 0x01)是空缺的，字符编码按顺序排列，分别为 0x02～0x7F。其中，0x02 表示笑脸，0x20 表示空格，0x31 表示数字"1"，0x40 表示符号"@"，0x71 表示小写字母"q"。

ST7920 内置 8 192 个中文汉字字符(16×16 点阵)，其中包括了常用符号、数字、英文、日文、希腊符号、制表符和汉字等。这些符号采用了国标编码，编码的范围是 A1A0H～F7FFH。例如，代码 0xA3B0 表示数字"0"，代码 0xA3C1 表示大写英文字母"A"，代码 0xB3A3 表示汉字"常"。由于采用了国标编码，所以编程时可以直接用

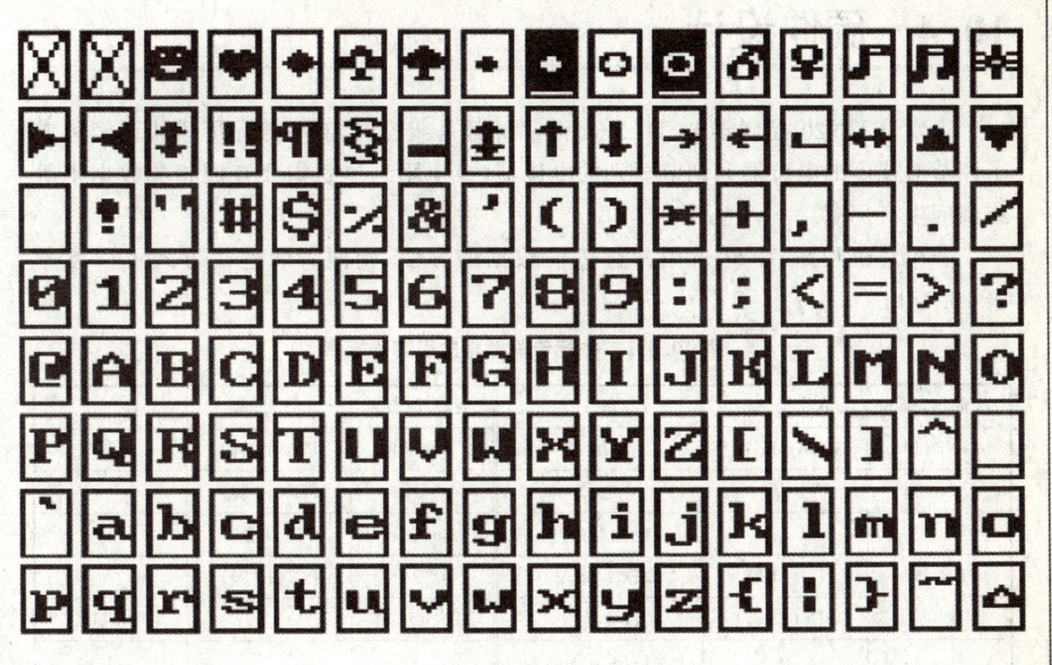

图 10.2.6　字符表(16×8 点阵)

汉字字符编程,编译器可以自动将该字符转换为 16 位的二进制代码,不需要频繁查找编汉字编码表。

10.3　系统设计与系统框图

由于 AVR 单片机带负载能力强,又不需要直接驱动液晶显示屏,主要负责与 ST7920 控制器的通信,所以本系统硬件设计非常简单。单片机直接与 LCD12864 模块相连,系统框图如图 10.3.1 所示。

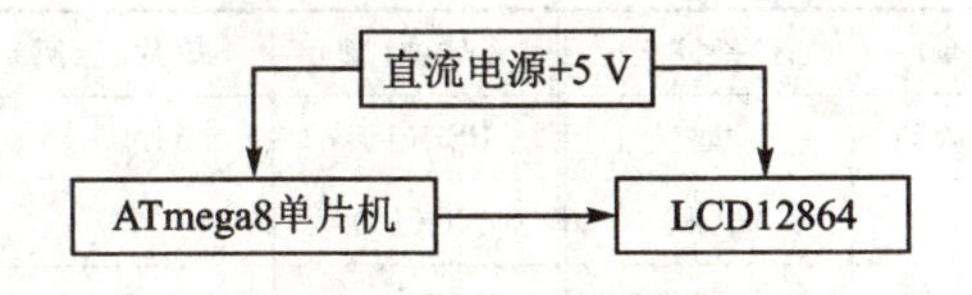

图 10.3.1　系统框图

因为 ATmega8 单片机的输入/输出端口数量较少,如果采用并行传输数据,则剩余 I/O 端口非常有限,无法用于较复杂的场合,所以本项目采用串行传输数据的方案。

10.4 硬件设计

通常,ST7920控制器LCD12864液晶屏都是兼容的,有些液晶屏模块已经集成了调节对比度的电位器和调节背光的电位器(或电阻),这就需要查阅相关数据手册或询问生产厂家。

若单片机和ST7920采用并行传输数据的方法,则两者的连接方式可以参考表10.4.1。

表10.4.1 并行传输数据的引脚连接表

液晶屏(脚)	单片机(脚)	备注	液晶屏(脚)	单片机(脚)	备 注
GND(1)	GND(8或22)	地	D4(11)	PB4(18脚)	
VCC(2)	VCC(7)	电源	D5(12)	PB5(19脚)	
VO(3)		电位器中间	D6(13)	PB6(9脚)	
RS(4)	PD5(11脚)	数据1、指令0	D7(14)	PB7(10脚)	
RW(5)	PD6(12脚)	读1、写0	PSB(15)	VCC(7)	并口
E(6)	PD7(13脚)	1读屏、0无效、下降沿写入液晶屏	NC(16)		空脚
D0(7)	PB0(14脚)		RST(17)	VCC(7)	复位
D1(8)	PB1(15脚)		NC(18)		
D2(9)	PB2(16脚)		LED+(19)	VCC(7)	背光正
D3(10)	PB3(17脚)		LED−(20)	GND(8或22)	背光负

本项目的单片机和ST7920采用串行传输数据的方法,两者引脚连接的方法如表10.4.2所列。

表10.4.2 串行传输数据的引脚连接表

液晶屏(脚)	单片机(脚)	备注	液晶屏(脚)	单片机(脚)	备 注
GND(1)	GND(8或22)	地	PSB(15)	GND(8)	串口
VCC(2)	VCC(7)	电源	NC(16)		空脚
VO(3)		电位器中间	RST(17)	VCC(7)	复位
CS(RS)(4)	PD5(11脚)	片选1有效	NC(18)		
SID(RW)(5)	PD6(12脚)	数据	LED+(19)	VCC(7)	背光正
SCLK(E)(6)	PD7(13脚)	时钟	LED−(20)	GND(8或22)	背光负

硬件电路如图10.4.1所示,图中电位器R1用于调节对比度。电阻R2用于设定背光,阻值越大背光越暗。可以使用电位器代替R2,以便在使用中灵活调节背光。

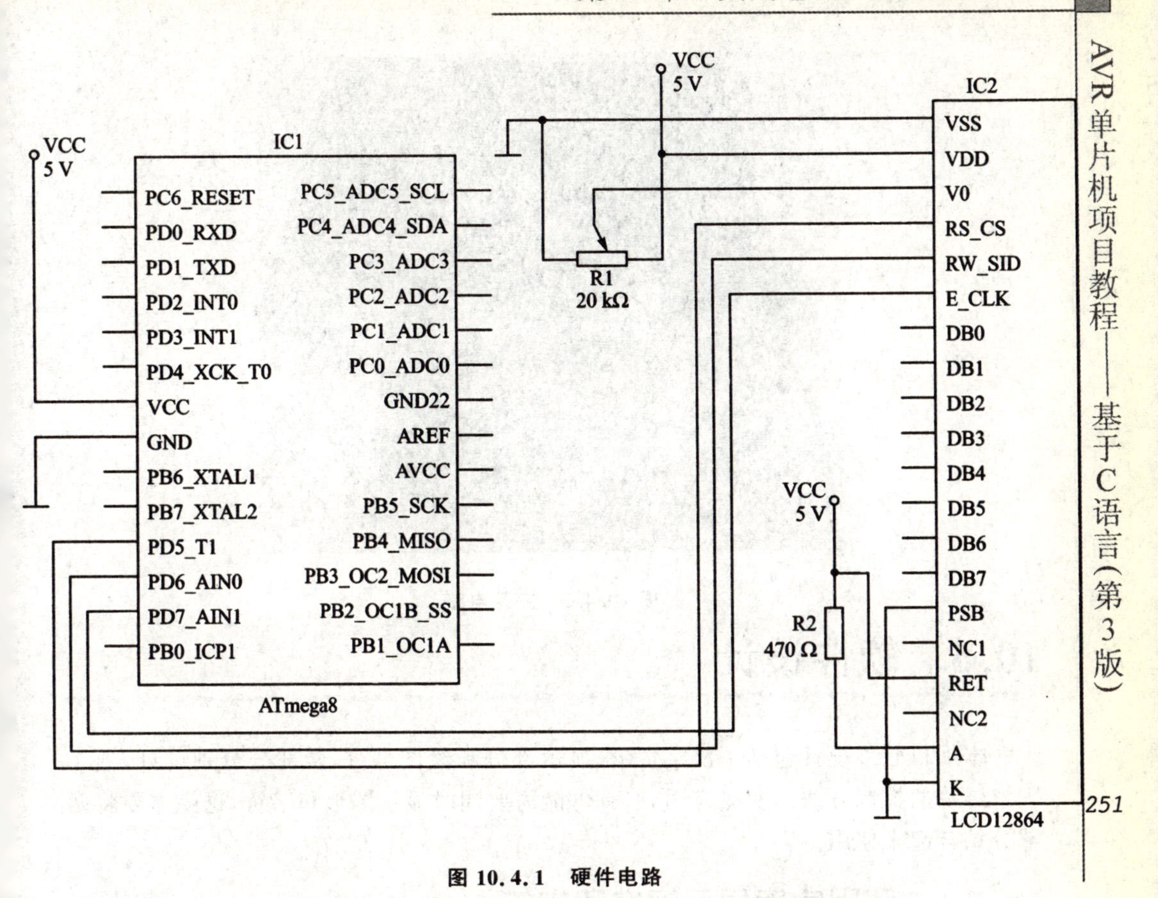

图 10.4.1　硬件电路

液晶显示模块安装了排针，插接在电路底板上，电路底板实物如图 10.4.2 所示，组合好的电路整体实物如图 10.4.3 所示。

图 10.4.2　电路底板

图 10.4.3 完整电路

10.5 软件设计

本项目软件设计包括了汉字、字符显示部分和绘图部分,两部分分别设计,便于理解屏幕的控制方法。实际应用时,有可能需要同时显示图形和字符,这就需要将两部分结合起来使用。

10.5.1 利用字库显示汉字和字符

```
//Include Head Files
#include <iom8v.h>
#include <AVRdef.h>//ICCAVR7,兼容 ICCAVR6
//Data Type Re - defination
#define uchar unsigned char                              //自定义数据类型
#define  uint unsigned int
//延时子函数
void delay_us(unsigned int n);                           //几微秒
void delay_s(unsigned int n);                            //零点几秒
//读/写 LCD 芯片时,根据时序图,在使能 E = 0 时设置、读写、D/I 等
//要先有使能 E 的上升沿,再送数据值或指令值
//用串口方式送 8 bit 给 LCD
void write_8bit(unsigned char word_8bit)
{
    unsigned char i;
```

```
    CLI();
    for(i=0;i<8;i++)
    {
        if((word_8bit&0x80)==0x80)           //判断最高位是否为1
        {
            PORTD = PIND&(~(1<<PD7));        //PD7=0时钟预备
            PORTD = PIND|(1<<PD6);           //写1时,PD6=1
            PORTD = PIND|(1<<PD7);           //PD7=1,上升沿,写入LCD时钟有效
        }
        else
        {
            PORTD = PIND&(~(1<<PD7));        //PD7=0时钟预备
            PORTD = PIND&(~(1<<PD6));        //写0时,PD6=0
            PORTD = PIND|(1<<PD7);           //PD7=1,上升沿,写入LCD时钟有效
        }
        word_8bit = word_8bit<<1;            //左移,准备送次高位
    }
    SEI();                                   //打开中断,允许别的中断
}

//把指令写入LCD
//写指令的帧头为0xF8: 1111 1000
//8位的指令必须分两次传输
//写指令需要传输3次:帧头、高4位、低4位
void  write_INST(unsigned char LCDinstruction)
{
    unsigned char write_head;
    unsigned char write_left4;
    unsigned char write_right4;
    write_head = 0xf8;                       //写入的命令帧头为0xf8
    write_left4 = LCDinstruction & 0xf0;     //获取指令的高4位
    write_right4 = (LCDinstruction & 0x0f)<<4;//获取指令的低4位
    PORTD = PIND|(1<<PD5);                   //CS(RS)=1,PD5=1传输使能
    write_8bit(write_head);                  //写入帧头
    write_8bit(write_left4);                 //写入高4位
    write_8bit(write_right4);                //写入低4位
    PORTD = PIND&(~(1<<PD5));                //CS(RS)=0,PD5=0禁止传输
}
```

```
//把数据写入 LCD //
//写数据的帧头为 0xFA: 1111 1010
// 8 位的数据必须分两次传输
//写数据需要传输 3 次:帧头、高 4 位、低 4 位
void  write_DATA(unsigned char LCDdata)
{
    unsigned char write_head;
    unsigned char write_left4;
    unsigned char write_right4;
    write_head = 0xfa;                              //写入的数据帧头为 0xfa
    write_left4 = LCDdata & 0xf0;                   //获取数据的高 4 位
    write_right4 = (LCDdata & 0x0f)<<4;             //获取数据的低 4 位
    PORTD = PIND|(1<<PD5);                          //CS(RS) = 1,PD5 = 1 传输使能
    write_8bit(write_head);                         //写入帧头
    write_8bit(write_left4);                        //写入高 4 位
    write_8bit(write_right4);                       //写入低 4 位
    PORTD = PIND&(~(1<<PD5));                       //CS(RS) = 0,PD5 = 0 禁止传输
}

//16 * 16 全角字符
//x 为汉字所在的行,取值 0,1,2,3
//y 为汉字所在的列,取值 0,1,2,3,4,5,6,7
void lcd16(unsigned char lcd_x,unsigned char lcd_y,unsigned char * Chinese_Word)
{
    unsigned char lcd_position;                     //汉字在液晶屏中的位置
    write_INST(0x30);                               //使用 LCD 的基本指令
    switch(lcd_x)
    {
            case 0:
                    lcd_position = 0x80 + lcd_y;
                    break;
            case 1:
                    lcd_position = 0x90 + lcd_y;
                    break;
            case 2:
                    lcd_position = 0x88 + lcd_y;
                    break;
            case 3:
                    lcd_position = 0x98 + lcd_y;
```

```
            break;
        default:
            lcd_position = 0x80;
            break;
    }
    write_INST(lcd_position);                    //写入汉字将要显示的位置
    write_DATA( * Chinese_Word);                 //写入汉字编码的高 8 位
    write_DATA( * (Chinese_Word + 1));           //写入汉字编码的低 8 位
}

//16 * 8 半角字符
//x 为字符所在的行,取值 0,1,2,3
//y 为字符所在的列,取值 0,1,2,3,4,5,6,7
void lcd8 (unsigned char lcd_x,unsigned char lcd_y,unsigned char half_L,unsigned char
        half_R)
{
    unsigned char lcd_position;                  //字符在液晶屏中的位置
    write_INST(0x30);                            //基本指令
    switch(lcd_x)
    {
        case 0:
                lcd_position = 0x80 + lcd_y;
                break;
        case 1:
                lcd_position = 0x90 + lcd_y;
                break;
        case 2:
                lcd_position = 0x88 + lcd_y;
                break;
        case 3:
                lcd_position = 0x98 + lcd_y;
                break;
        default:
            lcd_position = 0x80;
            break;
    }
    write_INST(lcd_position);                    //写入字符将要显示的位置
    write_DATA(half_L);                          //写入左半个字符编码
    write_DATA(half_R);                          //写入右半个字符编码
```

```
}
//显示一行 16 * 16 全角字符
// x 为汉字所在的行,取值 0,1,2,3
// 0 为第 0 行,1 为第 1 行,2 为第 2 行,3 为第 3 行
void lcd16_line(unsigned char lcd_x,unsigned char * Chinese_Word)
{
    unsigned char lcd_position;                    //汉字在液晶屏中的位置
    unsigned char i;
    CLI();
    write_INST(0x30);                              //LCD 的基本指令
    switch(lcd_x)
    {
        case 0:
                lcd_position = 0x80;               //第 0 行
                break;
        case 1:
                lcd_position = 0x90;               //第 1 行
                break;
        case 2:
                lcd_position = 0x88;               //第 2 行
                break;
        case 3:
                lcd_position = 0x98;               //第 3 行
                break;
        default:
            lcd_position = 0x80;                   //其他情况默认第 0 行
            break;
    }
    write_INST(lcd_position);                      //写入汉字将要显示的位置
    for (i = 0;i<8;i + + )                         //每行可以显示 8 个汉字
    {
        write_DATA(Chinese_Word[2 * i]);           //写入汉字编码的高 8 位
        write_DATA(Chinese_Word[2 * i + 1]);       //写入汉字编码的低 8 位
    };
    SEI();
}

//显示整屏国标字符串
void DisGBStr(unsigned char * CorpInf)
```

```
{
    unsigned char uc_GBCnt;
    write_INST(0x80);                              //显示的起始为第一行
    for (uc_GBCnt = 0;uc_GBCnt<16;uc_GBCnt + + )
    {
        write_DATA(CorpInf[2 * uc_GBCnt]);
        write_DATA(CorpInf[2 * uc_GBCnt + 1]);
    };
    write_INST(0x90);
    for (uc_GBCnt = 0;uc_GBCnt<16;uc_GBCnt + + )
    {
        write_DATA(CorpInf[2 * uc_GBCnt + 32]);
        write_DATA(CorpInf[2 * uc_GBCnt + 33]);
    };
}

//关闭显示
void CRAM_OFF(void)
{
    CLI();
    write_INST(0x30);                              //DL = 1:8 - BIT interface 基本指令集
    write_INST(0x30);                              //RE = 0:basic instruction
    write_INST(0x08);                              //整体显示关,游标关,游标位置关
    write_INST(0x01);                              //CLEAR 清屏
    delay_us(250);
    SEI();
}

//初始化 LCD
void init_lcd(void)
{
    CLI();
    write_INST(0x30);                              //切到基本指令集
    delay_us(100);
    write_INST(0x30);                              //切到基本指令集
    delay_us(37);
    write_INST(0x01);                              //用清屏指令清屏
    delay_s(2);
    write_INST(0x06);                              //每次读写后:数据指针 + 1,屏幕不移动
```

```
    delay_us(100);
    write_INST(0x02);                              //位址归位,游标回到原点
    delay_us(100);
    write_INST(0x0C);                   //打开显示,整体显示开,游标关,游标位置关
}

//端口初始化
// MCU 串接 LCD,仅使用了 PD5,PD6,PD7 三个 IO 口
// DDR 寄存器 1 为输出,0 为输入
// PD5,PD7 为输出,PD6 根据具体情况确定是输出还是输入
void port_init(void)
{
    DDRD = PIND|(1<<PD7)|(1<<PD6)|(1<<PD5); //1110 0000 PD5 PD6 PD7 为输出口
    PORTD = 0x00;
}

//要显示的字符串
//显示第一行后会跳到第三行,然后再显示第二行,最后第四行
//这是全覆盖的写法,写之前不用清屏
uchar CorpInf[] =
{
    "北京经济管理职业"
    "  工程技术学院  "
    "      学院      "
    "20170517 PM17:19"
};

//中文需要注意半个字符的问题
//全角字符的 x 开始位置必须是 0,2,4,6,否则会显示错误
uchar Corp_line[] =
{
    "欲穷千里目      "//注意空格
};
uchar Corp_line1[] =
{
    "      更上一层楼"//注意空格
};

//全角汉字有两个字符,用 lcd16()显示
```

```
uchar year[2] = "年";                                     //全角年
uchar month[2] = "月";                                    //全角月
uchar day[2] = "日";                                      //全角日
//半角字符只有1个字符,用lcd8()显示
uchar colon = 0x3A;                                       //半角冒号:
uchar zero = 0x30;                                        //半角0
uchar nine = 0x39;                                        //半角9
uchar blank = 0x20;                                       //半角空格

void main(void)
{
    uchar i = 0;
    port_init();

    init_lcd();                                           //液晶屏初始化ST7920 Init
    NOP();

    while (1)
    {
        DisGBStr(CorpInf);                          //显示全屏字符,显示效果如图10.5.1所示
        delay_s(40);
        write_INST(0x01);                                 //CLEAR清屏
        delay_s(20);
        /*按行显示字符串,显示效果如图10.5.2所示*/
        lcd16_line(1,Corp_line);                          //在第1行显示字符串
        lcd16_line(2,Corp_line1);                         //在第2行显示字符串
        delay_s(40);
        /*逐字显示字符串和在指定位置显示字符,显示效果如图10.5.3所示*/
        write_INST(0x01);                                 //CLEAR清屏
        lcd16(0,0,year);                              //在第0行第1个汉字位置显示'年'字
        for (i = 0;i< = 7;i + + )
        {
            lcd8(2,i,0x30 + i + i,0x30 + i + i + 1);//在第2行按顺序显示半角0~?
        }
        lcd16(3,7,day);                               //在第3行第7个汉字位置显示'日'字
        delay_s(50);
    }
}
```

图10.5.1为整屏国标字符串显示效果,注意与数组CorpInf[]的区别,原因就在

于显示地址的第二行和第三行顺序调换。图 10.5.2 为按行显示字符串的显示效果。图 10.5.3 为逐字显示 16×8 字符和按指定位置显示汉字的效果图。

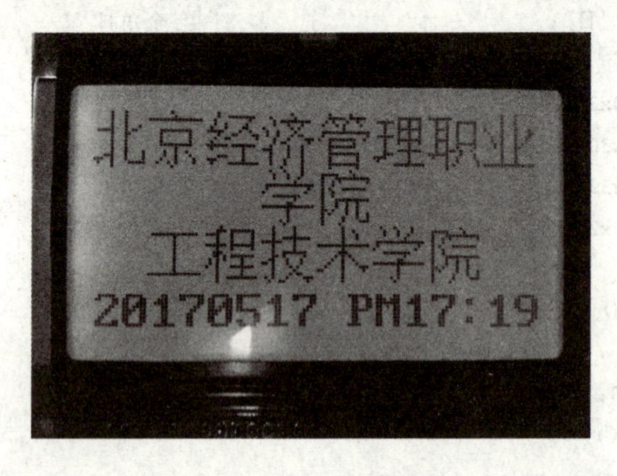

图 10.5.1 显示全屏字符

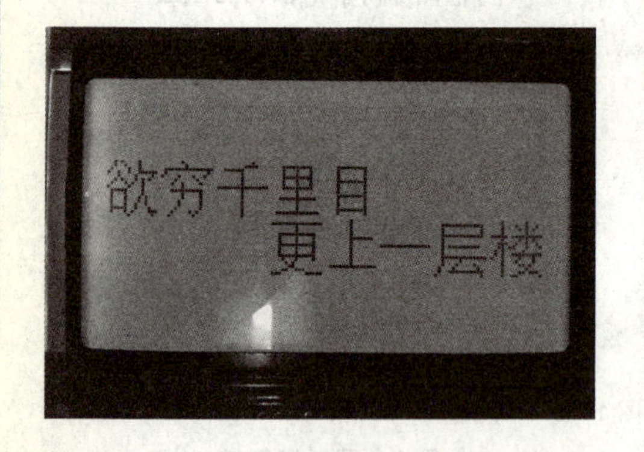

图 10.5.2 按行显示字符串

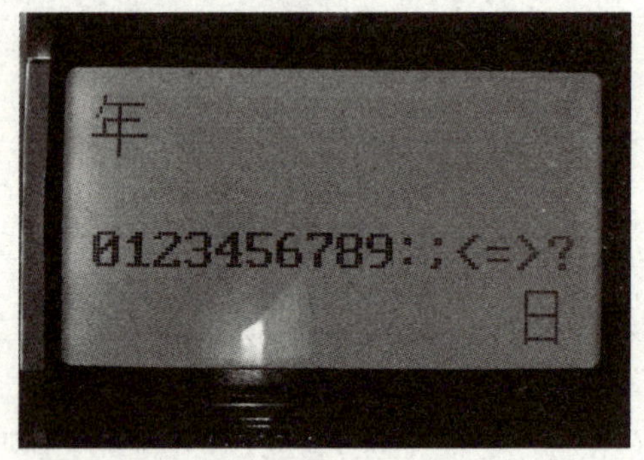

图 10.5.3 逐字显示和在指定位置显示

10.5.2 绘 图

ST7920 的绘图显示 RAM(GDRAM)提供 128×8 字节的记忆空间,更改绘图 RAM 时,先连续写入水平与垂直的坐标值,再写入两个字节的数据到绘图 RAM,而地址计数器(AC)会自动加一。在写入绘图 RAM 的期间,绘图显示必须关闭,整个写入绘图 RAM 的步骤如下:

① 关闭绘图显示功能。

② 开始写入绘图 RAM:

➢ 将水平的位元组坐标(X)写入绘图 RAM 地址;

➢ 将垂直的坐标(Y)写入绘图 RAM 地址;

➢ 将 D_{15}~D_8 写入到 RAM 中;

➢ 将 D_7~D_0 写入到 RAM 中。

③ 打开绘图显示功能。

```
//picture.c
//绘图
//Include Head Files
#include <iom8v.h>
#include <AVRdef.h>//ICCAVR7,兼容 ICCAVR6
//Data Type Re-defination
#define uchar unsigned char                    //自定义数据类型
#define  uint unsigned int
//延时子函数
void delay_us(unsigned int n);                 //几微秒
void delay_s(unsigned int n);                  //零点几秒

//读写 LCD 芯片时,根据时序图,在使能 E=0 时设置、读/写、D/I 等
//要先有使能 E 的上升沿,再送数据值或指令值
//用串口方式送 8 bit 给 LCD
void write_8bit(unsigned char word_8bit)
{
    unsigned char i;
    CLI();
    for(i=0;i<8;i++)
    {
        if((word_8bit&0x80)==0x80)     //判断最高位是否为 1
        {
            PORTD = PIND&(~(1<<PD7)); //PD7=0 时钟预备
            PORTD = PIND|(1<<PD6);     //写 1 PD6=1
            PORTD = PIND|(1<<PD7);     //PD7=1,上升沿,写入 LCD 时钟有效
        }
        else
        {
            PORTD = PIND&(~(1<<PD7)); //PD7=0 时钟预备
            PORTD = PIND&(~(1<<PD6)); //写 0 PD6=0
            PORTD = PIND|(1<<PD7);     //PD7=1,上升沿,写入 LCD 时钟有效
        }
        word_8bit = word_8bit<<1;      //左移,准备送次高位
    }
    SEI();                             //打开中断,允许别的中断
}

//把指令写入 LCD
//写指令的帧头为 0xF8: 1111 1000
```

```
// 8位的指令必须分两次传输
//写指令需要传输3次:帧头、高4位、低4位
void  write_INST(unsigned char LCDinstruction)
{
    unsigned char write_head;
    unsigned char write_left4;
    unsigned char write_right4;
    write_head = 0xf8;                              //写入的命令帧头为0xf8
    write_left4 = LCDinstruction & 0xf0;    //获取指令的高4位
    write_right4 = (LCDinstruction & 0x0f)<<4;   //获取指令的低4位
    PORTD = PIND|(1<<PD5);                   //CS(RS) = 1,PD5 = 1 传输使能
    write_8bit(write_head);                  //写入帧头
    write_8bit(write_left4);                 //写入高4位
    write_8bit(write_right4);                //写入低4位
    PORTD = PIND&(~(1<<PD5));                //CS(RS) = 0,PD5 = 0 禁止传输
}

//把数据写入LCD //
//写数据的帧头为0xFA:1111 1010
// 8位的数据必须分两次传输
//写数据需要传输3次:帧头、高4位、低4位
void  write_DATA(unsigned char LCDdata)
{
    unsigned char write_head;
    unsigned char write_left4;
    unsigned char write_right4;
    write_head = 0xfa;                       //写入的数据帧头为0xfa
    write_left4 = LCDdata & 0xf0;            //获取数据的高4位
    write_right4 = (LCDdata & 0x0f)<<4;  //获取数据的低4位
    PORTD = PIND|(1<<PD5);                   //CS(RS) = 1,PD5 = 1 传输使能
    write_8bit(write_head);                  //写入帧头
    write_8bit(write_left4);                 //写入高4位
    write_8bit(write_right4);                //写入低4位
    PORTD = PIND&(~(1<<PD5));                //CS(RS) = 0,PD5 = 0 禁止传输
}

//关闭显示
void CRAM_OFF(void)
{
    CLI();
    write_INST(0x30);                        //DL = 1:8 - BIT interface 基本指令集
    write_INST(0x30);                        //RE = 0:basic instruction
```

```
    write_INST(0x08);                          //整体显示关,游标关,游标位置关
    write_INST(0x01);                          //CLEAR清屏
    delay_us(250);
    SEI();
}

//清除屏幕,全0
//与清屏指令 write_INST(0x01);等效
void LCD_CLEAR(void)
{
    uchar LCD_hang_addr,LCD_lie_addr;        //行和列的起始地址
    uchar LCD_hang_cnt,LCD_lie_cnt;          //行和列的增量
    CLI();
    LCD_hang_addr = 0x80;                     //写坐标行的初始值范围 0~31
    LCD_lie_addr = 0x80;                      //写坐标列的初始值范围 0~15

    write_INST(0x34);                          //扩充指令关闭绘图
    for (LCD_hang_cnt = 0;LCD_hang_cnt<32;LCD_hang_cnt + + )
    {
        write_INST(LCD_hang_addr + LCD_hang_cnt);  //行地址
        write_INST(LCD_lie_addr);                  //列地址

        for (LCD_lie_cnt = 0;LCD_lie_cnt<16;LCD_lie_cnt + + )
            {write_DATA(0x00);write_DATA(0x00);}   //全写0
    };
    write_INST(0x36);                          //扩充指令打开绘图
    SEI();
}

//满屏显示,全1
//相当于使屏幕显示黑色
void LCD_FULL(void)
{
    uchar LCD_hang_addr,LCD_lie_addr;        //行和列的起始地址
    uchar LCD_hang_cnt,LCD_lie_cnt;          //行和列的增量
    CLI();

    LCD_hang_addr = 0x80;                     //写坐标行的初始值范围 0~31
    LCD_lie_addr = 0x80;                      //写坐标列的初始值范围 0~15

    write_INST(0x34);                          //扩充指令关闭绘图
    for (LCD_hang_cnt = 0;LCD_hang_cnt<32;LCD_hang_cnt + + )
```

```
    {
        write_INST(LCD_hang_addr + LCD_hang_cnt);  //行地址
        write_INST(LCD_lie_addr);                   //列地址

        for (LCD_lie_cnt = 0;LCD_lie_cnt<16;LCD_lie_cnt + + )
            {write_DATA(0xff);write_DATA(0xff);}    //全写 1
    };
    write_INST(0x36);                               //扩充指令打开绘图
    SEI();
}

/ * 竖条纹 * /
//方法:所有点位均根据 1、0 的需要写入数据
void LCD_shu_wen(void)
{
    uchar i,j;
    write_INST(0x34);                               //扩充指令关闭绘图
    for (i = 0;i<32;i + + )
    {
        for (j = 0;j<16;j + + )
        {
            write_INST(0x80 + i);           //32 行全画
            write_INST(0x80 + j);           //16 列全画
            write_DATA(0x00);               //数据
            write_DATA(0xff);               //数据
        }
    }
    write_INST(0x36);                               //扩充指令打开绘图
}

/ * 横线 * /
//方法:只在需要写入 1 的位置写入数据
//在 hang 的位置画横线
//屏幕上显示两条横线
// i 为 0~7 时,显示上面那条横线
// i 为 8~15 时,显示下面那条横线
// hang 的范围 0~31
void LCD_heng_xian(uchar hang)
{
    uchar i;
    LCD_CLEAR();                                    //清屏
    write_INST(0x34);                               //扩充指令关闭绘图
```

```
    for(i = 0;i<16;i + + )
    {
        write_INST(0x80 + hang);          //只在第 hang 行画横线
        write_INST(0x80 + i);             //16 列全画
        write_DATA(0xff);                 //数据
        write_DATA(0xff);                 //数据
    }
    write_INST(0x36);                     //扩充指令打开绘图
}

//初始化 LCD
void init_lcd(void)
{
    CLI();
    write_INST(0x30);                     //切到基本指令集
    delay_us(100);
    write_INST(0x30);                     //切到基本指令集
    delay_us(37);
    write_INST(0x01);                     //用清屏指令清屏
    delay_s(2);
    write_INST(0x06);                     //每次读写后:数据指针 + 1,屏幕不移动
    delay_us(100);
    write_INST(0x02);                     //位址归位,游标回到原点
    delay_us(100);
    write_INST(0x0C);                     //打开显示,整体显示开,游标关,游标位置关
}

//端口初始化
// MCU 串接 LCD,仅使用了 PD5,PD6,PD7 3 个 I/O 口
// DDR 寄存器 1 为输出,0 为输入
// PD5,PD7 为输出,PD6 根据具体情况确定是输出还是输入
void port_init(void)
{
   DDRD = PIND|(1<<PD7)|(1<<PD6)|(1<<PD5); //1110 0000 PD5 PD6 PD7 为输出口
   PORTD = 0x00;
}

void main(void)
{
    uchar i,j;
    port_init();
```

```
    init_lcd();                              //液晶屏初始化 ST7920 Init
    /* LCD 自检 */
    LCD_FULL();                              //满屏
    delay_s(20);
    LCD_CLEAR();                             //清屏
    delay_s(20);
    LCD_FULL();                              //满屏
    delay_s(20);
    LCD_CLEAR();                             //清屏

    while (1)
    {
        LCD_CLEAR();                         //清屏
        LCD_shu_wen();                       //竖条纹,效果如图 10.5.4 所示
        delay_s(80);
        LCD_CLEAR();                         //清屏
        LCD_heng_xian(5);                    //在第 5 行画横线,效果如图 10.5.5 所示
        delay_s(80);
    }
}
```


图10.5.4为绘制竖条纹的显示效果,在子函数LCD_shu_wen()中改变DATA数据就可以改变竖条纹的样子,例如,DATA＝0x000f时,线条会更细;DATA＝0x0001时,线条会变成单竖线;DATA＝0x0fff时,线条会更粗;DATA＝0x0f0f时,线条会更窄、更密集。

图10.5.4 竖条纹

图10.5.5为绘制横线的显示效果,绘制横线由子函数LCD_heng_xian()来完成,该子函数只能绘制单横线;如果要绘制横条纹,则需要修改程序。

图 10.5.5　在第 5 行画横线

10.6　练习项目

① 显示横条纹。

② 显示单竖线。

③ 显示类似国际象棋棋盘的明暗相间的格子图案。

④ 在 LCD 屏幕上绘制一个方框。

⑤ 在 LCD 屏幕上绘制一个方框,并且在方框中写入字符或文字。

⑥ 与前面的项目相结合,用液晶屏取代数码管,构成液晶屏显示的测量仪表。

附录 A

项目报告要求

项目报告至少应包括封面和正文两大部分，如果内容较多应增加目录部分，如果引用参考文献较多应列出参考文献。封面应包括项目名称、班级、学号、姓名、完成日期等信息。正文应包括以下内容：

1）项目背景

项目的应用场合、市场需求分析、市场已有竞争产品情况。

2）相关知识

列出设计项目所需的相关知识。

3）系统设计

应画出系统框图。

4）硬件设计

应画出电路原理图、列出电路所用元器件清单，在元器件清单中应标明元器件在电路图中的标号，如附表 A.1 所列。

附表 A.1　元器件清单

序号	元器件	标　号	型　号	数　量	备　注
1					
2					

5）软件设计

应画出程序流程图。

6）安装调试

列出安装调试步骤，说明安装调试中应注意的事项、自己在安装调试过程中遇到的问题及解决办法。

7）测试结果

最好以表格形式给出测试结果，并对测试结果进行分析。

8）项目总结

对项目情况给出自我评价，指出项目实现情况的效果、优点、缺点和改进方向。

附录B

C语言关键词速查

C语言简洁、紧凑，使用方便、灵活。由ANSI标准规定的C语言关键词一共只有32个，如附表B.1所列。

附表B.1 ANSI C关键词

关键词	功能说明	关键词	功能说明
auto	声明自动变量	long	声明长整型变量或函数
break	跳出当前循环	register	声明寄存器变量
case	开关语句分支标记	return	子函数返回语句(可以带参数,也可不带参数)
char	声明字符型变量或函数		
const	声明一个值为常量,该变量不会被当前程序改变	short	声明短整型变量或函数
		signed	声明有符号类型变量或函数
continue	结束当前循环,开始下一轮循环	sizeof	得到特定类型或特定类型变量的字节数
default	开关语句中的“其他”分支,可选	static	声明一个变量为局部静态变量
do	循环语句的循环体	struct	结构体声明
double	声明双精度变量或函数	switch	开关语句(多重分支语句)
else	条件语句否定分支(与if连用)	typedef	声明类型别名
enum	声明枚举类型	union	共用体声明
extern	声明指定对应变量为外部变量	unsigned	声明无符号类型变量或函数
float	声明浮点型变量或函数	void	声明函数无返回值或无参数,声明无类型指针
for	一种循环语句		
goto	无条件跳转语句	volatile	声明一个变量为可能意外变化的量(相对const)
if	条件语句		
int	声明整型变量或函数	while	循环控制语句

附录C

C语言运算符

运算是对数据进行加工的过程，用来表示各种不同运算的符号称为运算符。C语言中规定了各种运算符号，它们是构成C语言表达式的基本元素。C语言提供了相当丰富的一组运算符。除了一般高级语言具有的算术运算符、关系运算符、逻辑运算符外，还提供了赋值运算符、位运算符、自增和自减运算符等。

C语言规定了表达式求解过程中，各运算符的优先级和结合性。

优先级：指当一个表达式中有多个运算符时，则计算是有先后次序的，这种计算的先后次序称为相应运算符的优先级。附表C.1为运算符优先级排列表，排在前面的优先级别高。

结合性：是指当一个运算对象两侧运算符的优先级别相同时，进行运算（处理）的结合方向。按“从右向左”的顺序运算，称为右结合；按“从左向右”的顺序运算，称为左结合。

在算术表达式中，若包含不同优先级的运算符，则按运算符的优先级别由高到低进行；若表达式中运算符的优先级别相同，则按运算符的结合方向（结合性）进行。

在书写包含多种运算符的表达式时，应注意各个运算符的优先级，从而确保表达式中的运算符能以正确的顺序执行；如果对复杂表达式中运算符的计算顺序没有把握，则可用圆括号强制实现计算顺序。

附表C.1　运算符优先级排列表

优先级	运算符	名称或含义	使用形式	结合方向	操作数
1	()	圆括号	（表达式）	左向右	
	[]	下标运算符	数组名[常量表达式]		
	->	指向结构体成员	指针变量->成员名		
	.	结构体成员	结构体变量.成员名		

续附表 C.1

<table>
<tr><th>优先级</th><th>运算符</th><th>名称或含义</th><th>使用形式</th><th>结合方向</th><th>操作数</th></tr>
<tr><td rowspan="9">2</td><td>!</td><td>逻辑非</td><td>! 表达式</td><td rowspan="9">右向左</td><td rowspan="9">1个</td></tr>
<tr><td>~</td><td>按位取反</td><td>~表达式</td></tr>
<tr><td>++</td><td>自增</td><td>++变量名或变量名++</td></tr>
<tr><td>--</td><td>自减</td><td>--变量名或变量名--</td></tr>
<tr><td>-</td><td>负号</td><td>-表达式</td></tr>
<tr><td>(类型)</td><td>强制类型转换</td><td>(数据类型)表达式</td></tr>
<tr><td>*</td><td>指针</td><td>*指针变量</td></tr>
<tr><td>&</td><td>取地址</td><td>&变量名</td></tr>
<tr><td>sizeof</td><td>取长度</td><td>sizeof(表达式)</td></tr>
<tr><td rowspan="3">3</td><td>*</td><td>乘法</td><td>表达式*表达式</td><td rowspan="3">左向右</td><td rowspan="3">2个</td></tr>
<tr><td>/</td><td>除法</td><td>表达式/表达式</td></tr>
<tr><td>%</td><td>取余</td><td>表达式%表达式</td></tr>
<tr><td rowspan="2">4</td><td>+</td><td>加法</td><td>表达式+表达式</td><td rowspan="2">左向右</td><td rowspan="2">2个</td></tr>
<tr><td>-</td><td>减法</td><td>表达式-表达式</td></tr>
<tr><td rowspan="2">5</td><td><<</td><td>左移</td><td>表达式<<表达式</td><td rowspan="2">左向右</td><td rowspan="2">2个</td></tr>
<tr><td>>></td><td>右移</td><td>表达式>>表达式</td></tr>
<tr><td rowspan="4">6</td><td><</td><td>小于</td><td>表达式<表达式</td><td rowspan="4">左向右</td><td rowspan="4">2个</td></tr>
<tr><td><=</td><td>小于等于</td><td>表达式<=表达式</td></tr>
<tr><td>></td><td>大于</td><td>表达式>表达式</td></tr>
<tr><td>>=</td><td>大于等于</td><td>表达式>=表达式</td></tr>
<tr><td rowspan="2">7</td><td>==</td><td>等于</td><td>表达式==表达式</td><td rowspan="2">左向右</td><td rowspan="2">2个</td></tr>
<tr><td>!=</td><td>不等于</td><td>表达式!=表达式</td></tr>
<tr><td>8</td><td>&</td><td>按位与</td><td>表达式&表达式</td><td>左向右</td><td>2个</td></tr>
<tr><td>9</td><td>^</td><td>按位异或</td><td>表达式^表达式</td><td>左向右</td><td>2个</td></tr>
<tr><td>10</td><td>|</td><td>按位或</td><td>表达式|表达式</td><td>左向右</td><td>2个</td></tr>
<tr><td>11</td><td>&&</td><td>逻辑与</td><td>表达式&&表达式</td><td>左向右</td><td>2个</td></tr>
<tr><td>12</td><td>||</td><td>逻辑或</td><td>表达式||表达式</td><td>左向右</td><td>2个</td></tr>
<tr><td>13</td><td>?:</td><td>条件运算</td><td>表达式1? 表达式2:表达式3</td><td>右向左</td><td>3个</td></tr>
</table>

续附表 C.1

优先级	运算符	名称或含义	使用形式	结合方向	操作数
14	=	赋值	变量=表达式	右向左	2个
	+=	先加后赋值	变量+=表达式		
	-=	先减后赋值	变量-=表达式		
	*=	先乘后赋值	变量*=表达式		
	/=	先除后赋值	变量/=表达式		
	%=	先取余数后赋值	变量%=表达式		
	>>=	先右移后赋值	变量>>=表达式		
	<<=	先左移后赋值	变量<<=表达式		
	&=	先按位与后赋值	变量&=表达式		
	^=	先按位异或后赋值	变量^=表达式		
	|=	先按位或后赋值	变量|=表达式		
15	,	逗号运算符	表达式,表达式	左向右	

赋值运算中不同类型数据之间的运算会导致数据类型自动转换，转换规则如附表 C.2 所列。如果可能，则尽量先使用强制类型转换，然后再进行运算。

附表 C.2　赋值运算中数据类型的转换规则

左侧数据类型	右侧数据类型	转换说明
float	int	将整型数据转换成实型数据后再赋值
int	float	将实型数据的小数部分截去后再赋值
long int	int,short	值不变
int,short int	long int	右侧的值不能超过左侧数据值的范围，否则将导致意外的结果
unsigned	signed	按原样赋值。但是如果数据范围超过相应整型的范围，将导致意外的结果
signed	unsigned	

附录D

使用外部晶体时钟源

本书中均使用 ATmega8 内部的 RC 振荡器，振荡频率为 1 MHz。当需要更高频率的时候，通常采用外部晶体方式，通过外接石英晶体来提高振荡频率。石英晶体的连接方式如图附图 D.1 所示。ATmega8 最高可以采用 16 MHz 的石英晶体，ATmega8L 最高可以采用 8 MHz 的石英晶体。图中两个电容可以使用 12～22 pF 的瓷片电容。

需要注意的是，ATmega8 出厂时默认时钟选择为内部 RC 振荡器，并且工作在 1 MHz 频率下。只有改变熔丝位，才能改变时钟，改变熔丝位需要由编程器来完成，不要使用本书中介绍的并口下载线改变熔丝位。编程器下载软件在每次下载 hex 文件时都会有烧写熔丝位的提示，只要在相应界面单击就可以选中要改变的熔丝位，熔丝位可以多次重复烧写。芯片时钟选项与熔丝位的对应关系如附表 D.1 所列，表中“1”表示未编程，“0”表示已编程。

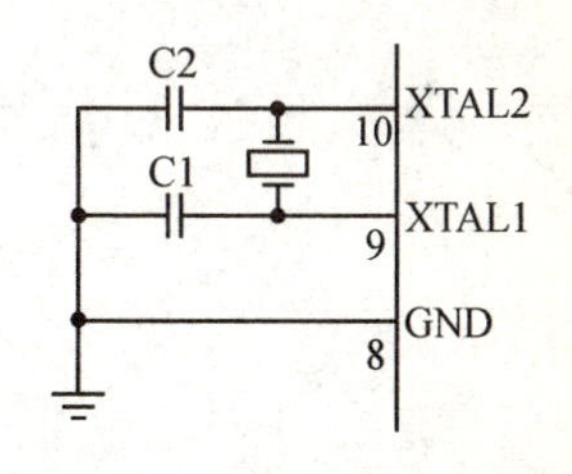

附图 D.1　晶体振荡器连接图

另外，如果使用内部 RC 振荡器的不同频率，则参照附表 D.2 设置相应熔丝位。

附表 D.1　时钟源选择

芯片时钟选项	CKSEL[3：0]
外部晶体/陶瓷振荡器	1111～1010
外部低频晶振	1001
外部 RC 振荡器	1000～0101
标定的内部 RC 振荡器	0100～0001
外部时钟	0000

附表 D.2　片内标定的 RC 振荡器工作模式

CKSEL[3：0]	标称频率/MHz
0001	1.0
0010	2.0
0011	4.0
0100	8.0

参考文献

[1] 周坚.单片机项目教程[M].北京:北京航空航天大学出版社,2008.

[2] 彭秀华.单片机高级语言C51应用程序设计[M].北京:电子工业出版社,1998.

[3] 沈文.AVR单片机C语言开发入门指导[M].北京:清华大学出版社,2003.

[4] 周兴华.手把手教你学AVR单片机C程序设计[M].北京:北京航空航天大学出版社,2009.

[5] 王静霞.单片机应用技术(C语言版)[M].北京:电子工业出版社,2009.

[6] 刘海成.AVR单片机原理及测控工程应用[M].北京:北京航空航天大学出版社,2008.

[7] 林锦实.检测技术及仪表[M].北京:机械工业出版社,2008.

[8] 周征.自动检测技术实用教程[M].北京:机械工业出版社,2008.